REDLINE | VERLAG

Sebastian Pflügler

# MITARBEITER FÜHREN

## IN DER DIGITALEN ÄRA

Wie man digitale Effizienz
und Menschlichkeit in Zeiten von
Homeoffice und New Work verbindet

**Bibliografische Information der Deutschen Nationalbibliothek:**
Die Deutsche Nationalbibliothek verzeichnet diese Publikation in der Deutschen
Nationalbibliografie. Detaillierte bibliografische Daten sind im Internet über
http://d-nb.de abrufbar.

**Für Fragen und Anregungen:**
info@redline-verlag.de

1. Auflage 2021

© 2021 by Redline Verlag, ein Imprint der Münchner Verlagsgruppe GmbH,
Türkenstraße 89
80799 München
Tel.: 089 651285-0
Fax: 089 652096

Redaktion: Marijke Leege-Topp
Umschlaggestaltung: Marc Fischer
Umschlagabbildung: Shutterstock.com/ST.art
Satz: ZeroSoft, Timisoara
Druck: GGP Media GmbH, Pößneck
Printed in Germany

ISBN Print 978-3-86881-853-6
ISBN E-Book (PDF) 978-3-96267-345-1
ISBN E-Book (EPUB, Mobi) 978-3-96267-346-8

Wir produzieren
nachhaltig
www.m-vg.de

*Weitere Informationen zum Verlag finden Sie unter*

**www.redline-verlag.de**

Beachten Sie auch unsere weiteren Verlage unter www.m-vg.de

*Danke an alle, die mich auf diesem Weg unterstützt haben.*

# INHALT

= Gedränge

Scrum = agiles Projektmanagement

2.0. bessere Wertschöpfung durch ~~...~~ Kommunikation

New Work / Arbeitswelt 4.0

Frithjof Bergmann
(Sozialphilosoph)
New Work => Mittel, mit dem sich der
Mensch als freies Individuum
(selbst) verwirklichen kann (Zweck)

Arbeit soll mit den individuellen
Interessen, Werten und Überzeugungen
in Einklang stehen

Work Life Blending = Grenzen zwischen Arbeit
+ Privatleben verschwimmen
=> Arbeitsweise finden, die zu einem
passt

VUCA → erschwerte Bedingungen als Unternehmensführung?
Volatility = Unbeständigkeit
Uncertainty = Unsicherheit
Complexity = Komplexität
Ambiguity = Mehrdeutigkeit · Ambivalenz
Buzzword = Schlagwort

# VORWORT

Dieses Buch versteht sich als Wegweiser, der für Klarheit in einer immer komplexeren Führungswelt sorgen soll. Klarheit darüber, was sich bei all den Buzzwords wie VUCA, New Work, Führung 4.0 oder Post-Corona-Economy im Führungsalltag wirklich verändert hat. Klarheit, was gleich geblieben ist und worauf Sie sich immer noch fokussieren und berufen können. Und Klarheit, was es in dieser digitalen Ära an Prinzipien, Haltungen und Tools braucht, damit Sie Ihrer Führungsrolle auch in diesen herausfordernden Zeiten gerecht werden können. Dabei lernen Sie ganz konkret drei Dinge: Sie lernen erstens, wie Sie Digitalität und Virtualität so nutzen, dass sie Sie und Ihr Team stärken und noch effizienter machen, statt zu schwächen. Sie werden erkennen, dass Virtualität eine eigene Sprache ist, die zu Ihrer Muttersprache werden sollte, und wie wichtig Ihr analoger Erfahrungsschatz in einer durch und durch digitalisierten Welt ist. Ebenso werden Sie sehen, wie essenziell es ist, dass Sie als digitales Vorbild agieren, und wie Sie zum digitalen Vorreiter in Ihrem Team werden. Zweitens lernen Sie, wie Sie in diesen Zeiten, in denen verschiedene Kräfte und Anforderungen an Ihnen zehren, mit sich selbst in guter Verbindung bleiben. Sie bekommen Ansätze an die Hand, wie Sie klarer, ganzheitlicher und schneller entscheiden können, echte Wertschöpfung ermöglichen, mit dem Wandel selbstbewusst und konstruktiv umgehen und bei alledem gesund bleiben und auf sich selbst achten können. Drittens werden Sie erkennen, wie entscheidend die Verbindung zu anderen Menschen im Zeitalter der digitalen Führung ist. Sie werden lernen, wie Sie Vertrauen und Verbundenheit in einer analogen, virtuellen und hybriden Welt aufrechterhalten können. Wie Sie virtuelle Konflikte auch über Distanz lösen, wie Sie beispielsweise damit umgehen, wenn Sie die Befürchtung haben, dass sich Ihr Mitarbeiter im Homeoffice überarbeitet, oder wie Sie so kommunizieren, dass Sog statt Druck beim Gegenüber entsteht und sich dadurch Ihre Mitarbeiter sowohl in (virtuellen) Einzelgesprächen als auch Meetings aktiv und zielführend beteiligen. Sie werden erkennen, dass Dissens das Beste ist, was Ihnen passieren kann, welche unterschiedlichen Betriebssysteme es in Teams heutzutage gibt und wie Sie Ihre Mitarbeiter zu echter Wertschöpfung motivieren, weil Sie erkannt haben, dass das digitale Zeitalter das Zeitalter der Netzwerke und des bedürfnisorientierten Empowerments ist.

Dieses Buch beschäftigt sich nicht nur mit Virtualität und remote sowie hybrid arbeitenden Teams, auch wenn Sie hierfür viele hilfreiche Tipps und Tools finden werden. Es soll Sie ganzheitlich als Führungskraft für die neue Arbeitswelt fit machen und Ihnen Wege aufzeigen, zu einem Future Fit Leader heranzureifen. Sie werden erkennen, dass es bei Führung vor allem darum geht, das Potenzial der Mitarbeiter mit sinnvollen Möglichkeiten zur Leistungserbringung innerhalb der Organisation zu verbinden.

Ich denke, Sie halten dieses Buch aus einem bestimmten Grund in Ihren Händen. Vielleicht, weil Ihnen bei all den Buzzwords der Durchblick verloren gegangen ist, was sich im Bereich der Mitarbeiterführung wirklich verändert hat und was nicht. Vielleicht, weil Sie viele Jahre Führungserfahrung haben und sich fragen, was von Ihrem Erfahrungsschatz und Ihren Tugenden auch heute noch von Nutzen sein kann und wo Ihre Führungsfähigkeiten ein Update gebrauchen könnten. Wir leben zwar im digitalen Zeitalter, analoge Tugenden jedoch – angepasst an den neuen Kontext – sind nach wie vor Gold wert. Oder vielleicht, weil Sie eine neue Führungskraft sind, die sich direkt mit den Zukunftskompetenzen der Führung beschäftigen möchte, statt alte Ratgeber mühsam auf die neue Arbeitswelt zu übertragen. Oder weil Sie sich einen Ratgeber wünschen, der neben großen Visionen auch praktisches Handwerkszeug bereithält, das Ihnen in der täglichen Mitarbeiterführung hilft. Ich versichere Ihnen, ich habe mein Bestes gegeben, um diesen Wünschen gerecht zu werden.

Dabei ist mir eines ganz wichtig: Ich will in diesem Buch nicht zu Ihnen sprechen, ich möchte mit Ihnen sprechen. Die folgenden Kapitel sollen Ihnen als Reflexions- und Emotionsgrundlage dienen. Deshalb gibt es auch am Ende jedes Kapitels sogenannte Reflexionsfragen zum Durchatmen, Nachspüren und Hinhören. Ich möchte, dass Sie das Gelesene mit sich, Ihrem eigenen Führungsstil und Ihrer eigenen »Führungs-Kraft« in Verbindung bringen. Ich möchte, dass Sie es drehen, wenden und so für sich feinschleifen, dass es zu Ihnen passt. Wir leben in einer Zeit, in der es viele Fremddenker gibt, die letztlich das denken oder sagen, was jemand anderes gedacht oder gesagt hat. Natürlich tun wir das bisweilen alle, wir leben ja nicht im luftleeren Raum. Aber bitte übernehmen Sie nicht einfach, was Sie hier lesen, sondern nutzen Sie die verschiedensten Impulse und machen Sie sie sich zu eigen. Vielleicht übernehmen Sie einiges eins zu eins, vielleicht widersprechen Sie anderem zutiefst. Beides ist okay, solange Sie sich bewusst damit auseinandergesetzt haben. Sie sind kein Fremddenker, sondern ein Selbstdenker (sonst hätten Sie auch nicht dieses Buch gekauft). Dieses Buch ist unser gemeinsamer Denk-, Fühl- und Aktionsraum. Ich bereite die Grundlage und Sie denken, fühlen und handeln weiter. Wenn Sie bis zum Ende dieses Buches durchhalten, was ich hoffe, werden Sie gut gerüstet sein für die Entwicklungen, Neuerungen und Herausforderungen der nächsten Jahrzehnte im Bereich der Mitarbeiterführung. Im Idealfall wird dieses Buch ein steter Begleiter in Ihrem anspruchsvollen Führungsalltag, egal ob analog, hybrid oder virtuell.

Ich wünsche Ihnen dabei viel Freude.
Genießen Sie die Reise!

# FÜHRUNG IST WIE WASSER – DIE FORM VERÄNDERT SICH, ABER DER KERN BLEIBT GLEICH

Führung ist wie Wasser. Die Form verändert sich, aber der Kern bleibt gleich. Mit diesem Satz startete ich im Jahr 2020 eine virtuelle Keynote bei einem Versicherungskonzern zum Thema Future Fit Leadership. Und auch heute hat dieser Satz nichts von seiner Relevanz eingebüßt. Denn wie Wasser seine Form in flüssig, fest oder dampfig verändern kann, muss sich Führung immer wieder den neuen Gegebenheiten anpassen. Und diese neuen Gegebenheiten und Veränderungen sind massiv und verlangen heutigen Führungskräften einiges ab, möchten Sie Ihre Führungsrolle zum Wohle aller gestalten. Neben Dingen, die sich verändern, gibt es aber auch immer Variablen, die gleich bleiben. Sie sind wie der Kern von Wasser, der immer mit $H_2O$ beschrieben werden kann, egal ob flüssig, gefroren oder als Dampf. Und bei aller Veränderung gibt es auch in der Führung Elemente, auf die Führende setzen können. Wir leben zwar im digitalen Zeitalter, in dem analoge Tugenden und Bedürfnisse immer wichtiger werden. Wir haben mehr Hightech und brauchen demgegenüber wachsenden Deep Touch. Es braucht immer weniger Führung, wenn Dinge gut laufen, und mehr Führung dort, wo es Schwierigkeiten gibt. Und bei alledem helfen immer seltener Regeln, sondern vielmehr individuell auf den Mitarbeiter zugeschnittene Herangehensweisen. Von diesen werden Sie einige in diesem Buch finden, damit der Kern von Führung, nämlich Mitarbeiter dabei zu unterstützen, wirksam zu sein, auch seine volle Kraft entfalten kann. Doch lassen Sie uns zunächst darauf blicken, wie sich der Führungsalltag konkret im digitalen Zeitalter verändert hat.

# DIE FORM VERÄNDERT SICH – DIE NEUEN SPIELREGELN DES DYNAMISCHEN NORMALS

Die Veränderungen lassen sich in dem Akronym BIRD zusammenfassen: Beschleunigung, Individualisierung, Reichweitenminimierung und Digitalisierung. »Nicht schon wieder ein Akronym nach VUCA«, werden Sie vielleicht denken. Und doch braucht es das aus meiner Sicht, denn VUCA beschreibt zwar unsere zunehmend komplexe Welt sehr gut, allerdings habe ich die Erfahrung gemacht, dass viele Führungskräfte mit diesen sehr großen Begriffen wie »Volatilität«, »Unsicherheit«, »Komplexität« und »Ambivalenz« wenig anfangen können. Aus meiner Sicht beschreibt BIRD viel besser den täglichen Führungsalltag und all das, was Führende aller Hierarchiestufen tagtäglich erleben. Nicht erst seit Corona wissen wir: Es gibt immer ein New oder Next Normal und die Welt befindet sich im dauerhaften Beta-Zustand.[1] Das Normal ist immer dynamisch und stetiger Veränderung unterworfen. Und dennoch lassen sich neue Spielregeln, Veränderungsdynamiken und Auswirkungen erkennen, die einen Einfluss auf die heutige Führungsarbeit haben. Diese Veränderungen werden wir in den nächsten Kapiteln beleuchten.

## Fast Forward als Modus Operandi – die beschleunigte Führungswelt

Jeder/Jede kann wahrscheinlich der Aussage zustimmen, dass die Führungswelt schneller geworden ist. Es müssen aufgrund des erhöhten Wettbewerbsdrucks mehr Entscheidungen getroffen, Mitarbeiter:innen und Projekte in kürzerer Zeit abgewickelt, kontinuierlich neue Transformationen vorangetrieben und ständig neue

Kommunikationsmedien bedient werden, wie eine große Befragungsstudie unter Führungskräften der TU München zeigt.[2] Bei einer Umfrage im Jahr 2018 gaben Führungskräfte an, dass sie im Vergleich zu 2013 um 60 Prozent schneller, um 49 Prozent häufiger und in 26 Prozent der Fälle mit geringerer Detailkenntnis entscheiden müssen.[3] Der Fast-Forward-Modus ist der Modus Operandi der Führung, aber auch unserer gesamten Gesellschaft geworden. Dies liegt zum einen an den Exponentialfunktionen, die mittlerweile unser Leben bestimmen. Im Zusammenhang mit Corona ist mittlerweile jedem der Begriff »Exponentialfunktion« in schlechter Erinnerung. Doch diese Entwicklung gibt es schon lange. Digitalisierung, maschinelles Lernen, Biotechnologie, Klimakrise, Artensterben, Wirtschafts- und Bevölkerungswachstum unterliegen mittlerweile alle einer Exponentialfunktion, weshalb Wissenschaftler:innen mittlerweile vom Zeitalter der großen Beschleunigung sprechen.[4] Das Problem ist, dass wir Exponentialfunktionen kognitiv schlecht begreifen können. Sie kennen vielleicht das Beispiel vom Reiskorn auf dem Schachbrett. Wenn Sie auf das erste Feld des Schachbretts ein Reiskorn legen, auf das zweite zwei, auf das dritte vier und dann jeweils immer die Zahl verdoppeln, wie viel Reis liegt dann auf dem 64., also dem letzten Feld des Schachbretts? Es ist eine Zahl mit 20 Stellen und so viel Reis, dass er ein Gewicht von mehreren Milliarden Tonnen hätte. Das hätten Sie nicht gedacht? Sie sehen, wie schwer wir uns mit Exponentialfunktionen tun. Das Problem ist kognitiver, aber auch emotionaler Natur. Denn Exponentialfunktionen fühlen sich am Anfang etwas schleppend an. Wir merken oft überhaupt nicht, dass sich was tut, bis die Kurve ihren steilen Anstieg nimmt. Dann sind wir meist überwältigt und fragen uns, wie wir das nicht haben kommen sehen. Nehmen Sie die Verbreitung von Smartphones. Am Anfang war es eine kleine Tech-Elite, die diese Dinger nutzte. Doch ehe wir uns versahen, trug plötzlich jeder eines oder sogar mehrere dieser Alltagsbegleiter. Das Smartphone verbreitete sich exponentiell. In Zukunft wird derartig exponentielle Technologieverbreitung zunehmen – und das ist gewollt.

*disruptive Technologien*
*= (ein Gleichgewicht, ein System)*
*zerstörend*

Ich arbeite viel mit Start-ups und Akzeleratoren- und Inkubatorenpro-grammen zusammen, in denen Start-ups fit gemacht werden sollen für Wagniskapitalgeber, sogenannte Venture Capitalists. An sogenann-ten Demo-Days präsentieren sich dann Start-ups diesen Venture Ca-pitalists und hoffen auf finanzielle Unterstützung. Am Rande solcher Veranstaltungen konnte ich viel mit den Geldgebern sprechen. Die meisten suchen nach Geschäftsmodellen mit exponentiellem Wachs-tumspotenzial, die letztlich »skalieren« und dadurch eine gesamte Branche »disruptieren« können. Das bringt schließlich auch Big Play-er, die bislang den Markt beherrscht haben dazu, ins Wanken zu kommen. »Disruptiere dich selbst, bevor es andere tun«, ist deshalb immer häufiger in gut situierten Großkonzernen zu vernehmen. Und viele tun es bereits und erfinden sich in kürzester Zeit neu: So hat sich zum Beispiel SAP innerhalb von 28 Jahren viermal komplett neu er-funden – stets aus einer Position der Stärke heraus: »1992 wurde das Ressourcenplanungssystem R/3 mit Client-Server-Technologie er-funden, 2000 hat man das Internet integriert, 2010 wurde die Ent-wicklungsplattform HANA erfunden, eine In-Memory-Datenbank, und ab 2012 hat man mit der Cloud-Technologie Maßstäbe gesetzt«, wie Jim Hagemann Snabe, einer der führenden Industriellen Europas, passend herausstellt.[5]

Schnelligkeit und Anpassungsfähigkeit sind heute wichtiger als groß und etabliert zu sein, weshalb Start-ups häufig einen ungemeinen Wettbewerbsvorteil haben. Doch das war nicht immer so. Zu Zei-ten der Industrialisierung war Größe noch entscheidend, da sich über Skaleneffekte die Produktionskosten senken ließen und dies das Pro-dukt für den Konsumenten attraktiv machte. Doch heute ist, natürlich neben der Qualität der Leistung, die Zeit entscheidend, und zwar so-wohl die Zeit von der Produktidee bis zur Marktreife als auch die je-weilige Lieferzeit. Ernst Weichselbaum, Begründer der zeitorientier-ten Betriebswirtschaft, geht sogar so weit, das gesamte Unternehmen gemäß der Einhaltung einer möglichst kurzen Lieferzeit aufzustellen.

Nicht umsonst wirbt das Lieferunternehmen Gorillas damit, den Lebensmitteleinkauf in unter zehn Minuten an die Haustür zu liefern (übrigens habe ich es selbst ausprobiert, es waren unschlagbare acht Minuten). Weichselbaum begründet: »Im Zeitalter individueller Kundenwünsche und explodierender Varianten- und Modellvielfalt ist es wesentlich kundenorientierter und – über das Gesamtunternehmen betrachtet – deutlich kostengünstiger, kleine Mengen schnell zu produzieren als große Mengen langsam«.[6] Wie das funktionieren kann, hat Airbnb gezeigt. Statt selbst einen großen, auf Masse ausgerichteten Hotelkomplex aus dem Boden zu stampfen, »produzieren« sie oder besser lassen sie viele kleine, individuelle Unterbringungslösungen »produzieren« und können so wesentlich schneller, kostengünstiger und individueller die Kundenwünsche befriedigen. Was bedeutet diese Veränderung der wirtschaftlichen Parameter nun für Ihre Führung?

*grundhaft*
*unverständig*

In einer <u>volatilen</u> Wirtschaftswelt, in der sich ständig alles bewegt und Innovationen und Disruptionen sprunghaft und durch Skalierung innerhalb kürzester Zeit entstehen, sind viel mehr und viel schneller Entscheidungen zu treffen und Transformationen voranzutreiben als früher. Sie können sich also darauf einstellen, dass auf den Change der Change des Changes folgt. Denn statt »The big eat the small« gilt heute »The fast eat the slow«. Zeit für tiefgehende Reflexion oder zum Durchatmen bleibt da wenig, weder für Sie als Führungskraft noch für Ihr Team.

Der Zeitforscher Hartmut Rosa sieht den ständigen Beschleunigungsdruck mittlerweile sogar als inhärentes Merkmal unserer modernen Gesellschaft: »Nach meiner Analyse ist es das Hauptmerkmal einer modernen Gesellschaft, dass sie sich nur dynamisch stabilisieren kann. Dies bedeutet: Sie muss beständig wachsen, sie muss jedes Jahr schneller werden und immerzu innovativ sein, um sich selbst zu erhalten, um ihre Struktur zu reproduzieren. [...] Wir müssen jedes Jahr mehr materielle, politische und psychische Ressourcen einsetzen, um das zu erhalten, was wir haben: Die Arbeitsplätze, den Wohlfahrtsstaat, das Bildungs- und Gesundheitssystem usw. Ich nenne das: Rasenden Stillstand, Systemerhalt durch unbarmherzige Steigerung, das ist das stahlharte Gehäuse unserer Gegenwart«.[7] = Kapitalismus

Neben diesen gesellschaftlichen und wirtschaftlichen Beschleunigungsentwicklungen gibt es jene aus dem direkten Führungsalltag, die zum Gefühl innerer Gehetztheit und permanenter Beschleunigung bei Führungskräften beitragen. Da gibt es zum einen den nicht abreißen wollenden Datenstrom: Allein die Menge an digital verfügbaren Daten verdoppelt sich alle zwölf Monate und ist Schätzungen zufolge bis Ende 2020 bereits auf 44 Zettabyte angewachsen.[8] Damit Sie ein Gefühl für diese Zahl bekommen: Sie müssten sich 44 Trilliarden 1-Terabyte-Festplatten kaufen, um diese Datenmenge abspeichern zu können. Das ist schlicht zu viel und würde unser Gehirn zum Implodieren bringen. Natürlich nehmen wir nicht all diese Daten auf. Und doch sind es 100.500 Wörter, die im Schnitt tagtäglich auf eine Führungskraft einprasseln.[9] Dieser Datenstrom verstärkt das Gefühl des inneren Fast-Forward-Modus. Wenn unser Gehirn ständig mit neuen Impulsen gefüttert wird, dann vergeht die Zeit viel schneller, weil das Gehirn die Zeit nicht mehr bewusst wahrnimmt, Langeweile entsteht nicht. Stellen Sie sich vor, Sie haben ein Meeting mit einem Kunden. Er kommt 30 Minuten zu spät. Nehmen wir an, Sie warten wirklich und verlassen nicht nach 15 Minuten entnervt den Meetingraum. Entweder nutzen Sie diese 30 Minuten, um sich auf den Termin noch intensiver vorzubereiten, oder Sie warten geduldig und langweilen sich. Wann kommen Ihnen diese 30 Minuten länger vor? Genau, im zweiten Fall des Wartens. Wenn wir uns nicht mit externen Impulsen ablenken, verlangsamt sich die Zeit wahrnehmungspsychologisch tatsächlich, wie das Zeitgeber-Zähler-Modell der Psychologie belegt. Zusätzlich tut uns dieser Datenstrom nicht gut. Chronische Geschäftigkeit zerstört Kreativität, das emotionale Wohlbefinden, Selbsterkenntnis, Klarheit und Fokus im Denken und kann sogar das Herz-Kreislauf-System schädigen, wie ich in meinem Buch *Kommunikation für die digitale Ära: Wie wir heute miteinander reden – und was dabei immer noch wichtig ist* ausführlich dargelegt habe.[10] Wer ständig im Außen etwas tut, kommt im Innen nicht zur Ruhe. Gerade diese Ruhe bräuchte es aber häufig für die komplexen und folgereichen Entscheidungen, die Führungskräfte heutzutage zu treffen haben.

Gerade beim Thema Beschleunigung und dem damit zusammenhängenden Thema Gesundheit und Work-Life-Balance kommt es bei Führungskräften zum großen »Wunsch-Realitäts-Paradoxon«, wie ich es gerne nenne. Bereits 2003 stimmten drei Viertel aller Befragten Führungskräfte folgender Aussage zu: Eine Führungskraft sollte, um dauerhaft leistungsfähig zu sein, auch die Möglichkeit haben, ein intaktes Privatleben zu führen und genügend Zeit für körperliche Regeneration in den beruflichen Alltag zu integrieren, auch wenn ab und zu kurzfristig eine berufliche Vorgabe darunter leidet.[11] Heute, 18 Jahre später, ist man von diesem Ideal noch immer weit entfernt. Zwar erkennen immer mehr Firmen, manchmal auch durch schmerzliche Erfahrungen bei den eigenen Mitarbeitern, dass ein betriebliches Gesundheitsmanagement kein Nice-to-have, sondern ein Must-have ist, und ermöglichen Fitnessmitgliedschaften, Stressresistenztrainings, Firmenfahrräder oder Massagen, um nur einiges zu nennen, und doch ist die zunehmende Beschleunigung und damit Belastung noch immer ein großes Problem. So zeigt die Studie »Arbeitswelt im Wandel: Zahlen – Daten – Fakten (2020)« der Bundesanstalt für Arbeitsschutz und Arbeitsmedizin (BAuA) folgendes Bild für Führungskräfte:[12] Führende leiden mehr als ihre Mitarbeiter:innen unter starkem Termin- oder Leistungsdruck sowie Multitasking und Störungen beziehungsweise Unterbrechungen bei der Arbeit. Je größer die Führungsspanne ist, desto größer auch die Belastung. Führende müssen häufig bis an die Grenzen ihrer Leistungsfähigkeit gehen, um die Aufgaben bewältigen zu können, was als belastend empfunden wird. Auch hier nimmt die Belastung zu, je größer die Führungsspanne ist. Zwar bejahen Führungskräfte, dass sie autonomer als ihre Mitarbeiter:innen handeln können, das heißt zum Beispiel den Arbeitsumfang und auch Pausen selbstbestimmter planen zu können, und doch tun das die wenigsten. Die meisten fühlen sich von außen gesteuert und verkürzen Pausen oder lassen sie ganz ausfallen. Das war auch in der oben genannten Studie 2003 schon so. Im Jahr 2020 stimmten je nach Führungsspanne ein Drittel bis die Hälfte aller Führungskräfte der Aussage zu, dass Stress und Arbeitsdruck in den letzten Jahren zugenommen haben. Als ich einen virtuellen Vortrag zum Thema »Mitarbeiterführung in der digitalen Ära« hielt, war das auch jene Rückmeldung meines Publikums auf die Frage, was denn gleich geblieben sei im Führungsalltag. Ganz oben auf dem virtuellen Abstimmungsboard stand in unterschiedlichen Formulierungen »Der Druck und auch die hohen Ziele sind gleich geblieben«. Und dies auch während der Coronapandemie, in deren Zuge der Beschleunigungsdruck für viele weiter zugenommen hat, wie mir einige Führungskräfte berichteten. Und das macht natürlich auch Sinn. Denn während man im Büro Dinge auf dem kurzen Dienstweg und informell besprechen kann, braucht diese Informalität in komplett remote arbeitenden Teams ein hohes Maß an Formalität und Koordination. Auch wenn Sie nur kurz etwas besprechen wollen, braucht es dazu meist einen Termin, sofern Sie das Gegenüber nicht aus seinem Arbeitsfluss reißen und überhaupt sichergehen wollen, dass er/sie gerade am Bildschirm ist. Diese Formalität und Koordination benötigt Zeit. Zeit, die Sie eigentlich gut für die Erreichung der hochgesteckten Ziele gebrauchen könnten.

Abschließend lässt sich festhalten: Die Führungsarbeit im digitalen Zeitalter ist stark von Beschleunigung geprägt, die auf exponentiellem Wachstum, erhöhtem Wettbewerbs- und individuellem Erfolgsdruck, einem riesigen Strom an zu verarbeitenden Daten und einem fehlenden Ausgleich beruht. Dabei wäre dieser so wichtig, um der Erschöpfung vorzubeugen, wie eine neue Studie zeigt. Dr. Christina Guthier, die in ihrer Metastudie aus dem Jahr 2020 die Ergebnisse von 48 internationalen Längsschnittstudien mit gut 26.000 Teilnehmern zusammengefasst hat, bricht mit der bisherigen Annahme, dass eine zunehmende Quantität an Stressoren zu Burn-out führe: »Früher hieß es vor allem Arbeitsstressoren wie Zeitdruck und zu hohe Arbeitsbelastung führen zu Burnout. Da unsere Meta-Studie zeigt, dass der Effekt von Burnout-Symptomen auf Arbeitsstressoren stärker ist, stellt sich nun vor allem die Frage: Was braucht ein Mensch, der sich bereits erschöpft fühlt, dass er nicht in den Teufelskreis zwischen sich hochschaukelnden Burnout-Symptomen und Arbeitsstressoren gerät«.[13] Natürlich führen Stressoren per se zu Erschöpfung. Wer allerdings schon erschöpft ist, auch aufgrund privater und weniger beruflicher Probleme, an dem zehren die beruflichen Belastungen weit mehr als an jemandem, der sich energetisch gut fühlt. Und schon beginnt der Teufelskreis aus Erschöpfung, der dadurch stärker wirkenden Stressoren, was wiederum zu mehr Erschöpfung und weiterer Sensitivität gegenüber Stressoren führt. Die Frage, die sich Führungskräfte und Unternehmen stellen müssen, die der Beschleunigung mit gesunden Mitarbeiter:innen – denn nur diese können überhaupt mit der Beschleunigung langfristig konstruktiv umgehen – entgegentreten wollen, ist: Wie schaffen wir ein Umfeld, in dem Erschöpfung so wenig wie möglich auftritt? Und wenn sie auftritt, wie schaffen wir es, dass ehrlich und offen darüber gesprochen wird, von Ihrer Seite und von Ihren Mitarbeiter:innen? Dazu braucht es einen guten Zugang zu sich selbst, ein vertrautes Verhältnis zu Ihren Mitarbeiter:innen und ein Umfeld, das von sozialer Unterstützung, Wertschätzung und Auszeiten geprägt ist (mehr dazu in den beiden Oberkapiteln zu »Deep Touch«). Ein Past Fit Leader beutet sich und seine Mitarbeiter:innen für die Zielerreichung unerbittlich aus, ein Future Fit Leader erkennt, wie herausfordernd diese Zeiten sind, und weiß, dass Höchstleistung dauerhaft nur gesund erbracht werden kann und Zeiten der

Rekompensation notwendig sind. Und er weiß, dass kein Job dieser Welt es wert ist, seine Gesundheit zu opfern. Denn wie sagte schon Voltaire: »In der ersten Hälfte unseres Lebens opfern wir unsere Gesundheit, um Geld zu erwerben, in der zweiten Hälfte opfern wir unser Geld, um die Gesundheit wiederzuerlangen. Und während dieser Zeit gehen Gesundheit und Leben von dannen.«[14]

### Reflektieren und nachspüren zum Thema Beschleunigung

- In welchen Momenten spüren Sie in Ihrem Führungsalltag die zunehmende Beschleunigung?
  *mehr Termine + Meeting, mehr Software, viel unnötiges Zeug*

- Welche Situationen führen dazu, dass Sie in den Fast-Forward-Modus schalten? Die Forderung nach exponentiellem Wachstum, erhöhter Wettbewerbs- und individueller Erfolgsdruck, ein ständiger Datenstrom mit den jeweiligen Unterbrechungen oder letztlich der fehlende Ausgleich? *indiv. Erfolgsdruck, viele Unterbrechungen*

- Welche Ihrer Handlungen oder Aussagen könnten in Ihrem Team unnötige Beschleunigung fördern?
  *unnötiger Druck, zuviel Kontrolle*

## Wir sind hier bei »Wünsch dir was!« – die Individualisierung der Mitarbeiter:innenwünsche

Das digitale Zeitalter ist das Zeitalter der Individualität. Das Zeitalter der Industrialisierung war jenes der Konformität. Die Industrialisierung bediente sich einer »Massengesellschaft, die ihre Probleme durch Nivellierung zu lösen versucht«.[15] Diese Herangehensweise machte im damaligen Kontext vollkommen Sinn. Wer auf maschinelle Massenproduktion im tayloristischen Sinne aus war, der brauchte keine selbst denkenden, kritischen und Sabbaticals einfordernden

Mitarbeiter:innen. Man brauchte funktionierende Ressourcen, die ihre Arbeit zielgenau erledigten. Das Ziel dieser Arbeit war ein standardisiertes Produkt, das möglichst vielen Menschen zu einem möglichst günstigen Preis durch eine möglichst immer gleich ablaufende Produktion zur Verfügung gestellt werden sollte. Wer den Markt mit Massen an Autos überschwemmen möchte, der darf nicht bei jedem die Produktionsstrecke ändern. Das Zitat von Henry Ford illustriert diese Denkweise passend: »Jeder Kunde kann ein lackiertes Auto in jeder gewünschten Farbe haben, solange es schwarz ist.«[16] In der damaligen Zeit herrschte ein viel stärkerer Fokus auf das Kollektiv und die Einheit dieses Kollektivs. Da die meisten Gesellschaftsgruppen dieselben Medien und Produkte konsumierten, in dieselbe Kirche gingen oder sich in Vereinen versammelten, wuchs das Gemeinschaftliche mehr zusammen, vereint in einem Geiste. Natürlich gab es auch schon damals Menschen mit unterschiedlichsten Bedürfnissen. Diese wurden jedoch wegen des Konformitätsdrucks nicht so stark artikuliert oder aufgrund des überschaubaren individuellen Angebots nicht ausgelebt. Insgesamt war der Zusammenhalt größer und die Polarisierung geringer.[17] Heute herrscht das Primat der Individualität, vor allem in den westlichen Zivilisationen. »Auf ökonomischer Ebene geht der Trend zur Individualisierung mit einer zunehmenden Ausdifferenzierung der Märkte einher, an deren Ende das personalisierte Produkt für die Zielgruppengröße eins steht. Auf sozialer Ebene bedeutet Individualisierung: Jeder kann heute sein Leben viel stärker nach seinen persönlichen Wünschen und Vorstellungen gestalten – ist aber umgekehrt auch sehr viel stärker als früher in der Pflicht, sich über die Art der Ausgestaltung Gedanken zu machen. Die Freiheit der Wahl bedingt den Zwang zur Entscheidung«,[18] wie es das Zukunftsinstitut, ein Thinktank zur europäischen Trend- und Zukunftsforschung, passend zusammenfasst. Gerade der letzte Satz ist bedeutsam. Arbeit muss heute bei vielen Mitarbeiter:innen dem Anspruch der Persönlichkeitsförderlichkeit gerecht werden. »Wie sehr passt mein Job zu dem Leben, das ich leben möchte?« ist heute eine Frage, die sich Mitarbeiter:innen viel öfter stellen. »Führung ist heute anstrengender, weil jeder etwas anderes will«, bemerkte mal eine/r meiner Workshopteilnehmer:innen. Ja und nein. Nein, weil, wie oben gezeigt, Menschen schon immer Individuen waren und sehr unterschiedliche Sekundärbedürfnisse hatten (die Primärbedürfnisse sind relativ konstant, wie wir noch sehen werden). Ja, weil sie diese heute mit wesentlich mehr Nachdruck verfolgen und artikulieren und die oben aufgeführten Mechanismen der sozialen Gleichmachung auch im beruflichen Kontext weniger stark greifen. Gerade in einem Arbeitsmarkt, auf dem die wirklichen Top-Performer immer schwieriger zu kriegen und zu halten sind, dürfen Sie die individuellen Bedürfnisse jener nicht aus den Augen verlieren. Forderungen nach Work-Life-Balance, Sabbaticals, Arbeitszeitkürzung oder -erhöhung, Workcations, das heißt das Verbinden von Arbeit und Urlaub, sowie Jobsharing sind nur einige der Möglichkeiten, die diese Bedürfnisse befriedigen können. Und die Forderungen werden auch im digitalen Raum nicht weniger: Während die einen sich den Tag komplett frei einteilen wollen, bestehen andere auf virtuelle Kernarbeitszeiten. Während die einen von wo auch immer arbeiten wollen und bereits das Leben als digitaler Nomade planen, pochen die anderen auf eine gewisse Präsenzkultur im Team. Wer sich mit solchen divergierenden Ansprüchen nicht auseinandersetzen möchte, wird sich zunehmend schwertun, in Zeiten des Fachkräftemangels die wirklichen Top-Performer für sein Team oder sein Unternehmen zu gewinnen und das eigene Team motiviert zu halten. Hierzu ein kleiner Exkurs: Generell wollen Menschen in Organisationen und Unternehmen wirksam sein, das heißt mit ihrem Tun etwas Sinnvolles bewegen. Bleibt diese Selbstwirksamkeitserfahrung aus, helfen auch alle Benefits dieser Welt nicht. Das ist auch der Grund, warum das eine oder andere Unternehmen, welches tolle Benefits anbietet, dennoch demotivierte Mitarbeiter:innen hat. Diese bleiben wegen des Arbeitszeitausgleichs, des hohen Gehalts oder auch wegen des Firmenfahrrads beim Unternehmen, sind aber weit von Hochleistung entfernt.

Die Benefits werden so zum goldenen Käfig der Mitarbeiter:innen, die zwar nicht mehr wirklich glücklich in der Firma sind, aber auch nicht auf die Privilegien verzichten wollen. Das Ermöglichen von Wirksamkeit im Sinne der Wertschöpfung muss also immer das Ziel sein. Wer das ermöglicht und zusätzlich noch bereichernde Benefits und Karrieremöglichkeiten anbietet, die Gehaltssprünge und Statusgewinne auch ohne den klassischen vertikalen Aufstieg bereithalten, dem gehört die Zukunft auf dem Arbeitsmarkt.

Im Zusammenhang mit der zunehmenden Individualisierung ist noch ein weiteres Phänomen entscheidend: der Zwang zur Verfügbarmachung, wie es der Soziologe Hartmut Rosa nennt.[19] Es ist ein Kennzeichen moderner Menschen, die Welt verfügbar machen zu wollen. Mit anderen Worten: Die eigene Bedürfniserfüllung duldet keinen Aufschub. Wer es über Spotify gewohnt ist, die gesamte Musikgeschichte auf einen Klick verfügbar zu haben oder jegliche Bedürfniserfüllung innerhalb von zehn Minuten durch Lieferdienste zu befriedigen, der erwartet auch von seinem/seiner Arbeitgeber:in und seiner Führungskraft schnelle Sättigung der eigenen Wünsche. Diese werden auch viel schneller als früher artikuliert, da zum einen die Angst vor Jobverlust, aber auch die Sanktionsmacht der Führungskraft heute zum Glück wesentlich geringer ist. Der Zeitgeist hat sich verändert und wird von den Mitarbeiter:innen natürlich nicht an der Pforte der Organisation abgegeben, sondern wirkt in die Unternehmen und damit die Führungsarbeit hinein. Machen Sie sich also darauf gefasst, dass der einmal geäußerte Wunsch eines Mitarbeiters/einer Mitarbeiterin nicht lange unbeantwortet bleiben sollte, und wenn die Antwort nur darin besteht, um etwas Bedenkzeit zu bitten oder ein langfristiger Plan zur Bedürfniserfüllung erstellt wird.

> **Die Wünsche sind heute nicht nur heterogener, sondern auch zeitkritischer.**

Diese Heterogenität zeigt sich auch an den sehr bunten und diversen Teammitgliedern. In einem Team kooperieren verschiedenste kulturelle Hintergründe, arbeitsrechtlich fest angestellte Mitarbeiter:innen mit Freelancern und Soloselbstständigen sowie finanziell reiche Nachwuchserben, die vor allem Erfüllung im Job suchen, mit jungen Familienvätern, die Karriere machen möchten, damit sie ihr selbst finanziertes Eigenheim schnell abbezahlen können. Neben den kulturellen und lebensweltlichen Unterschieden gibt es auch heterogene Arbeitssozialisationen. Die einen Mitarbeiter:innen wurden hauptsächlich autoritär sozialisiert. Zuständigkeiten, Lösungswege, Methoden und Vorgehensweisen waren eindeutig und häufig auch von der Führungskraft vorgegeben. Exekution war der Maßstab, zu viel Freiheitsräume eher eine Stressquelle. Die anderen Mitarbeiter:innen wurden hingegen in einer Arbeitswelt groß, in der Führung ein Diskussionsangebot ist. Aufgaben, Vorgehensweisen, Methoden und Strukturen sind nicht vorgegeben, sondern werden gemeinsam mit der Führungskraft erarbeitet oder direkt vertrauensvoll in die Hände des Mitarbeiters/der Mitarbeiterin gelegt. Mitgestaltung und Eigenverantwortung sind Maßstäbe, zu wenig Freiraum die Stressquelle. Sie sehen: Je vielfältiger die Workforce, desto vielfältiger die Ansprüche an Sie. Diese Diversität macht auch nicht vor der Gesellschaft als Ganzer halt, die entsprechende Forderungen an die Unternehmen und damit auch an die Führungskräfte stellt. Einerseits soll der Shareholder-Value erhöht und dem Prinzip des »Schneller, höher, weiter« Rechnung getragen werden, andererseits sollen Werte wie soziale Gerechtigkeit, Nachhaltigkeit und Solidarität an erster Stelle stehen, um die »License to operate« innerhalb der Gesellschaft nicht zu verlieren. Führungskräfte finden sich durch diese widerstreitenden Kräfte immer häufiger in Dilemma-Situationen wieder. Effektives Zwickmühlen-Management ist heute sicherlich eine der Kernkompetenzen eines Future Fit Leaders, wie wir im Kapitel »Vertrauen ist alles und ermöglicht vieles« noch sehen werden. Das Learning dieses Kapitels: Digitalität fördert und benötigt Individualität!

**Reflektieren und nachspüren zum Thema Individualisierung**

- Wenn Sie könnten, wie Sie wollten: Wie sehr passt Ihr Führungs-
job zu dem Leben, das Sie leben möchten? Was möchten Sie beibehalten? Was gerne ändern? *mehr teile. Flexibilität*

- Welche Wünsche und Bedürfnisse in Bezug auf die heutige Arbeitswelt können Sie bei Ihren Mitarbeiter:innen identifizieren?
Welchen könnten Sie mit Leichtigkeit nachkommen und wo würden Sie sich eher schwertun?

- Welche Maßnahmen könnten Sie leicht ergreifen, um einige dieser Wünsche zu erfüllen?

## »Vertrauen ist gut, Kontrolle ist schlechter!« – Reichweiten- und Einflussminimierung

Als sich Tom Brady, der Quarterback der American-Football-Mann-
schaft Tampa Bay Buccaneers, am 7. Februar 2021 den siebten Titel seiner Karriere sicherte, stand Amerika Kopf. The GOAT (ein Akronym für »The greatest of all times«), wie die Amerikaner ihn nennen,
hatte damit als Einzelperson mehr Titel gewonnen als jedes Team
der Liga seit Beginn der Superbowl-Ära 1967. Dabei war dieser
letzte Titel mehr als fraglich. Denn nach 20 Jahren als Quarterback
der New England Patriots, mit denen er sechs Titel gewann, wechselte er 2020 zu Tampa Bay. Ein Team, das nicht gerade für seine Erfolge gefeiert wurde. Falls Sie im Football nicht so bewandert
sind: Das wäre ungefähr so, wie wenn Robert Lewandowski vom
FC Bayern München zu 1860 München wechseln würde und dann
hofft, die Champions League zu gewinnen (ich bin 1860-Fan, ich
darf das sagen). Was bewegt also einen solchen Ausnahmeathleten

dazu, zu einem durchschnittlichen Team zu wechseln? Die Reichweite und den Einfluss, den Brady bei den Patriots ausüben wollte, gab es nicht mehr in dem Ausmaß, wie er es sich gewünscht hätte. In seiner über 20-jährigen Karriere hatte Brady zunehmend auch strategisches Erfahrungswissen gesammelt, das er auf dem Feld zum Festlegen von Spielzügen nutzen wollte – eine Rolle, die eigentlich dem Headcoach vorbehalten ist. Das »Coachingzepter« wollte sich Bill Belichick, Head Coach der New England Patriots, allerdings nicht nehmen lassen. In einem viel beachteten Artikel schrieb Brady etwas metaphorisch zu seinem Abschied von den Patriots, dass er beim Packen seiner Abschiedskiste gemerkt hatte, »dass einige Sachen perfekt passen – und andere Dinge passen nicht mehr. Man lässt die Dinge, die nicht mehr passen, dann entweder zurück – oder man versucht alles, damit es doch wieder passt«.[20] Zwischen Brady und Belichick passte es offenbar nicht mehr. Ganz im Gegenteil zu Bruce Arians, Head Coach der Tampa Bay Buccaneers, der Brady gewähren ließ und sich sogar darüber freute, dass dieser nicht nur Quarterback-, sondern auch Coachingqualitäten auf und neben dem Platz lebte. Anders verhielt es sich mit einem zweiten viel beachteten Quarterback der NFL, Aaron Rodgers von den Green Bay Packers. Als Matt LaFleur 2019 neuer Head Coach wurde, machte er von Anfang an klar, dass er die Spielzüge ansagen würde und sich Rodgers im Zweifel diesen Calls zu beugen hatte, auch wenn er anderer Meinung war.[21] Er schränkte also die Freiheiten des sehr erfahrenen Quarterbacks ein, was anfänglich zu Verstimmungen führte. Auch wenn die Packers nicht in den Superbowl einzogen, spielten sie mit 13 Siegen und drei Niederlagen eine phänomenale Saison. LaFleur und Rodgers rauften sich zusammen und erkannten: Sie konnten nur mit-, nicht ohneeinander erfolgreich sein. Warum erzähle ich Ihnen diese Anekdote aus dem Sport? Weil ich Football liebe? Ja, vielleicht ein bisschen. Aber vor allem, weil das, wogegen sich Brady auflehnte und womit sich Rodgers anfreundete, Ihren Führungsalltag zunehmend prägen und bestimmen wird: die Verringerung Ihres Wirk- und

Einflussbereiches. Und da Sie das in allen Branchen und Unternehmen über kurz oder lang ereilen wird, hilft es auch nichts, wie Brady einfach das Team zu wechseln, sondern Sie müssen sich, wie Rodgers, zunehmend damit anfreunden, dass Ihre Reichweite, Ihr Einfluss und Ihre Macht als Führungskraft schrumpfen werden und Sie dennoch wie Rodgers eine phänomenale Saison spielen können. Doch warum ist das so? Das hat einerseits mit der Dezentralität der Arbeit, der Verringerung fachlicher Einflussnahmen und neuen Organisationsmodellen sowie Arbeitsweisen zu tun.

Mitarbeiter wollen ihre Arbeit zunehmen dezentral, orts- und zeitunabhängig sowie selbstbestimmt erledigen. Gemäß der Studie »WORK. LIFE.FUTURE. Arbeitswelt der Zukunft: Werte im ›New Normal‹« aus dem Jahr 2020 muss ein zukunftsfähiges Unternehmen für die Befragten vor allem flexible Arbeitszeiten und dezentrale Arbeitsorte ermöglichen. Die Zusammenarbeit sollte jederzeit online möglich sein, »Ergebnis- statt Präsenzkultur«, lautet die Devise und eine Führungskraft soll vor allem coachend und wenig direktiv führen. Kontrolle sollte vor allem durch das Team, nicht durch den Führenden selbst ausgeübt werden.[22] Auch in Gesprächen mit meinen Kund:innen zeichnet sich zunehmend ab, dass Unternehmen sich überlegen müssen, was das Unternehmen neben der Örtlichkeit eigentlich noch bieten kann. Wer unter »Unternehmen« nicht mehr versteht als ein Gebäude mit einer Adresse und dem Firmenlogo, der wird ziemlich sicher bald beides nicht mehr benötigen. Schon heute erzählen mir Geschäftsführer:innen, dass ihre Mitarbeiter:innen klar sagen, dass die Arbeit vor Ort die Gönn-ich-mir-mal-Lösung sein wird, die sich Mitarbeiter:innen mal für vereinzelte Stunden am Tag oder bestimmte Tage in der Woche einrichten. Das Arbeiten außerhalb der offiziellen Bürowände wird überwiegen, gerne auch mit drei bis vier Wochen Arbeit in einem anderen Land, was auch immer mehr Unternehmen in ihre Überlegungen zur neuen, hybriden Arbeitswelt miteinbeziehen. Einen großen Mehrwert können Unternehmen sicherlich als Ort des sozialen und kreativen Austausches bieten. Ein CEO meinte mal im Einzelcoaching zu mir: »Vielleicht wird das Unternehmen auch die Heimat für sozialen Austausch.« Damit das als nutzenstiftend empfunden wird, ist aber neben den Räumlichkeiten vor allem das Teamklima und die empfundene Nähe zu Kolleg:innen und der Führungskraft entscheidend. Die Heimat muss sich gut anfühlen, damit sie Heimat ist. Schöne Räume alleine reichen nicht. Oder anders ausgedrückt: Teams, die sich emotional immer weiter voneinander entfernen, werden dies auch räumlich tun. Dazu jedoch mehr in den Kapiteln zu Vertrauen und Verbundenheit.

Egal, wie die Zukunft konkret aussieht, Sie sehen, die Zeichen stehen zunehmend auf mehr Freiheit und weniger Kontrolle. Die Devise der Mitarbeiter:innen-Führung der digitalen Ära lautet: Vertrauen ist gut, Kontrolle ist schlechter. Alleine deswegen, weil Sie Ihre Mitarbeiter:innen immer weniger kontrollieren können (natürlich können Sie die neuen Onlinetools auch zur Überwachung nutzen, was Sie aber tunlichst unterlassen sollten). Als Führungskraft auf Distanz können Sie Ihren Mitarbeiter:innen nicht über die Schulter schauen. Ein witziger Cartoon, den ich in diesem Zusammenhang gesehen habe, zeigt einen Mitarbeiter im Homeoffice, vor dem Fenster fliegt eine Drohne. Die Frau betritt das Zimmer und sagt zu ihrem Mann: »Wenn dein Chef fertig mit der Kontrolle ist, dann muss ich mit dir reden!« Sollten Sie nicht den großen Drohnenführerschein machen wollen (ja, den gibt es wirklich!), müssen Sie schlicht vertrauen, dass Ihre Mitarbeiter:innen auch im Homeoffice arbeiten. Was sie ja tatsächlich auch tun, gemäß Studien sogar mehr als im analogen Büro. Und seien wir ehrlich: Was wäre die Alternative? Ein von Ihnen installierter Überwachungsstaat, der Sie zum einen unnötig viel Zeit kostet, die Sie eigentlich für Wertschöpfenderes nutzen könnten. Und der zum anderen sicherlich die absoluten Top-Performer zur Konkurrenz treiben wird, denn an einer dauerhaften Misstrauenskultur hat kein Mensch langfristig Freude. Das digitale Zeitalter ist das Zeitalter des Vertrauensvorschusses, der von den Mitarbeiter:innen häufig als Wertschätzung verstanden wird. Sie wollen das in sie gesetzte Vertrauen auf keinen Fall enttäuschen und versuchen, es häufig durch enormes Engagement, hohe Arbeitsmotivation und gute Ergebnisse zurückzuzahlen. Wird es Mitarbeiter:innen geben, die diesen Vertrauensvorschuss enttäuschen? Sicher. Sollten Sie ihn deswegen allen verweigern? Auf keinen Fall.

> Orientieren Sie Ihre Führung immer an der arbeitswilligen und motivierten Mehrheit, und sollte es mal zu einem Vertrauensmissbrauch kommen, dann beschäftigen Sie sich damit, wenn es so weit ist.

Neben der Dezentralität der Arbeitserbringung und der zunehmenden Selbststeuerung der Mitarbeiter:innen, die Ihren Einfluss- und Wirkbereich verringern, nimmt zunehmend auch Ihre fachliche Einflussnahme ab. In einer komplexen Welt braucht es immer mehr Spezialist:innen, die mithilfe ihres Erfahrungswissens diese komplexen Aufgaben bewältigen können. Spezialwissen bedeutet aber immer auch eine gewisse Exklusivität und eingeschränkte Anschlussfähigkeit. Eben weil dieses Wissen Jahre an Erfahrung braucht und nicht so einfach zu erwerben und auch nachzuvollziehen ist, wird Ihnen in Zukunft immer häufiger der Zugang zur fachlichen Einflussnahme versperrt bleiben. War früher eine Führungskraft noch häufig der beste Experte im Team, hat sich bereits in den letzten zehn Jahren in vielen Fällen nur noch eine fachliche Nähe der Führungskraft zu den Experten im Team aufrechterhalten lassen. In Zukunft werden Sie zunehmend zum coachenden Prozessexperten,/zur coachenden Prozessexpertin, der/die seine/ihre Mitarbeiter:innen beim wirksamen Bewältigen der Arbeitsanforderungen begleitet. Ich habe einen Kunden aus dem Bereich künstliche Intelligenz und Big Data, dort dauert alleine die Urlaubsübergabe von einem Entwickler/einer Entwicklerin zum/zur anderen bis zu zwei Tage, weil die Rechenmuster, Algorithmen und Codierungen derart kompliziert sind. Sie werden in einem solchen Umfeld keine fachliche Einflussnahme ausüben können, weil Sie schlicht keine Ahnung mehr haben, was inhaltlich vor sich geht! Wenn Sie immer noch der größte Experte im Team sein wollen, dann ist diese Nachricht niederschmetternd. Wenn Sie sich als coachender Prozessbegleiter verstehen, dann sind diese Zeilen eine Bestärkung für Ihr Rollenverständnis.

Zuletzt wird Ihr Wirk- und Einflussbereich durch neue Organisationsformen und Arbeitsweisen schrumpfen. Im digitalen Zeitalter werden die für den Unternehmenserfolg relevanten Wertschöpfungsprozesse weitgehend von diversen, cross-funktionalen und bereichsübergreifenden Teams erbracht. Das heißt, Sie führen in Zukunft immer häufiger Personen, über die Sie keine disziplinarische Entscheidungsbefugnis besitzen. Wer so führt, kommt mit Autorität und Macht nicht weit. Wer so führt, muss mittels Kommunikation überzeugen und begeistern und auf die Loyalität, Kompetenz und das Commitment der Teammitglieder vertrauen. Das ist komplexer und reduziert Ihren direkten Einflussbereich erheblich. Zudem setzen immer mehr Unternehmen auf agile Arbeitsweisen. Das bedeutet, agile Teams bestehend aus Entwickler:innen, Scrum Mastern, Product Ownern und einigen relevanten Stakeholdern testen in sogenannten Sprints ein funktionsfähiges, mit den Mindestanforderungen ausgestattetes Zwischenprodukt, einen »Prototyp«, direkt am Kunden/an der Kundin. So erhalten sie unmittelbares Feedback vom Markt und können eingeschlagene Sackgassen früh erkennen sowie auf Kundenwünsche flexibel, schnell und wirksam reagieren. Ein dabei verbreiteter Irrglaube, der auch häufig auf New-Work-Veranstaltungen proklamiert wird, ist, dass solche Arbeitsweisen ohne Macht und Hierarchie auskämen. Kein System der Welt ist macht- und hierarchiefrei, da es sonst nicht funktionsfähig wäre. Jedes System benötigt Rückkopplungs-, Entscheidungs- und

## FÜHRUNG IST WIE WASSER

Holokratie

Feedbackmechanismen, die schlussendlich immer mit Macht verbunden sind. Was sich allerdings bei der agilen Arbeitsweise anders gestaltet, ist die Tatsache, dass persönliche Macht in rollenbasierte Macht umgewandelt wird. In traditionellen Unternehmen ist Macht häufig an eine Person gekoppelt, die sowohl die fachliche als auch die disziplinarische Führung innehat und deren Mitarbeiter:innen ihr im schlimmsten Fall willkürlich auf Gedeih und Verderb ausgeliefert sind. Natürlich gibt es auch in diesen Unternehmen Kontrollmechanismen, und doch ist Macht hauptsächlich an konkrete Personen gebunden, deren Wirk- und Einflussbereich damit enorm ist. In rollenbasierten Machtverteilungen wie beim agilen Arbeiten ist Macht klar auf den Wirkbereich der jeweiligen Rolle beschränkt. Ein Scrum Master darf eben nur das tun, was ein Scrum Master tun darf. Nicht weniger, aber vor allem auch nicht mehr. Sein Wirkbereich endet dort, wo jener der Entwickler:innen, Product Owner oder anderen Stakeholder beginnt. Seine/Ihre Macht ist partiell und nicht universell. Überall dort, wo Macht nicht an konkrete Personen, sondern an bestimmte Rollen gekoppelt ist, ist der Einfluss- und Wirkbereich des jeweiligen Individuums eingeschränkt. Gleiches gilt für neuere Organisationsformen wie Holokratie, die der klassischen Top-down-Hierarchie den Garaus machen wollen. Klassische Führungskräfte, starre Abteilungen, Positionen und Titel sollen durch Kreise und Rollen ersetzt werden. Kreise umfassen dabei bestimmte Zuständigkeiten und Aufgaben. Die Kreise sind hierarchisch angeordnet und kontrollieren sich gegenseitig. Wer wann über was entscheiden darf, ist festgelegt. In den einzelnen Kreisen gibt es bestimmte Rollen mit festen Zuständigkeiten. Sie sehen auch hier: Macht ist nicht mehr an Personen gekoppelt, sondern wird institutionalisiert und in Prozesse und Leitlinien gegossen. Das führt zu Transparenz für alle, aber eben auch zu einem geringeren Einflussbereich für Sie als Führungskraft.

Schließlich ist Führung heutzutage immer öfter zeitlich begrenzt. Da komplexe Fragestellungen meist in Projektteams erledigt werden, ist auch die Führung einer Person auf die Zeit dieses Projektes beschränkt. Wer Komplexität wirklich ernst nimmt, der erkennt, dass Führung nicht für immer an eine Person gebunden sein sollte, sondern je nach Kontext und Eignung für den jeweiligen Wertschöpfungsprozess neu verhandelt werden muss. Führung sollte nicht personell manifestiert, sondern aufgabenbezogen flexibel sein. Das bedeutet aber auch, dass Führung zunehmend »short time leadership« bedeutet. Sie führen in Zukunft nicht für immer, sondern punktuell für eine kurze Zeitspanne. Und mal sind Sie Führungskraft und mal Mitarbeiter:in. Ein fluides Unternehmen muss auch fluide in der Führung sein. Ein Future Fit Leader wird sich immer öfter die Frage gefallen lassen müssen: Bist du der Richtige für diesen Job? Auch Phänomene wie Shared Leadership tragen zur zeitlichen Begrenzung von Führung bei. Beim Shared Leadership wird Führung zwischen zwei Personen aufgeteilt, weil beispielsweise beide in Teilzeit arbeiten. Führung darf in der heutigen Welt kein Privileg, sondern muss auch für Teilzeitkräfte möglich sein. Da die Quote der in Teilzeit Arbeitenden seit den späten 1990er-Jahren kontinuierlich steigt, wird dieses Phänomen immer häufiger anzutreffen sein. Das bedeutet aber natürlich auch, dass die jeweilige Führungszeit am einzelnen Mitarbeiter/an der einzelnen Mitarbeiterin begrenzt ist. Und dass auch dieses Phänomen den Wirk- und Einflussbereich des einzelnen Führenden schmälert.

Da es in diesen Kapiteln hauptsächlich um das Aufzeigen neuer Entwicklungen geht und Lösungsansätze in der Tiefe vor allem im dritten Teil folgen werden, möchte ich Ihnen hier zunächst erste Impulse mitgeben: Ist es überhaupt ein Problem, dass Ihr Wirk- und Einflussbereich begrenzt wird? Dass Sie nicht ständig im Driver's Seat sitzen und in Zukunft viele Entscheidungsbefugnisse an Ihre Mitarbeiter:innen abgeben werden? Genau diese Frage stellte sich auch Spotify, der größte Musik-Streamingdienst der Welt. Sie kamen mittels interner Analysen zu folgendem Ergebnis: Ein/e gute/r Mitarbeiter:in trifft in 70 Prozent aller Fälle dieselben Entscheidungen wie sein/ihr Chef.

In 20 Prozent fällt er/sie bessere Entscheidungen, weil er/sie näher dran ist und von einer Sache mehr Ahnung hat. Nur in zehn Prozent der Fälle liegt er/sie daneben.[23] Ricardo Semler, Gründer des Maschinenbau-Unternehmens SEMCO, veröffentlichte bereits 1993 seinen Bestseller *Das SEMCO-System – Management ohne Manager*. In diesem Buch berichtet er, wie er innerhalb von sechs Jahren den Jahresumsatz verdreifachen und die Mitarbeiter:innen-Fluktuation auf ein Prozent drücken konnte, indem er Entscheidungsprozesse demokratisierte und Bürokratie abbaute. Und auch auf der Schwäbischen Alb gibt es mit dem Maschinenbauer hema ein prämiertes Unternehmen, das Hierarchiestufen konsequent abschaffte und sogar Fragen wie Urlaubsgenehmigungen vollends in die Hände der Mitarbeiter:innen gab.[24] Geführt wird dort immer noch, aber eben nicht mehr hierarchisch, auf Lebenszeit und im Command-and-Control-Stil. Es funktioniert trotzdem. Sie sehen also, wie bei jedem Phänomen gibt es Licht und Schatten. Vergessen Sie aber nie: Sie entscheiden mit, wie Sie sich zur Sonne stellen.

**Reflektieren und nachspüren zum Thema Reichweiten- und Einflussminimierung**

- Wo merken Sie in Ihrem Führungsalltag ganz konkret, dass Ihr Einfluss und Ihre Reichweite abnehmen?

- Wo könnten Sie ganz bewusst Ihren Einfluss minimieren und dadurch womöglich die Mitarbeiter:innen-Motivation steigern und Arbeitsergebnisse verbessern?

- Mal angenommen, Sie würden nur noch zeitlich begrenzt führen. In einem Projekt sind Sie Führungskraft, in einem anderen Mitarbeiter:in? Wie wäre das für Sie? Was fänden Sie daran gut, womit würden Sie dich schwertun?

  *Gut, bei gleichem Gehalt*

## Zwischen Hightech und Deep Touch – digitale Effizienz, menschliche Wärme und der Lupeneffekt des Virtuellen

»Who led the digital transformation of your company? A.) CEO, B.) CTO, C.) COVID-19«.[25] Mit diesem Meme traf die kanadische Satire-Seite MBA-ish mitten im ersten Lockdown den Nagel auf den Kopf. Waren zuvor in vielen Unternehmen Digitalisierungsinitiativen im Sande verlaufen, hatten wenige bis kaum dauerhafte Effekte erzielt oder vehementen Widerstand hervorgerufen, waren diese Hürden nun häufig von einer Sekunde auf die andere verschwunden. Natürlich aus der Not geboren, aber immerhin. Gerade im ersten Lockdown begleitete ich einige Unternehmen sehr intensiv in dieser Transformationsphase. Aus meiner Sicht ergaben sich damals drei Krisen, die zum Teil bis heute andauern. Zunächst eine operative Krise, die sich um die folgenden Fragen drehte: Wie halten wir unser Tagesgeschäft am Laufen? Wie kann unter den neuen Rahmenbedingungen weiterhin Wertschöpfung stattfinden? Wie statten wir unsere Mitarbeiter:innen aus und wie ermöglichen wir ein Arbeiten aus dem Homeoffice? Diese Krise hatten die meisten Unternehmen nach den ersten zwei Monaten gemeistert und die Arbeit aus dem Homeoffice erreichte ihr Stimmungshoch. Bei einigen setzte nun allerdings die zweite Krise, nämlich die wirtschaftliche, ein. Zwar konnte man nun aus dem Homeoffice arbeiten, doch plötzlich war die Nachfrage nicht mehr im gewohnten Maße da. Cashflow-Engpässe entstanden. Oder die Nachfrage war da, aber Lieferketten waren unterbrochen, und so konnte die Nachfrage nicht gestillt werden. Kurzarbeit und Kündigungen nahmen ihren Lauf. Das mündete schließlich in die dritte, die psychologische Krise. Führungskräfte und Mitarbeiter:innen kämpften mit Zukunftsängsten, das Homeoffice-Hoch schlug in den Corona-Blues um und die Stressbelastung durch das Balancieren von Arbeit und Privatem mit den besonderen Herausforderungen des Homeschoolings oder der Versorgung von Hochrisikogruppen war enorm und ermüdete die Menschen zusehends. Natürlich durchlief nicht jedes Unternehmen alle Krisen oder manche Krisen liefen auch in unterschiedlicher zeitlicher Abfolge ab. Dennoch waren diese Monate auch für mich die intensivsten meiner bisherigen Beraterlaufbahn. Nicht nur, weil der Beratungsbedarf sehr hoch war, sondern weil natürlich auch ich mein Geschäftsmodell von zehn Prozent an Onlineworkshops, die ich bereits vor der Coronakrise durchgeführt hatte, auf 100 Prozent umstellen durfte. Am Ende des Jahres 2020 hatte ich das Gefühl, zwei Jahre auf einmal erlebt zu haben, und so erging es auch vielen meiner Kunden.

Dennoch hatte Corona, wie eingangs erwähnt, auch positive Effekte wie das Vorantreiben der Digitalisierung. In Deutschland gibt es in diesem Zusammenhang viele Begriffe wie »digitaler Wandel«, »digitale Transformation« oder »Industrie 4.0«. Die dahinterstehenden Definitionen sind mannigfaltig und bringen selten Klarheit in das nebulöse Digitaldickicht. Hier kann uns die englische Sprache helfen, die klar zwischen »Digitization« und »Digitalization« unterscheidet. Unter »Digitization« versteht man die Umwandlung von analogen in digitale Informationen. Statt Kundenakten in Papierform haben Sie vielleicht in Ihrem Unternehmen bereits alles in beschreibbare PDFs mit elektronischer Signatur umgewandelt und verwenden diese. Statt Ihre analogen CDs vom CD-Spieler abzuspielen, haben Sie sie vielleicht in ein MP3 umgewandelt und auf Ihrem Laptop abgespeichert. Das ist »Digitization«. Unter »Digitalization« hingegen versteht man die Neuentwicklung eines digitalen Geschäftsmodells oder die Weiterentwicklung eines bestehenden Geschäftsmodells unter Nutzung von künstlicher Intelligenz, Algorithmen oder Blockchain-Technologie. Spotify hat zum Beispiel nicht nur analoge Lieder in digitale umgewandelt, sondern ein komplett neues Geschäftsmodell entwickelt, wie wir heute Musik hören, konsumieren und auch bezahlen. Uns gehört nicht mehr die einzelne CD für immer, sondern wir haben durch ein Abo-Modell Zugang zu den unterschiedlichsten Titeln, aber eben auch nur, solange wir zahlen. Dadurch wechselt die Musikbranche zunehmend von der Eigentumsgebühr zur Nutzungsgebühr. Erst beide

Begriffe beschreiben das Phänomen Digitalisierung klar und geben letztlich auch gute Hinweise, wo die Digitalisierung in Ihrem Unternehmen derzeit steht. Papierakten zu digitalisieren ist gut, sind die Arbeitswege jedoch immer noch dieselben wie bei der Papierform, dann haben Sie wenig gewonnen. Nutzen Sie jedoch diese digitalen Informationen, um algorithmisch Entscheidungen zu treffen, wie mit der Akte zu verfahren ist, dann haben Sie wirklich einen Effizienzsprung gemacht. Digitization ist also häufig die Vorstufe von Digitalization. Leider stecken viele der traditionellen kleinen bis mittelständischen Unternehmen in der Phase der Digitization fest und erkennen noch nicht das Potenzial der Digitalization.[*]

Und dennoch hat die Coronapandemie einen Digitalisierungsschub sondergleichen befeuert. Wie eine Studie des Münchner Kreises in Zusammenarbeit mit der TU München und der Bertelsmann Stiftung aus dem Jahr 2020 zeigt, hat die Digitalisierung nicht nur beim Thema virtuelle Zusammenarbeit innerhalb der einzelnen Teams Einzug gehalten, sondern auch im externen Kundenkontakt, der zunehmend virtuell stattfindet.[26] Sei es nun die Beratung zu Finanzierungskonzepten oder auch der Verkauf eines Sportschuhes per Zoom, MS Teams oder Webex. Eine weitere groß angelegte Befragungsstudie von Experten aus Wirtschaft, Wissenschaft, Verbänden und Politik der TU München sieht auch einen zunehmenden Technologisierungsdruck in der Führung.[27] Neben der schnellen Interaktion mit Mitarbeiter:innen über Messaging-Dienste und Chats spielen Assistenz- oder Führungsinformationssysteme zur Talententwicklung und -beurteilung, zur Sammlung und Interpretation großer Datenmengen sowie zur Entscheidungsfindung oder auch virtuelle Kollaborationssoftware eine zunehmend wichtigere Rolle. Vereinzelte Befragte gaben auch an, dass ein Großteil der Führungsarbeit automatisiert werden wird.

---

[*] In diesem Buch wird Digitalisierung ganzheitlich sowohl als »Digitization« und daraus resultierender »Digitalization« verstanden.

## FÜHRUNG IST WIE WASSER

① Digital native: Person, die in der digitalen Welt aufgewachsen ist

Dadurch wird die Arbeit mit und am Menschen meiner Ansicht nach noch mehr in den Vordergrund rücken.

Es zeigt sich: Digital ist das neue Normal – unternehmensintern wie -extern. Das Ausschöpfen des technischen Potenzials zur Steigerung der Wertschöpfung ist dabei eine der zentralen Führungsaufgaben. Wenn Sie nicht gerade von digitalen Early Adopters umgeben sind, dann sind Sie häufig der Ausgangspunkt für technische Innovation. Welche neuen Programme, Apps oder Technologien genutzt werden, bestimmen maßgeblich auch Sie, indem Sie diese einführen oder zumindest der internen IT vorschlagen. Das verlangt von Ihnen ein Höchstmaß an Innovations- und Experimentierfreude sowie Anpassungsfähigkeit. Ich selbst habe mir zum Ziel gesetzt, mich jeden Monat mindestens mit einem neuen technischen Tool vertraut zu machen. Das kann eine neue Kollaborationssoftware für Workshops sein, die Nutzung von VR-Brillen oder einfach neue Apps. Technik verbreitet sich immer schneller. Es dauerte 14 Jahre, bis der Computer 50 Millionen Nutzer verzeichnen konnte. Beim Mobiltelefon waren es nur noch zwölf Jahre, und Pokémon Go verzeichnete bereits nach 19 Tagen 50 Millionen Nutzer. Technik wird immer schneller den Einzug in Ihren Führungsalltag finden und es ist nicht unwahrscheinlich, dass bereits die nächste technische Innovation ins Haus steht, während Sie gerade die Einarbeitung in das letzte technische Tool abgeschlossen haben. Ich erlebe Führungskräfte diesbezüglich häufig ambivalent: Einerseits sind sie fasziniert von den technischen Möglichkeiten, andererseits erleben sie es als unglaublich anstrengend, »am Puls der Zeit zu bleiben«. Nun zähle ich selbst zur Kategorie der Digital Natives und ich kann Ihnen sagen: Mir ging es am Anfang ähnlich. Kaum beherrschte ich das eine Tool so professionell, dass ich damit mit Kund:innen arbeiten konnte, gab es schon wieder eine neue Software, die noch mehr konnte, oder einen Kunden/ eine Kundin, der/die wiederum eine ganz besondere technische Infrastruktur darbot. Was mir damals geholfen hat? Die Entdeckung eines spielerischen Zugangs zu technischen Neuerungen. Nicht jedes Tool, das Sie sich ansehen, müssen Sie auch einführen. Nicht jedes Tool müssen Sie perfekt beherrschen. Und je mehr Sie sehen, desto mehr erkennen Sie, wie sich die Programme gleichen. Irgendwann haben Sie den Effekt: Kenne ich eines, kenne ich alle. Und das entspannt enorm. Dann sind neue technische Tools kein unüberwindbarer Berg, sondern eine entspannte Wanderung auf einem Hügel, bei der Sie bei Kreuzungen intuitiv wissen, in welche Richtung es gehen soll, und bei den wenigen neuen Gegebenheiten des Weges, diese als Bereicherung zu empfinden. Zusätzlich hilft es, generell die Hemmschwelle zur Nutzung von Technik zu verringern. Mittlerweile gibt es im Web tolle Seiten, bei denen Sie sich für eine gewisse Zeit technische Gadgets wie beispielsweise eine VR-Brille ausleihen können. Die Kosten sind überschaubar und Sie können nach der Testphase selbst entscheiden, ob Sie das Gadget zurücksenden, weiternutzen oder vielleicht sogar erwerben wollen.

In digitalen Zeiten sollten Sie ein digitales Vorbild sein. Das fordern auch die Mitarbeiter:innen, wie die Studie »WORK.LIFE.FUTURE« zeigt.[28] Die Befragten erwarten von ihren Führungskräften und Kolleg:innen mehr Unternehmertum, Innovationsgeist und Mut. Ein Future Fit Leader handelt – auch was Technik angeht – proaktiv, setzt sich mit neuen Trends auseinander und übersetzt diese in den Teamalltag. Digitalität erlaubt keine Passivität. Auch keine Passivität im Zwischenmenschlichen, eine weitere Erkenntnis der Studie.

> **Denn neben der technologischen und unternehmerischen Vorbild-
> funktion wünschen sich die Mitarbeiter:innen wesentlich mehr
> Wertschätzung, Vertrauen, und Kommunikation – auch über Dis-
> tanz. Digitale Effizienz benötigt menschliche Wärme.**
> **Hightech braucht Deep Touch!**

Virtueller Kontakt und digitale Kommunikation sind ihrem Wesen nach stark sach- und effizienzorientiert. Das werden Sie vielleicht selbst schon festgestellt haben. In virtuellen Teambesprechungen behandeln Sie häufig mehr Punkte in kürzerer Zeit. Gleichzeitig sind diese Meetings häufig interaktions- und damit verbindungsarm, wenn Sie sich nicht aktiv um die Förderung der Beziehungsebene bemühen. In den Kapiteln zu »Deep Touch mit den Mitarbeiter:innen« werden Sie viele Anregungen finden, wie Sie sich trotz virtueller Distanz menschlich nah bleiben. Behalten Sie aber bitte jetzt schon im Kopf: Digitalität benötigt die aktive Förderung der Beziehungsebene!

Neben der zunehmenden Technologisierung von Führung und der damit einhergehenden notwendigen Aktivpflege des Zwischenmenschlichen gibt es noch ein weiteres wichtiges Phänomen, das beim Thema Digitalisierung im Führungskontext beleuchtet werden sollte: der, wie ich ihn nenne, »Lupeneffekt« des Virtuellen. Virtualität potenziert das, was schon vorhanden ist. Oder anders ausgedrückt: Aus gut wird noch besser und aus schlecht noch schlechter. Besonders stark zu beobachten war dies ebenfalls in der Zeit des ersten Lockdowns. Führungskräfte, die es schon immer verstanden, eine Beziehung zu ihren Mitarbeiter:innen herzustellen, schafften das auch im virtuellen Raum mit Leichtigkeit. Jene, die unter Führung vor allem das effektive Ausführen von Handlungen zur Erreichung eines gemeinsamen Zieles verstehen und die Beziehungsebene eher als Störfaktor der Effektivität empfinden, verschwanden ganz von der virtuellen Bildfläche und erschienen nur, wenn operativ etwas schieflief. Interesse für den/die Mitarbeiter:in und seine Lebenssituation: Fehlanzeige. Gleiches Bild beim Thema Arbeitsbelastung: Wer es vorher schon verstand, seine Mitarbeiter:innen zu gesunder Höchstleistung zu bringen, dem rauschte auch im Lockdown keine/r der Mitarbeiter:innen trotz enormer Doppelbelastung durch die operative Umstellung der Arbeit und privater Verpflichtungen, wie Homeschooling, in den Burn-out. Wer hingegen schon zuvor mit Überlastung der

Mitarbeiter:innen zu kämpfen hatte, dem fielen die Mitarbeiter:innen der Reihe nach aufgrund von stressbedingten Krankheiten aus. Virtualität potenziert also sowohl das Gute als auch das Schlechte im eigenen Führungsstil. Durch Virtualität werden Führungsmängel schamlos offengelegt. Und das hat aus meiner Sicht zwei Gründe: Erstens fehlen die anderen Mitarbeiter:innen als Korrektiv. Waren Sie selbst nie ein/e Meister:in im Herstellen von zwischenmenschlicher Nähe zu Ihren Mitarbeiter:innen, konnte das im Büro möglicherweise sehr gut durch einen empathischen Kolleg:innen aufgefangen werden. Das offene Ohr, das Sie nicht hatten, lieh er den Kolleg:innen. Dadurch war das Bedürfnis nach Nähe befriedigt, wenn auch nicht durch Sie. Im virtuellen und remotebasierten Kontext werden Mitarbeiter:innen jedoch zunehmend ego-fokussierter. »Aus den Augen, aus dem Sinn« ist ein Sprichwort, das dieses Phänomen gut beschreibt. Je mehr Mitarbeiter:innen tatsächlich räumlich auf sich allein gestellt sind beim Arbeiten, desto mehr verlieren sie die anderen Kolleg:innen aus dem Blick. Dadurch geht die Unterstützungsleistung des empathischen Mitarbeiters/der empathischen Mitarbeiterin verloren und der Führungsmangel wird sichtbarer. Gleiches gilt für das organisationale Korrektiv. Für viele Mitarbeiter:innen bietet der organisationale Ablauf mit fester Mittagspause oder gelegentlichen Kaffeepausen mit den Kolleg:innen einen guten Ausgleich zur Gefahr der Überlastung. Mitarbeiter:innen in funktionierenden Teams achten auf sich und stellen sicher, dass die Kolleg:innen nicht vier Stunden am Stück am Laptop sitzen. Im Homeoffice fehlen diese standardisierten, durch die Gruppe oder den organisationalen Rahmen getragenen Unterstützungs- und Erinnerungsleistungen. Schafft es der/die Mitarbeiter:in nicht selbst, für Ausgleich zu sorgen oder einen eigenen Ablauf für sich zu installieren, dann liegt es an Ihnen, der Überforderung nachzuspüren und gesunde Grenzen zu setzen. Können Sie das nicht, fällt auch dieser Mangel viel gravierender aus als bei On-Site-Teams im Büro. Nutzen Sie als Future Fit Leader die Vorzüge neuer digitaler Tools, verbinden Sie diese digitale Effizienz mit menschlicher Wärme und nutzen Sie den Lupeneffekt des Virtuellen, um eigene Führungspotenziale zu erschließen, dann ist die Digitalisierung ein Segen für Sie und Ihr Team.

**Reflexionsfragen zum Durchatmen, Nachspüren und Hinhören**

- Was könnte die nächste Technologie oder das nächste Tool sein, mit dem Sie sich intensiv beschäftigen?

  *Softphone    alles bei Yoummday*

- Was tun Sie bereits, um in einer virtuellen und hybriden Welt die Beziehung zu Ihren Mitarbeiter:innen und zwischen ihnen zu stärken?

  *- regelmässigen Austausch*
  *- Chat*
  *- Meeting*

- Welche Stärken und welche möglichen Entwicklungsfelder Ihrer Führung hat der Lupeneffekt des Virtuellen bei Ihnen sichtbar werden lassen? Was wäre ein erster Schritt zur Stärkung Ihres Entwicklungspotenzials?

  *regelmässiger Kontakt +*
  *Ignorieren (als Strafe / bei Antipathie)*

## Die Veränderungen auf einen Blick

Die Führungswelt hat sich ganz schön verändert. Sie ist schneller geworden. Unter dem zunehmenden Wettbewerbsdruck müssen Sie heute häufiger Entscheidungen treffen, diese schneller wieder revidieren und dabei immer mehr Reize von außen verarbeiten. Das beschleunigt das Handeln und das Gefühl innerer Gehetztheit. Gleichzeitig dürfen Sie mit immer mehr individuellen Ansprüchen der Mitarbeiter:innen zurechtkommen und dem vermehrten Freiheitsstreben Genüge tun, ohne sich in der Beliebigkeit zu verlieren. Sie dürfen Ihren Mitarbeiter:innen immer mehr vertrauen, weil durch die Verlagerung der Arbeit ins Homeoffice oder auch neue Organisationsformen Ihr Einfluss- und Wirkbereich immer geringer wird. »Vertrauen ist gut, Kontrolle ist schlechter«, lautet die Devise unserer Zeit. Schließlich dürfen Sie die Herausforderungen der Digitalisierung meistern, indem Sie dauerhaft neue Technologien in Ihren Führungsalltag einbauen, wo dies sinnvoll ist. Bei aller digitaler Effizienz, die sich dadurch ergibt, sollten Sie jedoch auch immer die Beziehung zum/r Mitarbeiter:in im Auge behalten. Hightech braucht Deep Touch. Zuletzt dürfen Sie Digitalität als Entwicklungshelferin nutzen, die zwar Führungsmängel offenlegt, dadurch aber auch den Weg zu Ihrem Potenzial ebnet. Halten Sie nun noch mal kurz inne und fragen Sie mit Blick auf alle Veränderungen: Welche dieser Veränderungen betrifft Sie besonders? Wie wollen Sie in Zukunft damit umgehen? Wo sind Sie aus Ihrer Sicht bereits gut aufgestellt und wo ist noch Luft nach oben? Was könnte verbessert werden in Ihrem Umgang mit sich selbst, einzelnen Mitarbeiter:innen oder Ihrem Team?

Gestalten Sie die Veränderung aktiv zum größtmöglichen Wohle aller.

## DER KERN BLEIBT GLEICH – WORAUF SIE AUCH IN ZUKUNFT SETZEN KÖNNEN

Jede Veränderung beinhaltet immer auch Elemente, die gleich bleiben. Wie Wasser verändert auch Führung ihre Form, aber der Kern bleibt gleich. Auf diesen Kern können Sie Ihre Führungsarbeit weiterhin ausrichten oder Ihren Umgang neu darauf aufbauen. Um diesen kontinuierlichen Kern soll es in den nächsten Kapiteln gehen.

### Führung als Antiblockiersystem – immer dort eingreifen, wo die Selbststeuerungsfähigkeit versagt

Ich fuhr im Frühjahr 2019 von einem Workshop in Heilbronn zurück nach München. Ich liebe es, während der Autofahrt Hörbücher zu hören, und so war ich vertieft in die Stimme des Sprechers. Plötzlich schreckte ich hoch. Ich erkannte, wie rund 70 Meter vor mir ein Wagen in der Leitplanke hing. Doch das war nicht alles. Gerade einmal zehn Meter dahinter dasselbe Bild mit einem anderen Auto. Bevor ich überhaupt realisiert hatte, was vor sich ging, hatte es mich bereits erwischt: Blitzeis. Mein Wagen geriet außer Kontrolle und ich hatte enorme Probleme, ihn wieder auf Spur zu bekommen. Letztlich hatte ich ungemeines Glück, dass sich neben mir keine Autos befanden, denn ich brauchte tatsächlich alle drei Fahrstreifen, bis ich den Wagen wieder einigermaßen steuern konnte. Was mich dabei enorm unterstützt hatte: mein Antiblockiersystem.

Doch warum erzähle ich Ihnen das, es geht doch um Führung im digitalen Zeitalter? Führung hat im digitalen Zeitalter die Funktion eines Antiblockiersystems. Sie muss immer dort eingreifen, wo es hakt und nicht mehr rundläuft. Wo Dinge drohen aus der Spur zu laufen und ins Schleudern zu geraten.

> Führung muss immer dort Unterstützung leisten, wo die Selbststeuerungsfähigkeit des einzelnen Mitarbeiters/der einzelnen Mitarbeiterin, des Teams oder der gesamten Organisation versagt.

Was bedeutet das? Stellen Sie sich vor, Sie erkennen, dass sich Ihr/e Mitarbeiter:in im Homeoffice zunehmend überarbeitet. Die Selbststeuerungsfähigkeit des Mitarbeiters/der Mitarbeiterin, auf sich zu achten und gesunde Leistung zu zeigen, hat somit versagt. Gleiches gilt für den genau gegensätzlichen Fall: Ihr/e Mitarbeiter:in bringt kaum noch Leistung, Deadlines werden gerissen und Arbeitspakete nicht erledigt. Auch hier ist die Selbststeuerungsfähigkeit des Mitarbeiters/der Mitarbeiterin, seinen/ihren Verpflichtungen nachzukommen, unter die Räder geraten. In beiden Fällen ist Ihr Eingreifen als Führungskraft gefragt. Stellen Sie sich vor, aus Ihrem Team kommen kaum neue kreative Ideen und Sie sind der Einzige, der neue Impulse setzt. Hier versagt die Selbststeuerungsfähigkeit des Teams, sein kreatives Potenzial effektiv zu nutzen. Oder Ihr Team wird zunehmend egofokussiert, das heißt, der Teamzusammenhalt erodiert mehr und mehr. Es obliegt Ihrer Führung, hier einzugreifen und die kreative sowie soziale Selbststeuerungsfähigkeit wiederherzustellen, also das Team wieder zu befähigen, kreative Lösungen zu kreieren und einander wieder als Team zu begreifen und zu fördern. Zu guter Letzt das Unternehmen: Nehmen Sie an, Ihr Unternehmen verschläft gerade einen wichtigen Markt und treibt nicht die nötigen Innovationen voran. Dann ist es Ihre Aufgabe, hier als Führungskraft einzuschreiten und dafür zu sorgen, dass das Unternehmen als Ganzes diesen neuen Markt adressiert. Oder Ihr Unternehmen wird für neue Bewerber zunehmend unattraktiv, weil es Trends wie kreative Arbeitsräume und Mobile Working verschläft oder kategorisch ablehnt. Auch hier kann Ihr Beitrag darin bestehen, auf diese Fehlentwicklungen hinzuweisen und konkrete Lösungsvorschläge zu liefern. Wie im vorherigen Kapitel gezeigt, fehlen bei remote arbeitenden Mitarbeiter:innen häufig das Team oder die Organisation als Regulativ. Führung wird also auch in 100 Jahren noch gebraucht werden, wenn die Selbststeuerungsfähigkeit des Gegenübers versagt und Führung als Regulativ wirken muss. Es braucht dann jemanden, der wieder Orientierung gibt und Wege zur eigenen Selbstwirksamkeit aufzeigen kann. Da in einer komplexen und unsicheren Arbeitswelt die Selbststeuerungsfähigkeit häufiger einmal verloren gehen kann, wird Führung sogar immer wichtiger. Wie im ersten Kapitel bereits geschrieben, verändert sich der Kontext von Führung ganz gewaltig, aber das, was Führung leisten kann und wo sie Mehrwert stiftet, bleibt gleich, nämlich beim Wiederherstellen von Selbststeuerung und Selbstwirksamkeit.

**Reflektieren und nachspüren zum Thema Selbststeuerung**

- Blicken Sie zunächst auf sich selbst: Wo versagt auch mal bei Ihnen die Selbststeuerungsfähigkeit?

- Wo ist derzeit die Selbststeuerung Ihrer Mitarbeiter:innen, Ihres Teams oder Unternehmens gestört?

- Was können Sie schon heute tun, um dazu beizutragen, die Selbststeuerung und Selbstwirksamkeit wiederherzustellen?

## Die Ausrichtung von Führung

Das Schöne an Navigationssystemen ist, dass sie sich an geänderte Rahmenbedingungen wie Staus oder Sperrungen anpassen, ohne das Ziel aus den Augen zu verlieren. Ähnlich ist es mit der Führung im digitalen Zeitalter: Das Ziel und die Schwerpunkte von Führung bleiben gleich. Und zwar auf der Ebene der Mitarbeiter:innen, des Teams und des Unternehmens.

## Die Ausrichtung von Führung auf der Mitarbeiterebene

Die gute Nachricht ist: Auf absehbare Zeit bleiben Ihre Mitarbeiter:innen Menschen. Und Menschen haben Bedürfnisse, an denen Sie sich ausrichten können. Eine sehr hilfreiche, weil prägnante und in der Praxis gut umsetzbare Herangehensweise ist die sogenannte Konsistenztheorie nach Klaus Grawe.[29] Gemäß dieser Theorie besitzt der Mensch vier Grundbedürfnisse, die – vereinfacht gesagt – im besten Fall erfüllt sein sollten, damit sich das Gefühl von Kongruenz und innerer Gestimmtheit einstellt. Diese vier Bedürfnisse sind folgende:

*Das Bedürfnis nach Orientierung und Kontrolle*

Menschen möchten die Welt, in der sie leben, verstehen, vorhersehen und im besten Fall auch beeinflussen können. Sie wollen Gestalter ihres Lebens sein und nicht Opfer unverständlicher, unkontrollierbarer und unbeeinflussbarer Umstände. Auch Mitarbeiter:innen wollen einen Gestaltungsspielraum, in dem sie wirksam werden können. Dazu brauchen sie Leitplanken, aber auch Freiheiten in der Umsetzung (mehr dazu im Abschnitt Empowerment im Kapitel »Vertrauen ist alles und ermöglicht vieles«) sowie die nötigen Kompetenzen. Sie möchten Rückmeldung erhalten, ob ihre Arbeit den Erwartungen entsprochen hat und wo es in Zukunft mit der Firma hingeht. Fragen Sie sich immer: Wie können Sie Ihre Mitarbeiter:innen als aktive Gestalter im Spiel halten? Wer braucht wann und wo wie viel Orientierung und wie können Sie das Gefühl von Kontrolle beispielsweise durch ein Mehr an Informationen oder Unterstützungsmöglichkeiten wie Schulungen und Lernangeboten unterstützen?

### Das Bedürfnis nach Selbstwertschutz und Selbstwerterhöhung

Menschen möchten positiv über sich denken und möchten, dass andere dies ebenso tun. Auch im Erwachsenenalter neigen viele dazu, sich in Situationen zu begeben oder mit Menschen zu umgeben, die ihnen selbstwertdienliche Erfahrungen ermöglichen. Auch den meisten Mitarbeiter:innen ist wichtig, was ihre Kolleg:innen und ihre Führungskraft über sie denken. Sie bevorzugen Aufgaben, bei denen sie nicht mit der eigenen Unzulänglichkeit konfrontiert werden, sondern gute Ergebnisse abliefern können oder zumindest behutsam und selbstwertschützend herangeführt werden. Auch sammeln sich häufig Kolleg:innen zusammen, die einander im Selbstwert bestätigen. Wer Menschen ständig mit Unzulänglichkeiten konfrontiert, eckt eher an. Die Maxime lautet hier: Wie kann ich dazu beitragen, dass meine Mitarbeiter:innen positiv über sich selbst und ihre Leistung denken? Wie können Sie einen Mangel oder Fehler als positive Lernerfahrung erlebbar machen, ohne Sachverhalte zu beschönigen? Gerade bei kritischen Themen ist das eine Herausforderung, deswegen beleuchten wir das im Kapitel »Vertrauen ist alles und ermöglicht vieles« ausführlicher.

### Das Bedürfnis nach Zugehörigkeit und Bindung

Wir Menschen sind soziale Wesen. Wir möchten uns mit den Menschen um uns herum verbunden fühlen und in ihnen einen Zufluchtsort bei emotional belastenden Situationen finden. Auch im Businesskontext sind Menschen ungern Außenseiter. Sie wollen Teil des Teams sein, ihre Rolle dort finden, in Gemeinschaftsaktivitäten eingebunden sein und auch bei herausfordernden Situationen eine Vertrauensperson haben. Der Leitsatz lautet hier: Wie kann Ihr/e Mitarbeiter:in vollwertiges Mitglied des Teams bleiben oder werden? Wie können Sie das Gefühl von Verbundenheit stärken? Und wie kann dieses Gefühl auch auf einer Leistungsebene erzielt werden? Gerade in hybriden und virtuellen Settings wird häufig über Teamevents et cetera gesprochen. Diese sind gut und wichtig. Doch aus meiner Sicht wird die Leistungsebene als Möglichkeit zum Aufbau verbindender Beziehungen viel zu häufig ausgeblendet. Denn seien wir mal ehrlich: Wie wird im analogen Büro häufig Vertrauen und Bindung aufgebaut? Durch das gemeinsame Erreichen anspruchsvoller Ziele. Behalten Sie also bitte auch die Performanceebene im Blick.

### Das Bedürfnis nach Lustgewinn und Unlustvermeidung

Dieses Bedürfnis ist laut Grawe das offensichtlichste. Wir streben angenehme Zustände an und vermeiden unangenehme. Wir gehen Liebesbeziehungen ein in der Hoffnung, dass sie uns guttun, und verlassen solche, die uns mehr schaden als nützen. Auch im Büro sind Mitarbeiter:innen gerne mit Menschen zusammen, die eine hohe Gestimmtheit ausstrahlen, statt alles schwarzzumalen. Sie gehen trotz der Möglichkeit des dauerhaften Homeoffices ins Büro, weil ihnen dort der anregende und spontane Austausch mit Kolleg:innen guttut. Sie übernehmen gerne Arbeiten, die ihren Fähigkeiten entsprechen, und zwar nicht, um ihren Selbstwert zu schützen, sondern weil sie einfach Spaß machen (das ist auch der Grund, warum manche Mitarbeiter:innen gerne auch wenig sichtbare Projekte annehmen, einfach weil sie Lust darauf haben).

Natürlich sind diese Grundbedürfnisse, wie vieles in der Psychologie, nicht ganz trennscharf. Darum geht es aber auch gar nicht. Es geht darum, dass Ihnen diese Grundbedürfnisse als Ausrichtungspunkte dienen können. Und das auf zweierlei Art: als Diagnose- oder als Interventionstool. Sie können sich also bei jedem/r Mitarbeiter:in fragen, ob aus Ihrer Sicht das Bedürfnis im jeweiligen Bereich gedeckt ist und, falls nicht, was helfen könnte, damit dieses Bedürfnis wieder mehr Erfüllung erfährt, was häufig die Motivation steigert. Denn selbstredend kann für einen gewissen Zeitraum auch mal ein Bedürfnis etwas unterernährt sein. Bleibt es jedoch dauerhaft unbefriedigt, dann kann es nicht einfach ad acta gelegt, sondern muss adressiert werden, da es sonst immer intensiver in Erscheinung tritt. Natürlich interagieren diese Bedürfnisse auch miteinander, das heißt, durch das Stärken der Einbindung eines Mitarbeiters/einer Mitarbeiterin in das Team kann auch der Selbstwert des Mitarbeiters/der Mitarbeiterin gesteigert werden und vice versa.

Um diese Theorie praktikabel für die Führungspraxis zu machen, ist eine weitere Unterscheidung hilfreich.[30] Wir Menschen nutzen zwei Zielarten beziehungsweise motivationale Schemata, um unsere Bedürfnisse zu befriedigen: Annäherungsziele und Vermeidungsziele. Bei Annäherungszielen geht es darum, das Bedürfnis aktiv zu befriedigen. Bei Vermeidungszielen hingegen versucht der/die Mitarbeiter:in, die Verletzung oder Frustration des Grundbedürfnisses zu umgehen. So kann der/die eine Mitarbeiter:in die Abteilungspräsentation auf der Jahrestagung übernehmen, weil es ihm/ihr Freude bereitet und seinen/ihren Selbstwert stärkt, während der/die andere es ablehnt, um seine/ihre Freude zu erhalten und seinen/ihren Selbstwert nicht durch ein mögliches Beschämungsszenario zu schmälern. Sie sehen: sehr unterschiedliche Strategien, die auf dasselbe Grundbedürfnis abzielen. Noch etwas komplizierter wird es, da Annäherungs- und Vermeidungsziele immer in Konkurrenz zueinander stehen. Stellen Sie sich vor, Sie sind auf ein Event eingeladen. Sie haben Hunger und wollen dieses unangenehme Gefühl auflösen, indem Sie das Buffet plündern (Annäherungsziel). Leider ist das aber noch nicht eröffnet und natürlich wollen Sie nicht als unhöflicher und gieriger Gast erscheinen (Vermeidungsziel). Je nachdem, welches motivationale Schema nun stärker wirkt, ist Ihnen entweder Ihr Hunger oder Ihr Ruf egal. In Ihrer Führungsarbeit ergeben sich daraus zwei Anknüpfungspunkte bei der Bedürfnisreflexion: Sie können entweder diese gegeneinander arbeitenden Dynamiken mit Ihrem/r Mitarbeiter:in besprechen gemäß der Frage, welche Seelen zu einem Thema in seiner/ihrer Brust schlagen, und überprüfen, ob sich diese vereinen oder auflösen lassen. Oder Sie können dafür sorgen, dass das Bedürfnis auf annähernde und nicht auf hemmende Weise befriedigt wird. Anstatt die Abteilungspräsentation auf der Jahresveranstaltung kategorisch abzulehnen, um Unlust zu vermeiden, könnten Sie auch schauen, wie der/die Mitarbeiter:in langsam am Präsentieren Freude entwickelt, zum Beispiel durch Trainings oder Präsentationen im kleineren Rahmen. Bitte beachten Sie: Warum Mitarbeiter:innen sich manchen Bedürfnissen annähernd oder vermeidend nähern, hat mit frühkindlichen Prägungen zu tun. Es ist nicht Ihre Aufgabe als Führungskraft, pseudotherapeutisch in diesem Feld herumzustochern. Überlassen Sie das Experten oder verweisen Sie zur Not auf diese. Was Sie allerdings tun können, ist, immer auf eine Bedürfnisbefriedigung im organisationalen Kontext zu achten und mögliche bedürfnisbefriedigende Zukunftsstrategien zu entwickeln (auch wenn diese manchmal durch diese Prägungen wenig erfolgreich sein werden). Trotz allem haben Sie hier einen ersten festen Anker: Bei allem Wandel und bei aller Digitalisierung können Sie Ihr Führungsverhalten auf Mitarbeiter:innen-Ebene an deren Bedürfnissen ausrichten.

## Die Ausrichtung von Führung auf der Teamebene

Auch auf der Teamebene lassen sich allem Wandel zum Trotz Ausrichtungspunkte für die Führungsarbeit finden. Zunächst eine allgemeine Anmerkung zu Teams: Teams bestehen nicht aus den Teammitgliedern selbst, sondern aus den Beziehungsdynamiken der Teammitglieder untereinander. Das ist auch der Grund, weshalb ein Team nicht endet, wenn ein/eine Mitarbeiter:in es verlässt. Denn die Beziehungen bleiben bestehen beziehungsweise verändern sich und mit einem neuen Teammitglied kommen neue hinzu. Teams haben grundsätzlich zwei Ziele: den Zweck des Daseins zu erfüllen und dabei bestehen zu bleiben beziehungsweise ihre Existenz zu sichern. Kein Team verfehlt unter normalen Umständen gerne die Aufgabe, für die es angetreten ist.[*]

---

[*] Ein Abweichen hiervon wäre beispielsweise das bewusste Boykottieren einer Change-Maßnahme durch Minderleistung.

Und kein Team löst sich unter normalen Umständen gerne selbst auf. Lebendige Systeme, zu denen auch Teams zählen, sind bestrebt weiterzuexistieren. Diese Erkenntnisse bilden drei Ansatzpunkte für Sie als Führungskraft: Was können Sie tun, damit aus Ihrem Team ein Team wird? Was können Sie tun, damit Ihr Team noch besser den Zweck seines Daseins erfüllen kann? Und was können Sie tun, damit sich das Team dabei nicht selbst zersetzt oder – positiv formuliert – erhalten bleibt?

Auch ich habe für mein Tun einen Zweck definiert, an dem ich mich und mein Team ausrichte. Mein Zweck der Existenz ist folgender: Ich helfe Menschen dabei, zu der Größe zu kommen, die sie verdienen. Das tue ich, indem ich sie mit dem verbinde, was für sie relevant und stimmig ist, und ihrem Sprechen und Handeln positive und präsente Wirkung verleihe. Wenn dieser Zweck klar ist, dann kann sich der Kontext oder auch das Wie stark verändern, und dennoch verfolgen mein Team und ich weiterhin diesen Zweck. In Zeiten von Corona heißt das für uns zum Beispiel, dass wir komplett auf virtuell umgestellt haben und uns zunehmend auch als Medienunternehmen verstehen, das hochwertigen Content jederzeit abrufbar zur Verfügung stellt. Neben aller Disruption bleibt so immer ein Leitstern, an dem wir uns orientieren können.

Neben diesen generellen Zielsetzungen gibt es weitere Dynamiken, die als Anknüpfungspunkt Ihrer Führungsarbeit verstanden werden können. Denn Teams sind ein Konglomerat ständig widerstrebender Dynamiken. Klaus Eidenschink, Begründer der Metatheorie der Veränderung, definiert unterschiedliche Dynamiken, von denen ich Ihnen zum besseren Verständnis einige exemplarisch aufzeigen möchte:[31]

- die widerstrebende Dynamik von Partizipation, also möglichst alle Teammitglieder zu beteiligen, versus Isolation, also möglichst wenige zu beteiligen, um ohne Einmischung in Ruhe weiterarbeiten zu können,

- die Dynamik der Identifikation mit dem Bestehenden zur Herstellung von Einigkeit versus die De-Identifikation mit dem Bestehenden, um mehr Kreativität und Flexibilität zu erreichen,

- die Dynamik der Unterordnung der Teammitglieder unter gemeinsame Teamziele versus das Betonen der Individualität aller Teammitglieder.

Es gibt unendlich viele widerstreitende Tendenzen in Teams, die Sie nicht aus dem Lehrbuch lernen sollten. Stattdessen soll es Sie dazu animieren, diese Tendenzen in Ihrem jeweiligen Team selbst zu beobachten (gerade in Umbruchsphasen wie zum Beispiel die Umstellung auf hybrides Arbeiten) und sich dabei immer die Frage zu stellen: Welche widerstreitenden Dynamiken gibt es in meinem Team? Und ist die Fokussierung auf die eine Dynamik noch immer funktional oder braucht es mehr vom Gegenstück? Eines meiner Lieblingszitate stammt von Hermann Hesse, der gesagt hat: »Von jeder Wahrheit ist das Gegenteil ebenso wahr.«[32] Insofern seien Sie offen, ob Ihr Team vielleicht nun die gegenteilige Tendenz braucht. Führung im digitalen Zeitalter bedeutet Führen im Pendelschwung zwischen ständig widerstreitenden Dynamiken. In komplexen und sich wandelnden Welten bedeutet Flexibilität Lebendigkeit, übertriebene Starre und Dogmatik den Tod. Beherzigen Sie das auch bei Ihrem Team.

## Die Ausrichtung von Führung auf der Organisationsebene

Warum behandeln wir die Ebene der Organisation, wenn es doch um Mitarbeiter:innen-Führung geht? Nun, zum einen agieren Ihre Mitarbeiter:innen nicht im luftleeren Raum und zum anderen lassen sich auch auf der Organisationsebene Ansatzpunkte für die individuelle Mitarbeiter:innen-Führung finden. Aber der Reihe nach. Organisationen oder Unternehmen sind – in Anlehnung an die Systemtheorie

— durch zwei Hauptmerkmale gekennzeichnet: Entscheidungen und Differenzierung sowie Mitgliedschaft oder Nicht-Mitgliedschaft.[33] Was heißt das? Unternehmen treffen Entscheidungen, durch die sie sich gegenüber der Außenwelt differenzieren. Unternehmen entscheiden zum Beispiel, welche Ziele und Strategien festgelegt werden, welches Personal es dazu braucht und welche Marktsegmente adressiert werden. Hier ist auch der etwas mystisch anklingende Satz zu verorten: Nicht Menschen entscheiden, sondern die Entscheidung entscheidet. Indem sich ein Unternehmen zum Beispiel darauf festlegt, im Bereich Süßwaren aktiv zu sein, werden alle weiteren Entscheidungen innerhalb dieser Entscheidungsprämisse besprochen. Es wird dann entschieden, wie man das am besten umsetzt, und nicht mehr darüber diskutiert, ob künstliche Intelligenz doch ein lukrativerer Markt wäre. Das heißt, durch Entscheidungen kreieren Unternehmen ihre Außenwelt. Sie schaffen Klarheit und absorbieren Unsicherheit. Doch es gibt noch ein zweites essenzielles Merkmal von Organisationen: die Mitgliedschaft oder eben Nicht-Mitgliedschaft in dem Unternehmen. Mit der Mitgliedschaft in einem Unternehmen gehen Regeln und Pflichten einher, an die ich mich halten muss, wenn ich Teil der Organisation sein möchte. Diese Regeln werden somit für das Verhalten jedes einzelnen Mitglieds relevant. Ein einfaches Beispiel: Als Mitarbeiter:in von Tesla muss ich mich anders verhalten als ein/e Mitarbeiter:in von Daimler, weil beides unterschiedliche Organisationen sind. Die Frage, die sich ein/e Mitarbeiter:in — wenn auch häufig unbewusst — stellt, lautet: Will ich den Erwartungen, die an mich gestellt werden, weiterhin folgen oder nicht? Die Erwartungen des Unternehmens speisen sich dabei aus den beiden Zielsetzungen von Organisationen, nämlich einerseits den Zweck des Daseins zu erfüllen und zweitens dabei als Unternehmen erhalten zu bleiben, das heißt, im privatwirtschaftlichen Kontext so viel Profit zu erwirtschaften, dass man auch in Zukunft bestehen kann.

Welche Anknüpfungspunkte ergeben sich nun hieraus für Sie als Führungskraft? Einerseits können Sie sich an der Zielsetzung orientieren:

Was müssen Sie gemeinsam mit Ihren Mitarbeiter:innen tun, um den Daseinszweck Ihres Unternehmens zu erfüllen und es langfristig überlebensfähig zu halten? Der zweite Anknüpfungspunkt ist jener der Erwartungen. Besprechen Sie – gerade in Umbruchszeiten – mit Ihren Mitarbeiter:innen, welche Erwartungen sie an ihre Rolle geknüpft sehen. Besprechen Sie, womit Ihre Mitarbeiter:innen sich wohlfühlen und womit sie Bauchschmerzen haben. Und loten Sie aus, welchen Handlungsspielraum Sie jeweils sehen, ohne die Regeln und Pflichten der Unternehmensmitgliedschaft zu verletzen.

Sie sehen, auf allen drei Ebenen lassen sich hilfreiche Wegweiser erkennen, an denen Sie Ihre Führung ausrichten können.

> Allem zugrunde liegt der Dialog mit dem/r Mitarbeiter:in. Moderne Führung ist der stetige Dialog und die stetige Ansprache der eigenen Mitarbeiter:innen.

Die Grundhaltung sollte neugieriges Interesse sein, wie der/die Mitarbeiter:in all die Spannungsfelder, in denen er/sie sich bewegt, empfindet und wo er/sie sich gegebenenfalls von Ihnen Unterstützung wünscht.

### Reflektieren und nachspüren zum Thema Führungsausrichtung

- Denken Sie zunächst wieder an sich: Inwiefern sind Ihre eigenen Bedürfnisse nach Bindung und Zugehörigkeit, Kontrolle und Orientierung, Selbstwertschutz und -erhöhung sowie Lusterhöhung und Unlustvermeidung in Ihrer Führung erfüllt oder unerfüllt? Was kann hier Ihr Chef tun?

- Denken Sie an eine/n konkrete/n Mitarbeiter:in: Welche oben genannten Primärbedürfnisse sind erfüllt und welche weniger? Wie könnten Sie hier unterstützend wirken?

- Welche spannungsreichen und auch widersprüchlichen Dynamiken in Ihrem Team können Sie wahrnehmen? Wollen Sie zum Beispiel einerseits neue kreative Ideen umsetzen, halten aber andererseits noch sehr stark am Alten fest?

- Was wäre ein guter erster Schritt, den Sie bereits heute tun können, um diesen Widerspruch positiv aufzulösen? Wo ist es vielleicht sogar ganz gut, diesen Widerspruch stehen zu lassen, weil Sie sich gerade in einer Umbruchphase befinden und ein zu schnelles Festlegen schädlich für das Team oder auch das Unternehmen wäre?

- Wie lautet der Zweck und die Vision Ihres Unternehmens? Was ist Ihr Beitrag oder der Ihres Teams zu diesem Unternehmenszweck? Wie könnten Sie jede/n einzelne/n Mitarbeiter:in dabei unterstützen, durch sein/ihr Verhalten noch mehr auf diesen Unternehmenszweck hinzuarbeiten?

## Die wichtigste Rolle eines Future Fit Leaders

Als Führungskraft kommen heute zahlreiche Aufgaben auf Sie zu: Sie dürfen Innovator, Coach, Supervisor, Vermittler, Team Facilitator und noch vieles mehr sein. Und doch gibt es eine Rolle, die dem allem zugrunde liegt: die Führungskraft als Connector, als Verbundenheitserzeuger. Ich spreche hier bewusst von Verbundenheit, denn Verbindungen haben wir heute überall und auf Knopfdruck.[34] Das Gefühl echter Verbundenheit dagegen ist harte Arbeit, überdauert dafür aber auch schwierige Phasen. Verbundenheit zum Team und zum Unternehmen herzustellen, war schon immer eine wichtige Aufgabe einer Führungskraft, beziehungsweise dafür zu sorgen, dass diese Verbundenheit nicht gestört wird. Wie oben aufgezeigt, ist es ja auch eines der essenziellen Grundbedürfnisse des Menschen. In Zeiten von hybriden und verteilten Teams und im digitalen Zeitalter ist diese Rolle und die Befriedigung dieses Bedürfnisses aus meiner Sicht jedoch zur wichtigsten Variablen in der Führungsarbeit geworden. Was ein Unternehmen produziert, wird aufgrund des massiven Innovationsdrucks immer schneller verändert. Ebenso das Wie, also die Prozesse, Strukturen und Rollen, die damit einhergehen. Das Warum, die Vision oder auch häufig der Purpose ist sicherlich wichtig, besitzt heute aber weniger Strahlkraft. Nicht nur, weil viele Visionen heute austauschbar sind, häufig der beruflichen Realität widersprechen oder einfach gut klingen, aber schon beim ersten Blick zur schlechten Werbebotschaft verfallen. Sondern vor allem, weil in der digitalen Ära letztlich das Gefühl, das ich beim Arbeiten – von wo auch immer – habe, entscheidet, wie sehr ich mich bei diesem Unternehmen weiterhin einbringen möchte.

> Jeder Arbeitsplatz ist nur so gut wie das Gefühl, das er bei den Mitarbeiter:innen hinterlässt. Um Mitarbeiter:innen langfristig zu binden, ist also eine Antwort auf folgende Frage wichtig: Wie schaffe ich es, dass sich die Mitarbeiter:innen mir, dem Team und dem Unternehmen positiv verbunden fühlen?

Denn letztlich ist das Arbeitsverhältnis in einem Unternehmen nichts anderes als eine Mitgliedschaft, die attraktiv sein muss, wenn sie gegen andere Mitgliedschaften bestehen will. Dieses Gefühl von positiver Verbundenheit zu erzeugen, ist heute ungleich schwerer. Denn womit identifizieren sich Mitarbeiter:innen, wenn sie zunehmend aus den eigenen vier Wänden arbeiten? Sicher weniger mit der Örtlichkeit der Firma oder der dortigen Kaffeemaschine. Auch weniger mit kurzen Arbeitswegen, dem Dresscode, dem eigenen Schreibtisch oder der Kantine. Es wird das Gefühl entscheidend, das der/die Mitarbeiter:in hat, während er/sie aus den eigenen vier Wänden mit dem Team, der Führungskraft oder für das Unternehmen arbeitet. Wer es nicht schafft, ein gutes Gefühl von Verbundenheit zu erzeugen, der braucht sich nicht wundern, wenn die Mitarbeiter:innen in andere Unternehmen wechseln. Da das Herstellen von Deep Touch bei allem Hightech zentral ist, befassen sich viele der folgenden Leitprinzipien, Tools und Haltungssätze mit genau diesem Thema. Wie lässt sich Verbundenheit herstellen, welche Rolle spielt hierbei Vertrauen? Wieso ist die Verbundenheit zu einem selbst wichtig? Warum braucht Verbundenheit immer Individualität? Womit muss man die Mitarbeiter:innen in Zeiten des Wandels verbinden und wovon auch trennen? Und welche Rolle spielt bei alledem Ihr Team? Wie Sie sehen, sind die Herausforderungen eines Future Fit Leaders immens, lassen Sie es uns angehen.

**Reflektieren und nachspüren zur wichtigsten Rolle eines Future Fit Leaders**

- Welche Gefühle haben Sie, wenn Sie an Ihre Arbeit denken? Sind Sie mit diesen Gefühlen zufrieden oder würden Sie manche gerne ändern? Falls ja, was würden Sie lieber spüren?

- Wenn das Gefühl von Verbundenheit eine Währung wäre, wie reich fühlen Sie sich, wenn Sie an Ihr Unternehmen denken?

- Wie könnten Sie das Gefühl positiver Verbundenheit mit Ihrem Unternehmen bei sich selbst und Ihren Mitarbeiter:innen noch fördern?

# DAS PRINZIPIEN-KIT EINES FUTURE FIT LEADERS:

## WIRKSAME SELBST- UND MITARBEITER:INNEN-FÜHRUNG IM DIGITALEN ZEITALTER

Ein Future Fit Leader beherrscht die drei essenziellen Felder der Zukunft: Er kann Hightech und Digitalisierung wertschöpfend nutzen und beherrscht die Klaviatur der Digitalität. Er weiß: Hightech benötigt Deep Touch. Einerseits einen Deep Touch mit sich selbst, was zu einer klaren Selbstführung beiträgt, denn nur wer mit sich selbst in Verbindung ist, kann es auch mit seinen Mitarbeiter:innen sein. Diese Verbindung, dieser Deep Touch mit den eigenen Mitarbeiter:innen und dem eigenen Team ist schließlich das dritte Feld der Zukunft, das in Zeiten der Digitalisierung, des stetigen Wandels und der zunehmenden Führung auf Distanz immer wichtiger wird.

Sie finden in den folgenden Kapiteln Prinzipien, keine Regeln. Denn in einer komplexen Welt helfen nur Prinzipien, die Ihnen eine gewisse Flexibilität in der konkreten Handlungsausführung lassen. Insofern verstehen Sie diese immer als Leitstern, der Ihnen eine Richtung aufzeigen soll. Den tatsächlichen Weg bestimmen immer Sie selbst. Natürlich finden Sie auch konkrete Tools und Techniken. Bedenken Sie aber immer: Das Tool soll Ihnen dienen, nicht Sie dem Tool. Falls Sie also gewisse Bestandteile anpassen wollen, dann tun Sie das. Seien Sie sie selbst, aber in der bestmöglichen Version!

# HIGHTECH: DIGITALITÄT GEZIELT NUTZEN

In diesem ersten Kapitel soll es darum gehen, wie Sie mit der Digitalisierung konstruktiv umgehen. Wie können Sie als digitales Vorbild fungieren? Was können Sie aus der analogen Welt für die virtuelle Welt lernen? Und was bedeutet es eigentlich, Virtualität als weitere Muttersprache zu denken und zu sprechen? Ein Future Fit Leader weiß: Hightech und Digitalisierung sind kein Selbstzweck. Nur Hightech und Digitalisierung, die im Sinne der gesunden Wertschöpfung genutzt werden, stiften Mehrwert.

### Seien Sie ein digitales Vorbild!

Neben den Kolleg:innen orientieren sich Ihre Mitarbeiter:innen ganz klar an Ihnen, wie mit neuen technischen Tools umgegangen wird. Ich durfte das am eigenen Leib erfahren. Ich führte in meinem Team, bestehend aus fest angestellten Mitarbeiter:innen und Freelancer:innen, Slack ein. Jeder sollte ab sofort darüber kommunizieren. Das Dumme war nur: Ich hielt mich selbst nicht an meine eigene Vorgabe. Wenn ich schnell aus dem Workshopraum oder einer Managementtagung eine Nachricht an eine/n Mitarbeiter:in sendete, nutzte ich eine kurze Mail. Je öfter ich das tat, desto stummer wurden die Slack-Channel. Das Ende vom Lied war, dass wir zu MS Teams umgezogen sind, und da ich mich an die Kommunikation über dieses Tool halte, läuft der Dialog dort auch reibungslos. Was ich damit sagen will: Seien Sie ein digitales Vorbild. Leben Sie das vor, was Sie technisch von Ihren Mitarbeiter:innen erwarten. Egal, ob es nun um Kommunikation, Dokumentation oder Innovation geht. Gerade beim Thema Innovation haben Sie Leitsterncharakter. Wie im Kapitel »Zwischen Hightech und Deep Touch – digitale Effizienz, menschliche Wärme und der

Lupeneffekt des Virtuellen« dargelegt, werden die technischen Neuerungen immer schneller in Ihr Leben treten. Insofern beschäftigen Sie sich dauerhaft mit neuen technischen Innovationen. Blocken Sie sich dazu am besten eine gewisse Zeit pro Monat, um sich mit neuen Tools vertraut zu machen. Da ich viele meiner Workshops, Coachings und Beratungen virtuell durchführe, nehme ich mir selbst vor, jeden Monat ein neues Tool kennenzulernen und für mich zu überlegen, ob und, wenn ja, wie es meinen Arbeitsalltag bereichern kann. Wenn ich von Tools spreche, dann meine ich damit alles – von eigenständiger Software über neue Apps bis hin zu neuen Add-ins für bereits bestehende Infrastruktur. Neben hilfreichen neuen Tools, die Sie dadurch entdecken, erkennen Sie auch leichter die Kombinationsmöglichkeiten derselben und Sie werden immer entspannter, was neue Technik angeht. Sie erleben, dass viele Programme und Apps mittlerweile sehr ähnlich aufgebaut sind und Sie immer schneller in einen effektiven Arbeitsmodus mit neuen Gadgets kommen. Ein digitales Vorbild zu sein, bedeutet jedoch auch, Tools und Programm kritisch zu hinterfragen: Sie sollen nicht dem Tool dienen, sondern das Tool soll Ihnen und Ihrem Team dienen. Wenn es das nicht mehr tut, dann weg damit! Wir wickelten in unserem Team beispielsweise alle Projektmanagement-Tätigkeiten über ASANA ab. Als wir jedoch MS Teams einführten, stellten wir fest, dass sich die gesamte Projektmanagement-Planung wesentlich schneller und für alle übersichtlicher über den MS Planer organisieren ließ. Wir übertrugen alle wichtigen Daten, und ASANA war Geschichte. Hierzu noch ein Tipp: Wie in virtuellen Workshops gilt auch bei virtueller Zusammenarbeit: Weniger ist mehr. Je weniger Tools Sie haben, desto mehr werden Ihre Mitarbeiter:innen effektiv und effizient jene Tools nutzen, die ihnen zur Verfügung stehen.

Für eine effektive Teamkollaboration ist es häufig hilfreicher, wenn Ihre Mitarbeiter:innen in einigen wenigen Tools Spezialist:innen sind, statt Generalist:innen mit oberflächlichem Wissen zu vielen

Tools. Nichtsdestotrotz können Sie immer wieder neue Tools und Gadgets begutachten, mit ihnen experimentieren und ihren Einsatz kritisch prüfen. Experimentieren Sie mit vielen, arbeiten Sie mit wenigen.

Ein digitales Vorbild zu sein bedeutet auch, die Hemmschwelle bei den Mitarbeiter:innen gegenüber technischen Innovationen abzubauen und jede/n in seinem Tempo an Technologie heranzuführen. Grundsätzlich heißt das, dass zunächst allen der Mehrwert des neuen technischen Tools klar werden muss. Was ist die Pull-Motivation, die den Mitarbeiter:innen Nutzen und Relevanz der technischen Neuerung klarmacht? Was wird dadurch leichter, besser, schneller, einfacher, stressfreier, zeitsparender oder günstiger? Hierauf sollten Sie eine klare Antwort haben. Zugleich sollten die Hürden auf dem Weg zum Ziel abgebaut werden. Meist lassen sich bei der Einführung technischer Neuerungen zwei Lager erkennen, denen Sie als Führungskraft Genüge tun sollten: die digital Zurückhaltenden und die digitalen Vordenker:innen. Wie die Namen bereits erahnen lassen, sind die Zurückhaltenden meist etwas skeptisch gegenüber neuen technischen Innovationen. Sie würden lieber an bereits bewährten Technologien festhalten, die sie sich häufig mühsam erarbeitet haben. Für sie bedeuten neue technische Tools meist viel Arbeit und zunächst wenig Ertrag. In diese Gruppe fallen die in der Forschungsliteratur häufig genannten Kategorien Digital Visitors, Residents oder Immigrants. Sie sind nicht mit Smartphones aufgewachsen, Internet war für sie noch zahlungspflichtig, Interfaces erschließen sich ihnen nicht sofort intuitiv und »Always On« klingt für sie eher wie eine Drohung als wie der Traum ständiger Verfügbarkeit von Wissen und Kontakten. Die digitalen Vordenker:innen sehen in technischen Neuerungen hingegen immer erst mal einen Mehrwert. Fortschritt wird stets begrüßt und geht mit dem Wunsch nach noch mehr Effizienz oder Einfachheit einher. In diese Gruppe fallen die aus der Forschung bekannten Kategorien Digital

Natives, Early Adopters und Early Majority. Sie erkennen meist sehr intuitiv und spielerisch, wie neue Tools funktionieren, und »erklicken« sich im Trial-and-Error-Verfahren die neuen Funktionen. Ihr Fokus liegt auf dem Mehr an Möglichkeiten, die diese technischen Neuerungen bieten, statt sich damit zu beschäftigen, was bei der alten Software vielleicht einfacher ging. Diese Gruppe wuchs mit dem Smartphone auf oder kam früh mit ihm in Berührung, die neue Interface-Gestaltung à la Google, Amazon und Apple ist ihnen vertraut und schnell zugänglich und dauerhafte App-, Tool- und Gadgetnutzung in allen Lebenslagen ist für sie eine Möglichkeit zur leichteren Lebensgestaltung. Eine Führungskraft kann nun innerhalb eines technologischen Transformationsprozesses auf zwei Arten unter Druck geraten. Die digital Zurückhaltenden können Druck ausüben, indem sie den Mehrwert der neuen Technologie anzweifeln, Hindernisse und Schwierigkeiten überbetonen oder den Einsatz ganz verweigern, häufig unter dem Vorwand, dass das Tool noch nicht richtig funktioniere oder das alte besser gewesen sei. Die digitalen Vordenker:innen erhöhen den Druck, indem sie eine Beschleunigung der Umsetzungsgeschwindigkeit fordern, die digital Zurückhaltenden als »Bremser« und »Rückwärtsgewandte« etikettieren und den endgültigen Bruch mit der alten Technologie radikal einfordern, da sonst ihre Arbeitsleistung langfristig leide. Um diesen Spagat zu schaffen, brauchen Sie wieder den Fokus auf die Individualität und die jeweiligen Bedürfnisse der Mitarbeiter:innen. Digitalisierung benötigt ein enges Verhältnis zu den Mitarbeiter:innen, um so der digitalen Diversität Rechnung zu tragen. Sie müssen also für sich die Frage beantworten: Welche/n Mitarbeiter:in unterstütze ich wie bei der technologischen Transformation? Wer hat welche Hemmnisse und Fallstricke und wer welche Kompetenzen und Ressourcen? Wie kann jede/r das Gefühl von Kontrolle und Orientierung erfahren, um das es in den meisten technischen Transformationsprozessen geht? Hier hilft es häufig, Personen aus beiden Lagern als digitale Tandems zusammenzuschalten, sodass beide voneinander lernen und das Verständnis auf beiden Seiten wächst, und gleichzeitig den Schulungsbedarf individuell anzupassen. Die einen Mitarbeiter:innen brauchen eben drei Schulungen, bis es sitzt, und andere nur eine. Die enge Verbindung zu den einzelnen Mitarbeiter:innen ist auch wichtig, um die Folgen technischer Neuerungen abschätzen zu können: Was macht die Technik und daraus resultierende Begleiterscheinungen wie ständige Verfügbarkeit, kürzere Antwortzeiten oder das Verschmelzen privater und beruflicher Techniknutzung mit meinem/r jeweiligen Mitarbeiter:in? Was braucht jede/r Einzelne, damit die neue Technik nicht als weitere Bürde, sondern als Mehrwert erlebt wird? Bei welchem Teammitglied muss Virtualität durch Humanität ausgeglichen werden? Wo braucht es menschliche Wärme neben digitaler Effizienz? So legen Sie vielleicht mit dem einen Mitarbeiter/der einen Mitarbeiterin fest, dass Sie keine Mails nach 18 Uhr mehr versenden, weil er/sie sonst im Feierabend nicht abschalten kann, während Sie mit dem/der einen Mitarbeiter:in vereinbaren, dass diese/r von 15 bis 18 Uhr nicht erreichbar ist, weil er/sie in dieser Zeit mit seinen/ihren Kindern spielt, dafür aber noch mal von 19 bis 21 Uhr arbeitet. Oder Sie haben mit dem/der einen Mitarbeiter:in jeden Tag einen kurzen Austausch am Morgen über den MS-Teams-Channel, während dem/der einen Mitarbeiter:in der Jour fixe Mitte der Woche vollkommen ausreicht. Was für den/die eine/n ein Segen ist, ist für den/die andere/n ein Fluch. Das müssen Sie als Future Fit Leader wissen und erkennen können.

### Reflektieren und nachspüren zum Thema digitales Vorbild sein

- Was würden Ihre Mitarbeiter:innen sagen: Wie sehr sind Sie schon ein digitales Vorbild für sie?

- Wie gestaltet sich in Ihrem Team die Aufteilung zwischen digital Zurückhaltenden, die sich mit technischen Neuerungen eher schwertun, und digitalen Vordenker:innen, die digitale Innovationen stets begrüßen?

- Wie können Sie bei der nächsten technischen Neuerung alle Mitarbeiter:innen individuell so begleiten, dass sie den Nutzen und Mehrwert des neuen Tools erkennen und die individuellen Hürden überwunden werden können?

## Bei virtuellen Schwierigkeiten fragen Sie sich stets: Wie habe ich es analog gemacht?

In Führungsworkshops bin ich manchmal fasziniert, wie sehr der virtuelle Kontext erfahrene Führungskräfte vor enorme Herausforderungen stellt. Deswegen vorab eine gute Nachricht:

Wir leben zwar im digitalen Zeitalter, analoge Tugenden, Fähigkeiten und Erfahrungswerte haben aber immer noch ihre Gültigkeit und oft auch Wirksamkeit.

Deswegen frage ich meine Workshopteilnehmer:innen auch meist: »Wie haben Sie es denn analog gemacht?« Dann sprudeln die erfahrenen Führungskräfte und viele dieser Ideen kann man fast eins zu eins auch digital umsetzen. Lassen Sie mich dazu einen Fall aus der Praxis schildern:

»Was mache ich denn mit dem Onboarding meines neuen Mitarbeiters/meiner neuen Mitarbeiterin? Wir sind wegen Corona alle im Homeoffice und ich kann ihn/sie ja schlecht durch die leeren Bürogebäude führen«, fragte mich der Senior Manager. »Wie haben Sie es denn bisher analog gemacht?«, fragte ich zurück. »Na ja, es gab meist ein Frühstück mit allen, bei dem sich der/die Mitarbeiter:in vorgestellt hat. Dann war es mir immer wichtig, dass jede/r Mitarbeiter:in noch mal ein kurzes Meeting mit dem/der neuen Mitarbeiter:in hat, wo sie sich besser kennenlernen und auch schon erste Anknüpfungspunkte erkennen. Und natürlich war ich am Anfang ganz nah am Mitarbeiter/an der Mitarbeiterin dran. Ich habe also viele Einzelmeetings mit ihm/ihr gemacht, wo ich ihm/ihr unsere Kommunikation, Prozesse, Projekte und Ablage erklärt habe.« – »Und genau das machen Sie jetzt virtuell!«, antwortete ich mit einem Lächeln. Das etwas verdutzte Gesicht zeigte mir, dass die Intervention noch nicht auf fruchtbaren Boden gefallen war. Deswegen führte ich aus: »Sie können all das virtuell genau so umsetzen. Lassen Sie jedem/r einen schönen Frühstückskorb schicken und starten Sie mit einem gemeinsamen Videomeeting in den Tag, bei dem sich der/die neue Mitarbeiter:in präsentieren darf. Bitten Sie Ihre Bestandsmannschaft, dem/der neuen Mitarbeiter:in Terminvorschläge zu schicken für ein gemütliches, virtuelles One-on-One, bei dem sie sich besser kennenlernen. Und Sie machen dasselbe und besprechen in Ihren virtuellen Einzelmeetings die Themen Kommunikation, Prozesse, Projekte und Ablage.« Der Teilnehmer grinste und hatte verstanden: Der Weg bei virtuellen Schwierigkeiten geht häufig über den analogen Erfahrungsschatz.

Das Gleiche gilt beispielsweise bei Unklarheiten oder potenziellen Missverständnissen. Stetige Medien wie Mails oder Chatnachrichten bergen ein hohes Potenzial für Missverständnisse, da bei diesen Medien Kontextarmut herrscht. Uns fehlt die Tonalität der Stimme sowie Gestik und Mimik, aus denen wir sonst das Wie, also den Kontext einer Botschaft, ablesen können. Bei rein textbasierten Medien haben wir lediglich das Was zur Hand. Auch hier hilft die Frage »Was würde ich analog tun«? Wenn Sie im Bürogebäude zusammensitzen, würden Sie wahrscheinlich kurz zum/zur Mitarbeiter:in hinübergehen und nachfragen, wie er/sie dies oder jenes gemeint hat. Oder Sie würden anrufen. Nehmen Sie also auch hier kurz den Hörer in die Hand und, falls das nicht geht, weil Ihr/e Mitarbeiter:in vielleicht in einer anderen Zeitzone arbeitet und gerade schläft, machen Sie das Gleiche virtuell wie analog: Stellen Sie Fragen, statt basierend auf Ihren Annahmen und

Interpretationen Aussagen zu tätigen. In meinem Buch *Kommunikation für die digitale Ära* habe ich sehr ausführlich dargelegt, welcher Wahrnehmungsverzerrung wir unterliegen und weshalb die Geschichten, die wir uns häufig über den/die andere/n erzählen, selten mit der Realität übereinstimmen und warum wir sie doch so gerne glauben. Deshalb an dieser Stelle nur ein kurzer Hinweis: Wenn Realität gegen unsere Interpretation antritt, gewinnt immer unsere Interpretation. Im virtuellen Kontext basiert diese Interpretation aber meist auf sehr wenigen Datenpunkten, manchmal nur auf einer einzigen Mail. Auf einer derart dünnen Datenbasis würden Sie wahrscheinlich nie eine unternehmerische Entscheidung treffen, tun Sie es also bitte auch nicht im Zwischenmenschlichen. Und wie im Analogen gilt: Kommunizieren Sie erst, wenn Sie emotional abgekühlt sind. Fragen Sie sich also vor allem in zwischenmenschlichen, virtuellen Settings: Wie würde ich es analog machen? Würde ich das auch analog so sagen? Und dann: Wie kann ich dieses Wissen nun virtuell umsetzen? Ihr analoger Erfahrungsschatz hilft sehr häufig beim Finden einer virtuell stimmigen Lösung.

**Reflektieren und nachspüren zum Thema analoger Erfahrungsschatz in der digitalen Welt**

- Welche Themen finden Sie im virtuellen Kontext herausfordernd? Zum Beispiel das Führen von Bewerbungsgesprächen, das Onboarding neuer Mitarbeiter:innen, das Herstellen eines Teamspirits, das Durchführen produktiver Teammeetings oder das Sicherstellen der Arbeitsleistung? *Schulungen ⇒ genau wie analog*

- Welches analoge Erfahrungswissen und welche analogen Tugenden können für Sie bei diesen virtuellen Herausforderungen hilfreich sein?

- Denken Sie an einen Ihrer letzten Konfliktfälle im Virtuellen: Hätten Sie es analog genauso gemacht?

## Denken und sprechen Sie Virtualität wie eine Muttersprache

Beim ersten Corona-Lockdown im März 2020, nachdem klar war, dass Workshops, Coachings und Beratungen bis auf Weiteres nur noch virtuell stattfinden würden, war meine erste Amtshandlung, eine weitere Ausbildung zum E-Trainer zu absolvieren. Ich hatte zwar bereits zuvor virtuelle Workshops veranstaltet, dennoch war mir klar, dass es in der neuen Intensität ein anderes Level von Professionalisierung benötigte. Vor allem aber war mir klar: Ich musste einen komplett neuen Beruf erlernen und völlig neu denken. Denn einfach die analogen Elemente eins zu eins auf das Virtuelle zu übertragen, würde sicherlich schiefgehen. Ich erkannte, dass nicht nur digitale Kommunikation, sondern auch digitales Lernen synchron und asynchron gedacht werden müssen (dazu gleich mehr), dass Virtualität wesentlich mehr sprachliche Klarheit benötigt – auch was Arbeitsaufträge auf Folien angeht, weil Unklarheiten nicht eben auf dem kurzen Austauschweg geklärt werden können –, und dass die Materialerstellung von analog auf virtuell sehr viel Zeit in Anspruch nimmt. In dieser Zeit arbeitete ich wahnsinnig viel, lernte aber auch enorm dazu. Heute bin ich sehr dankbar, die analoge wie die virtuelle Welt zum Kreieren nachhaltiger Lernergebnisse nutzen zu können. Zuletzt erkannte ich, dass bei didaktischen Fragestellungen mein analoges Beraterwissen auch im Virtuellen hilft und ich gleichzeitig manche Dinge wie zum Beispiel den Einsatz von VR-Brillen komplett neu denken darf, weil ich dazu schlicht kein Erfahrungswissen habe. Das steht übrigens in keinem Widerspruch zu dem vorherigen Kapitel. Bei konkreten Problemen hilft es, sich analoge Möglichkeiten bewusst zu machen und sie auf ihre virtuelle Durchführbarkeit zu prüfen. Nur wenn Sie neue Prozesse gestalten oder die gesamte Teamzusammenarbeit neu denken wollen und dabei für sich erkennen, dass vollkommene Virtualität und 100-prozentige Remote-Arbeit Ihr Weg ist, dann machen Sie sich bitte Folgendes bewusst: Virtualität ist eine eigenständige Sprache und nicht nur ein Dialekt des Analogen. Auch heute gibt es noch viele Unternehmen, die das virtuelle Arbeiten als die zweitbeste Lösung sehen und versuchen, das analoge Arbeiten bestmöglich virtuell abzubilden. Das ist richtig und hilft auch in vielen Fällen. Ich denke trotzdem, dass Unternehmen sich in Zukunft die Frage stellen und sich auch klar positionieren müssen, ob ein zu 100 Prozent remotebasiertes Arbeiten möglich ist und wie generell die Zukunft der Arbeit in dem jeweiligen Unternehmen aussehen wird. Das zeigt auch eine Studie der Unternehmensberatung McKinsey mit über 5000 Teilnehmern.[35] Nicht nur steigert es die Produktivität und das Wohlbefinden der Mitarbeiter:innen, wenn klar kommuniziert wird, wie die Aufteilung zwischen virtuell und analog aussieht, auch die Gefahr eines Burn-outs kann so verringert werden. Dabei stehen die Zeichen ganz klar auf mehr Flexibilität: Das Lager derjenigen, die ausschließlich analog im Büro arbeiten wollen, sank von 62 Prozent vor der Pandemie auf 37 Prozent nach der Pandemie, während die Gruppe derjenigen, die ein hybrides Arbeiten bevorzugen, von 30 auf 52 Prozent anwuchs. Auch zeigte sich deutlich, dass über 30 Prozent der Befragten über einen Jobwechsel nachdenken werden, sollte Ihr Arbeitgeber keine hybride Lösung anbieten.

> Hybride wie remotebasierte Arbeitsformen sind weder gut noch schlecht, aber es braucht eine bewusste Entscheidung, da es enorme Konsequenzen für die Zusammenarbeit hat. Nicht umsonst sind komplett remotebasierte Unternehmen ganz anders aufgebaut, strukturiert und auch gestrickt als hybridbasierte Unternehmen.

Meine hybridbasierten Kunden legen beispielsweise viele kreative Arbeiten oder auch informelle Austauschrunden auf den gemeinsamen Tag im Büro, sofern es diesen gibt. Fragen wie »Wie ermögliche ich Informalität oder kreatives Arbeiten im virtuellen Raum?« stellt sich für diese Unternehmen viel weniger. Komplett remote arbeitende Unternehmen, bei denen jeder/jede Mitarbeiter:in selbst entscheidet, wo und – manchmal auch – wann er arbeitet, müssen allerdings auf diese Frage eine Antwort haben. Wer komplett virtuell und remote arbeitet, denkt »Virtual first«. Die Frage lautet also: Wie müssen wir in diesem Unternehmen Strukturen, Rollen, Prozesse und Normen definieren, wenn viele von uns nur noch remote arbeiten wollen? Wer sich auf hybride Settings fokussiert, denkt in der Vereinbarkeit von virtuell und analog und versucht, die Schwächen des einen durch die Stärken des anderen auszugleichen. Die Fragen lauten nun: Welche Situation lässt sich bestmöglich virtuell und welche analog bewerkstelligen? Wie greifen diese beiden Welten am effektivsten ineinander? Beides sind gangbare Wege mit entsprechenden Konsequenzen für Prozesse, Teamdynamiken und auch der Attraktivität für neue Mitarbeiter:innen. Nicht jede/r will als digitaler Nomade/digitale Nomadin auf Bali arbeiten, weshalb auch hybride Formen ihre Fans finden werden. Genauso wie man digitale Nomaden mit einem festen Bürotag eher abschreckt.

Sollten Sie sich für den Remote-Weg entscheiden, ist es an Ihnen, Virtualität als Muttersprache zu denken. Der erste Gedanke im Brainstorming sollte keinesfalls sein: Wie haben wir das denn bisher analog gemacht und wie können wir das ins Virtuelle übertragen?* Das wäre Virtualität als Dialekt von analog. Der erste Gedanke muss sein: Wie gestalten wir die Remote-Arbeit so, dass wir maximal produktiv arbeiten können? Wie können wir die Verbundenheit trotz der Tatsache, dass wir verstreut arbeiten, erhalten? So denken Sie freier und nicht in den Begrenzungen des Analogen. Natürlich müssen Sie dennoch Themen wie Kommunikation, Prozesse, Dokumentation, das Onboarding neuer Mitarbeiter:innen oder das Sicherstellen eines Wir-Gefühls besprechen, aber eben »Virtual first«. Wenn Sie die Möglichkeit

---

* Für virtuelle Probleme ist diese Frage durchaus passend, um die analogen Erfahrungswerte anzapfen zu können.

schaffen wollen, komplett remote zu arbeiten, dann brauchen Absprachen eine wesentlich höhere Verbindlichkeit. Gemeinsam erarbeitete und unterzeichnete Teammanifeste, in denen die gegenseitigen Erwartungen explizit geklärt werden, sind hierfür eine gute Möglichkeit. Wenn Sie komplett remote arbeiten, dann werden Sie Kommunikation neu denken müssen. Virtuelle Kommunikation birgt nicht eine, sondern zwei Herausforderungen, denn virtuelle Kommunikation läuft synchron und asynchron ab. Synchrone Elemente sind jene, in denen Menschen in Realtime virtuell miteinander interagieren, auf eine Frage folgt direkt die Antwort, Interaktion folgt auf Interaktion. Hierzu gehören Face-to-Face-Meetings, Telefon- oder Videokonferenzen. Asynchrone Elemente sind neben stetigen Medien wie Mails, Forenbeiträge oder auch Chatnachrichten vor allem eigens aufgezeichnete Bewegtbildaufnahmen für beispielsweise Erklärvideos oder auch Audioinhalte. Hierbei sind Interaktion und Antwort zeitversetzt. Eines der häufigsten Probleme in der virtuellen Kommunikation: Asynchrone Kommunikation wird mit synchronen Erwartungen überfrachtet. Was heißt das? Wenn Sie in einen Chat posten oder eine Mail senden und direkt eine Antwort erwarten oder im schlimmsten Fall sogar anrufen mit dem Hinweis, gerade eine Mail geschickt zu haben, dann zerstören Sie das Effizienzpotenzial asynchroner Kommunikation. Wenn Sie einen asynchronen Kanal nutzen, dann muss daran die Haltung geknüpft sein: Mein Gegenüber hat Zeit zu antworten! Die Chance der Remote-Welt ist folgende: Sie können Deep-Work-Phasen mit Phasen des sozialen Austausches kombinieren. Das funktioniert aber nur dann gut, wenn Sie Ihren Mitarbeiter:innen auch die Möglichkeit zum Deep Work geben. Wenn Sie oder Ihre Teammitglieder jedes Mal diese Phasen hochproduktiven Arbeitens durch synchrone Erwartungen und Anrufe unterbrechen, dann zerstören Sie das Beste der beiden Welten. Dann haben Sie einen fragmentierten, wenig produktiven Arbeitsfluss bei gleichzeitig oberflächlichem, wenig verbundenheitsförderndem Austausch. Geben Sie Ihren Teammitgliedern bei asynchronen Kanälen also Zeit und die Freiheit zu antworten, wann sie möchten.

Und noch ein Tipp: Synchrone Kommunikation so viel wie nötig, asynchrone Kommunikation so viel wie möglich. So entsteht Verbundenheit und Ihre Teammitglieder kommen mit ihrer Arbeit voran, sind fokussierter, produktiver und weniger gestresst.[36] Einer meiner Kunden, der von synchronen Austauschformaten zusehends mehr in asynchrone Formate wechselte, berichtete, dass einerseits die Krankheit des virtuellen Meetingmarathons, bei dem ein Meeting an das nächste grenzt, weniger wurde und andererseits die Stimmung in als auch die Arbeitsergebnisse aus den Meetings besser wurden. Ähnliches konnte auch das Microsoft Human Factor Lab zeigen, da bereits nach vier aufeinanderfolgenden Meetings die Anzahl an Beta-Wellen, also jenen Gehirnwellen, die wir unter Stress zeigen, signifikant zunimmt und die Arbeitsergebnisse dadurch schlechter werden. Kurze Pausen von zehn Minuten zwischen den Meetings mildern diesen Effekt erheblich ab. Microsoft hierzu: »In sum, breaks are not only good for wellbeing, they also improve our ability to do our best work.«[37]

Generell weist digitale Kommunikation weitere Spannungsfelder auf, die Sie sowohl in virtuellen als auch hybriden Teamkonstellationen kennen und bedenken sollten:

**Sach- und Ergebnisorientierung versus Beziehungsorientierung:** Virtuelle Kommunikation verleitet dazu, sehr sach- und ergebnisorientiert zu kommunizieren. In einem virtuellen Meeting können extrem viele Punkte besprochen werden, gleichzeitig aber geht die Beziehungsebene häufig verloren. Bemühen Sie sich also aktiv um die Pflege dieser Verbundenheit. Starten Sie beispielsweise mit einem Check-in, bei dem reihum jede/r kurz sagt, wie es ihm/ihr geht. Öffnen Sie den virtuellen Raum bereits früher oder lassen Sie ihn noch länger geöffnet, damit sich die Mitarbeiter:innen auch informell austauschen können.

**Verbindung versus Verbundenheit:** Durch die technischen Möglichkeiten sind wir ständig in Verbindung. Das Gefühl von Verbundenheit kommt aber mitunter selten auf, was mit der Interaktionsfrequenz und der Kommunikationstiefe zu tun hat. Beides beleuchten wir im Kapitel »Handeln Sie stets so, dass Verbundenheit entsteht, erhalten bleibt oder sich vergrößert« intensiv. Doch so viel vorab: Wenn Sie häufig synchron zusammenkommen und Sie dennoch das Gefühl haben, dass das Team zusehends erodiert und der Teamzusammenhalt immer schwächer wird, dann ist das ein guter Hinweis, dass sie zwar häufig in Verbindung sind, aber dadurch keine Verbundenheit entsteht. Verbundenheit entsteht durch effektive und nutzenstiftende Meetings, formelle Informalität, das gemeinsame Feiern von Erfolgen, das Ansprechen tiefgehender, heikler und auch kritischer Themen sowie das Lösen gemeinsamer Konflikte.

**Ego- versus Wir-Fokus:** Es ist bereits in den vorherigen Kapiteln angeklungen: Je länger Mitarbeiter:innen virtuell kommunizieren und alleine im Homeoffice vor sich hin arbeiten, desto egofokussierter werden sie. Aus den Augen, aus dem Sinn. Eine wesentliche Führungsaufgabe besteht also darin, diesen Wir-Fokus immer wieder im Austausch zu betonen, durch das Herausstellen von persönlichen Gemeinsamkeiten, fachlichen Unterstützungs- oder Austauschmöglichkeiten sowie das Etablieren gemeinsamer Team-Ziele.

**Varianz versus Effizienz:** Natürlich ist es unglaublich effizient, ein Zoom-Meeting nach dem anderen anzuberaumen. Aber eben auch wahnsinnig ermüdend. Digitalität und Virtualität benötigen Varianz, damit sie nicht auslaugen. Variieren Sie also Ihre Medien: Nutzen Sie das Daily Stand-up als gemeinsamen, über Telefon verbundenen Coffee-Walk, bei dem jeder eine Runde um den Block läuft, einen frischen Kaffee in der Hand. Das ist ein erfrischend anderer Start in den Tag als die tausendste Videokonferenz. Wechseln Sie bewusst zwischen virtuellen und analogen Arbeitstagen im Team und nutzen Sie die analogen Tage vor allem für informelle Austauschmöglichkeiten, Brainstormings oder Projektaufsetzungen. Die Umsetzung kann dann wieder virtuell erfolgen. Oder schicken Sie eine asynchrone Video-botschaft, statt alle in das virtuelle Teammeeting zu beordern. Merken Sie sich: Information so gut es geht über asynchrone Medien abbilden, Diskussion über variantenreiche synchrone Kommunikation.

**Gemeint versus verstanden:** Ich weiß, das ist ein generelles Problem bei Kommunikation: Der/Die Sender:in hat dies gemeint, der/die Empfänger:in versteht jenes. Gerade bei schriftlicher Kommunikation ist dieses Phänomen noch mal potenziert. Schriftliche Kommunikation unterliegt dem »Negativitätseffekt«, wie eine Wissenschaftlerin der Georgia State University herausfand.[38] Der/Die Empfänger:in interpretiert und versteht den Inhalt einer Mail wesentlich negativer, als der/die Absender:in es gemeint hat. Wenn Sie also der/die Absender:in sind, beachten Sie bitte bei schriftlicher Kommunikation, doppelt so warmherzig zu schreiben, wie Sie es persönlich sagen würden. Und wenn Sie der/die Empfänger:in sind, seien Sie eine Mikrowelle: Wärmen Sie den Inhalt etwas auf und nehmen Sie das Beste an!

Wenn Sie »Virtual first« denken, dann müssen Sie sich auch mit den typischen Problemfeldern von virtuellen Teams auseinandersetzen. Eine groß angelegte Metastudie aus dem Jahr 2020, in der Wissenschaftler 255 Studien zu remote arbeitenden Teams auswerteten, identifizierten dabei viele Probleme, die ich überblicksartig zusammenfassen möchte.[39]

**Fallstricke, die das gemeinsame Arbeiten in virtuellen Teams beeinträchtigen, sind:**

- das fehlende Bewusstsein, woran die Kolleg:innen gerade genau arbeiten,

- fehlende Motivation, die im Büro durch die arbeitenden Kolleg:innen im Sichtfeld gefördert wird,

- Schwierigkeiten, Vertrauen und eine kooperative Kultur aufzu-bauen,

- Probleme beim Aufbau eines wirklichen Wir-Gefühls,

- Unklarheiten, was genau wessen Aufgabe ist, insbesondere bei Aufgaben, die stark ineinanderfließen,

- Unklarheit, ob die eigene Leistung wirklich anerkannt wird, und

- ungenügende technische Ausstattung und keine ausreichenden Kompetenzen bei den Mitarbeiter:innen.

Für viele dieser Probleme finden Sie in diesem Buch hilfreiche Ansät-ze. Dennoch sollten Sie diese Dinge offen mit Ihrem Team bespre-chen, besonders, bevor Sie final die Entscheidung für eine 100-pro-zentige Remote-Lösung schaffen – oder auch nicht.

Sollten Sie ein hybrides Modell bevorzugen, fordert auch das, neben einer erhöhten Moderationskompetenz bei Meetings, gleichermaßen den ehrlichen Austausch im Team: Welche Gefahren könnten durch hybride Arbeitsformate entstehen? Werden die vor Ort Anwesenden plötzlich die Handlanger für die Homeoffice-Mitarbeiter:innen, indem sie Akten einscannen oder kurze Nachfragen für diese erledigen? Ent-steht eine Zweiklassengesellschaft zwischen den Büromitarbeiter:innen und den virtuell Zugeschalteten? Auch Sie sollten Ihre eigenen – oft unbewussten – Wahrnehmungsverzerrungen und Bewertungen kritisch beleuchten. Denn natürlich würde keine Führungskraft von sich behaup-ten, die Mitarbeiter:innen im Office zu bevorzugen und jene im Home-office zu benachteiligen. Und doch gibt es Studien, die in diese Rich-tung deuten.[40] Deswegen machen Sie einen ehrlichen Kassensturz: Könnte es sein, dass Sie Mitarbeiter:innen, die im Büro anwesend sind, mit denen man eben auch mal einen spontanen Kaffee trinken kann, die bei Rückfragen leicht verfügbar sind oder auch mal mit Rat zur Seite stehen, auf der Sympathie- und Kompetenzskala etwas weiter oben ansetzen? Das ist menschlich – und doch ist es unsere Aufgabe als Führungskraft, hier keine Unterscheidung zu machen. Berufliches Vorankommen muss an Ergebnisse und nicht an Präsenz gekoppelt sein. Neben dem Gender-Pay-Gap brauchen wir nicht irgendwann auch noch einen Virtual-Pay-Gap. Wie immer im Leben hat auch jede Arbeitsform ihre Licht- und ihre Schattenseite. Entscheiden Sie mit Ihrem Team, was Ihnen mehr liegt. Nur tun Sie es bewusst!

**Reflektieren und nachspüren zum Thema Virtualität als Muttersprache**

- Wenn Sie an die virtuelle Kommunikation in Ihrem Team denken: Was könnte noch besser laufen? Fokussieren Sie zu sehr auf die Sache und Ergebnisse und vergessen dabei die Beziehungsebene oder umgekehrt? Sind die synchronen Meetings zu lang, weil die Möglichkeit asynchroner Vorarbeiten nicht genutzt wird? Könnten Sie mehr Varianz in die Meetings bringen, indem ein Meeting zum Beispiel als Telefonkonferenz stattfindet, die jeder/jede Mitarbeiter:in als Spaziergang nutzen kann?

- Wenn Sie vollkommen frei entscheiden könnten: Was ist die passende Lösung für Ihr Team? 100 Prozent virtuell, eine hybride Lösung oder sogar 100 Prozent analog? Gehen Sie in den Dialog. Digitalität ist ein Diskursangebot!

- Falls es unternehmensinterne Vorgaben bezüglich der Aufteilung zwischen analogem und virtuellem Arbeiten gibt: Wie können Sie diese Regelung bestmöglich mit Ihrem Team mit Leben füllen? Welche Vor- und Nachteile könnten für die vor Ort Anwesenden und für die virtuell Zugeschalteten entstehen? Wofür sollten vor allem die virtuellen, wofür die analogen Tage genutzt werden?

# DEEP TOUCH MIT SICH SELBST UND DEM KONTEXT

In einer BIRD-Führungswelt zehren extrem viele Kräfte an den Führenden. Umso wichtiger ist es, einen starken inneren Kern zu besitzen, der den Zentrifugalkräften standhält. Je klarer und gefestigter eine Person im Inneren ist, desto besser kann sie mit ständig wechselnden Herausforderungen umgehen. Neben dieser inneren Festigkeit braucht es jedoch auch Kontextkompetenz, das heißt, das adäquate Erfassen der Situation und ihrer Einzigartigkeit und das flexible und undogmatische Reagieren darauf. Um diese beiden Überthemen soll es in den nächsten Kapiteln gehen.

## Selbstfürsorge für Fremdfürsorge

Erich Fromm sagte: »Auch sich selbst hören zu können, ist eine Vorbedingung dafür, dass man auf andere hören kann; bei sich selbst zu Hause zu sein ist die notwendige Voraussetzung, damit man sich zu anderen in Beziehung setzen kann.«[41] Ich würde noch ergänzen: Wer selbst nicht im Gleichgewicht ist, kann andere nicht ins Gleichgewicht bringen. Und wer für sich selbst nicht sorgen kann, kann das auch schwerlich für andere tun. Deshalb lautet die Devise: Selbstfürsorge für Fremdfürsorge. Erst sich selbst stärken, dann die anderen. In der heutigen beschleunigten, sich stetig verändernden und unglaublich komplexen Führungswelt ist es eine Herkulesaufgabe geworden, auf die eigenen Kraftreserven zu achten und genug Zeit für Rekompensation einzubauen. Ständig will irgendjemand irgendetwas, Bewährtes muss verworfen und neu entwickelt werden und ein Austauschformat mit den eigenen Mitarbeiter:innen oder anderen Führungskräften jagt das nächste.

Hand aufs Herz: Wie viel Zeit haben Sie am Tag für sich? Wie viel Zeit nehmen Sie sich bewusst, um den Akku wieder aufzuladen? Auf einer Skala von 1 »Ich habe überhaupt keine Zeit für mich« bis 10 »Ich habe sehr viel Zeit für mich«, wo würden Sie sich einordnen?

Die Wahrscheinlichkeit ist ziemlich hoch, dass Sie diese Frage einfach gelesen und die Skalenabfrage gar nicht beantwortet haben. Oder dass Sie sie beantwortet haben, aber einem recht geringen Wert eine kurze Begründung à la »Ist halt so. Geht ja nicht anders« haben folgen lassen. Aber lassen Sie diese Zahl wirklich mal einsinken. Ist diese Zahl genug? Fühlt sich diese Zahl gut an? Wenn Sie jetzt das Buch aus der Hand legen und einfach mal dasitzen und in sich hineinspüren: Wie geht es Ihnen gerade? Wie viele dieser Momente, in denen Sie einfach in sich hineinhören, haben Sie am Tag? Ja, ich weiß selbst, wie verlockend es ist, von einem Termin zum nächsten zu hetzen, zu arbeiten und dabei Erfolge zu erzielen. Auch bei mir gibt es Phasen, da gleicht mein Kalender einem Tetris-Spiel. Und zwar jenem, bei dem man haushoch verliert. Aber nichtsdestotrotz sollte man sich vergegenwärtigen: Nur wenn Sie selbst gesund sind, können Sie für Ihre Mitarbeiter:innen wirksam werden. Wie im Flugzeug auch: Zuerst müssen Sie sich selbst die Sauerstoffmaske über das Gesicht ziehen, bevor Sie anderen helfen können. Doch wie kann ein Weg der Selbstfürsorge aussehen?

Zunächst ist es wichtig, den eigenen Körper wieder wahrnehmen zu können. Sehr viele meiner Klient:innen tun sich schwer damit, genau zu benennen, wann sie gestresst sind. Diese Körperwahrnehmung, in der Fachsprache Interozeption genannt, ist der erste Schritt, um überhaupt wieder einen Überblick und einen ersten Zugang zum eigenen Körper zu erhalten. Claas Lahmann, der Ärztliche Direktor der Klinik für Psychosomatische Medizin und Psychotherapie am Universitätsklinikum Freiburg, empfiehlt hierbei das Ampelmodell: Die Ampel steht auf Grün, wenn Sie in sich hineinspüren und keinerlei Beschwerden oder Ermüdungserscheinungen empfinden. Bei Gelb – also leichteren Beschwerden, weil Sie zum Beispiel aufgrund eines Projektabschlusses die Tage wenig geschlafen haben oder leichte Rückenschmerzen verspüren – sollten Sie aktiv werden, um wieder in Richtung Grün zu kommen. Bei Rot sollten Sie eine/n Arzt:in aufsuchen, weil die Beschwerden beispielsweise andauern und merklich im Alltag stören oder sich tatsächlich in schwerwiegende Schmerzen umgewandelt haben oder neue Schmerzen aus dem Nichts auftreten.[42] Diese Ampel ist auch deshalb hilfreich, weil die meisten Menschen, wenn Sie mit der eigenen Körperwahrnehmung beginnen, viele Signale anfangs überinterpretieren. Durch die Abstufung können Sie gewisse Signale richtig einordnen und erkennen, dass der Körper immer ein gewisses Hintergrundrauschen an Signalen an das Gehirn sendet. Und bitte vergessen Sie auch eines nicht: Unser Körper kann Hochstressphasen mit Ermüdungserscheinungen durchaus gut wegstecken, wenn es danach genug Zeit für die Erholung gibt. »Mismatch and repair« lautet dieses Prinzip aus der Psychologie. Fragen Sie sich bei der Stress-Ampel natürlich auch, was den Stress ausgelöst hat. Nur so bekommen Sie allmählich ein Gefühl für die eigenen Stressoren. Die häufigsten Stressquellen bei Führenden in der digitalen Ära sind aus meiner Sicht folgende: Erstens **unvereinbare Anforderungen**, die die eigenen Mitarbeiter:innen oder auch das eigene Management formulieren. Die ganze Belegschaft ist im Tagesgeschäft bereits am Absaufen, und dennoch wird der Druck von oben, weitere innovative Produkte zu entwickeln oder zusätzliche Optimierungspotenziale zu heben, immer größer. Zweitens **unklare Aufgaben**, die vor allem mittels virtueller Kommunikation nicht sofort geklärt werden können und dadurch Zeit kosten. Hierunter fallen auch typische kommunikative Missverständnisse auf allen Kanälen. **Zu viele Störungen**, die auf den unterschiedlichsten

Kanälen eintrudeln und die mit einem falschen Verständnis von asynchronen Medien einhergehen, nämlich mit der Forderung nach sofortiger Beantwortung. Und zuletzt **fehlende Wertschätzung**, die die Führenden vom eigenen Vorgesetzten erfahren, oder wenn diesem der Denkfehler unterläuft, ein kurzes Lob wie »Gut gemacht« wäre schon echte Wertschätzung. Hierunter fällt auch Mikromanagement, da viele Führungskräfte dies als fehlendes Vertrauen und damit fehlende Wertschätzung der eigenen Arbeit interpretieren.

Wenn Sie Ihre eigenen Körpersignale wieder gut wahrnehmen und Ihre Stressoren identifizieren können, dann nutzen Sie sie als Basis für Ihr Stressmanagement. Wenn Sie merken, dass sich die Signale der roten Ampel nähern, dann gilt es zu intervenieren. Hierfür möchte ich Ihnen meine »drei Fragen der Entspannung« mit an die Hand geben, die Ihnen dabei helfen, gelassen und lösungsorientiert über die Situation nachzudenken und anschließend entsprechend zu handeln oder nicht zu handeln. Die erste Frage, die Sie sich in einer Stresssituation stellen sollten: Muss ich zunächst meine Stressreaktion bearbeiten, um wieder handlungsfähig zu werden? Wenn Ihr Körper in einer Stresssituation ist und mit Adrenalin, Noradrenalin und Cortisol geflutet ist, dann haben Sie einen eingeschränkten Zugang zum sogenannten präfrontalen Kortex. Das ist jener Teil des Gehirns, in dem die Ratio beziehungsweise der Verstand sitzt. Was übrigens auch der Grund ist, warum wir in stressigen Situationen manchmal wahnsinnig dumme Dinge tun oder sagen. Insofern sollte der erste Blick immer der eigenen Stressemotion gebühren und der Prüfung, ob diese reguliert werden muss. Falls ja, dann helfen Ihnen einerseits aktive Entspannungstechniken wie Atemübungen (ich empfehle hier die PEACE-Atmung), Achtsamkeitstechniken oder jede andere aktive Technik zur Regulierung des eigenen Stressempfindens. Aber auch passive Strategien wie ein Stück Schokolade oder ein guter Kaffee können helfen, vor allem, wenn aktive Techniken und die damit verbundene Überwindung des eigenen Schweinehunds eine neue Stressquelle darstellen würden. Explizieren, also das Nach-außen-Geben durch Gespräche mit einem Kollegen/einer Kollegin oder auch das Niederschreiben haben ebenfalls nachgewiesenermaßen positive Wirkung. Wenn Sie Ihre Stressemotion reguliert haben, gilt es, sich die zweite Frage zu stellen: Ist die Stressquelle beeinflussbar? Falls ja, helfen aktive Techniken aus dem Zeitmanagement wie Priorisieren, Delegieren, Umsetzen und dergleichen sowie positive Selbstgespräche, die sofort das Gefühl von Kontrolle fördern. Wenn Sie die Stressquelle nicht beeinflussen können, weil Sie außerhalb Ihres Wirkbereichs liegt, dann würden Sie sich mit aktiven Techniken schlicht und ergreifend aufreiben. Hier helfen lediglich passive Strategien wie Vermeiden, Akzeptieren, Hinnehmen und Tolerieren oder auch für eine gewisse Zeit den Stressor zu ignorieren, wie zum Beispiel Zahnschmerzen während eines wichtigen Meetings (aber danach bitte gleich zum Arzt/zur Ärztin!). Die dritte Frage auf dem Weg zur Entspannung lautet: Gibt es innere Bedürfnisse oder äußere Kontexte, die ich beachten möchte? Nehmen wir an, ihr/e Chef:in hat Sie in einem Meeting für ein Projekt vehement kritisiert. Zunächst sollten Sie Ihre Stressemotion regulieren, denn Konfliktgespräche unter maximalem Cortisoleinfluss enden selten gut. Als Nächstes sollten Sie sich die Frage stellen, ob die Stressquelle beeinflussbar ist, also ob ein Gespräch zum Umdenken bei Ihrem/r Chef:in beitragen könnte. Steht Ihr/e Chef:in zwei Monate vor dem Ruhestand, dann wird er/sie wahrscheinlich eher nichts mehr an seinem Führungsstil ändern. Kommen Sie aber vielleicht zu dem Schluss, dass Ihr/e Chef:in grundsätzlich immer offen für Feedback ist, sollten Sie nun noch innere Bedürfnisse und äußere Kontexte beachten, um eine stimmige Antwort zu finden. Vielleicht fällt Ihnen in diesem Moment Ihr privates Gespräch mit Ihrem/r Chef:in ein, in dem er/sie erwähnte, dass er/sie sich gerade um einen Pflegefall kümmern muss und deshalb extrem unter Druck steht und dünnhäutiger und geladener ist als sonst. Sie könnten also das Gespräch suchen, kommen aber vielleicht aufgrund aller drei Fragen zu dem Schluss, nichts zu sagen und das ganze Thema abzuhaken.

»Die drei Fragen zur Entspannung« helfen Ihnen dabei, eine stimmige Antwort auf jede Stresssituation zu finden. Darüber hinaus möchte ich Ihnen noch ein paar Tipps mitgeben, die vielen meiner Klienten bei der Selbstfürsorge als Führungskraft geholfen haben. Bauen Sie sich Reflexionsinseln in den Tag ein. Der Kalender der meisten Führungskräfte ist von 9 bis 18 Uhr und manchmal weit darüber hinaus vollgepackt. Da bleibt keine Zeit für Nacharbeiten eines Termins oder Vorbereiten des nächsten. Bauen Sie sich diese Zeiten als feste Blocker in den Kalender. Natürlich nicht nach jedem Termin, aber doch zumindest zwei- bis dreimal am Tag. Führende sind meist sehr clevere Leute, können Dinge aus verschiedensten Blickwinkeln betrachten, sind wissbegierig und haben Freude an Reflexion. Das sind alles Merkmale ein und derselben Eigenschaft, »need for cognition« oder auch Bedürfnis nach kognitiver Beanspruchung genannt. Die meisten Führungskräfte, mit denen ich einen Fragebogen zu dieser Eigenschaft durchgegangen bin, haben einen ziemlich hohen Wert auf dieser Skala. Und wie alles im Leben kann es Fluch und Segen zugleich sein. Was Sie sehr erfolgreich im Job macht, bringt Sie vielleicht auch nachts um den Schlaf. Denn Menschen mit einem hohen Bedürfnis nach kognitiver Beanspruchung denken eben immer, auch wenn Sie es nicht sollten. Und vor allem bildet sich bei ihnen über den Tag eine Art Gedankenstau, der dann zu Ende gedacht werden möchte, wenn Zeit dafür bleibt – und das ist bei vielen Führenden erst, wenn sie ins Bett gehen. Dann springt das Gedankenkarussell an und der Schlaf ist gelaufen. Damit Ihnen das seltener passiert, achten Sie darauf, dass Sie sich bereits während des Tages Reflexionsinseln einbauen, in denen Sie das Gelebte verarbeiten, reflektieren und gegebenenfalls auch schon weiterdelegieren. Achten Sie generell auf »Durchschnaufpausen«. Im Virtuellen befinden Sie sich ständig in einer Breakout-Session. Was ist Ihre analoge Breakout-Session, mit der Sie aus der Belastung und Fremdsteuerung ausbrechen?

Menschen sind Gewohnheitstiere, sogar die selbst erklärten Sensation Seeker, bei denen kein Tag wie der andere aussehen soll. Auch diese

Menschen bilden über die Zeit Routinen und Rituale aus. Und diese helfen uns, gerade wenn sich sonst alles beständig ändert, ein Gefühl von Kontrolle in unserem Leben aufrechtzuerhalten. Der erste Lockdown war auch deswegen für viele Menschen so belastend, weil viele lieb gewonnene Routinen nicht mehr griffen. Die morgendliche Kaffeerunde mit den Kolleg:innen war zunächst ebenso weg wie die klare Trennung von Arbeit und Privatem. Und gerade diese Grenzen sollten Sie wieder bewusst setzen. Was ist Ihr Morgenstart- und Feierabendritual? Unser Gehirn ist unglaublich gut darin, sich Kontexte und Zusammenhänge zu merken. Daher wird sich Ihr Gehirn merken: Ah, jedes Mal, wenn ich das tue, beginnt oder endet die Arbeit. Überall, wo sich Kontexte vermischen, wird es auch für unser Gehirn diffus. Wer im Bett arbeitet und auch dort schläft, wird irgendwann schlechter schlafen, weil sein Gehirn den Platz nicht mehr ausschließlich mit Erholung verbindet, sondern auch mit Leistung. Das war früher auch der Grund, warum ich zum Lernen in die Bibliothek gefahren bin. Der Luxus eines eigenen Büros war in meiner kleinen Studentenwohnung eine Utopie und gleichzeitig wurde meinem Gehirn in der Bayerischen Staatsbibliothek signalisiert: »Jetzt ist Zeit zu lernen!« Gleiches gilt für den Feierabend. Etablieren Sie ein Ritual, damit Ihr Gehirn erkennt, dass die Zeit des Kontexts Arbeit nun vorbei ist und der Kontext Entspannung beginnt. Das muss gar nichts Ausgefallenes sein, sondern kann, wie zum Beispiel bei mir, darin bestehen, den nächsten Tag zu planen, den Arbeitsplatz aufzuräumen und die Tür des Büros zu schließen. Und fangen Sie am besten jetzt schon an, ein hybrides Routinenset zu entwickeln, denn vielleicht haben Sie es selbst schon gemerkt: Ihre in der Corona-Zeit aufgebauten virtuellen Routinen funktionieren in einer hybriden Welt nur mäßig. Eine befreundete Führungskraft berichtete mir, als er das erste Mal wieder im Büro war, sei er wesentlich weniger produktiv gewesen, weil Zeiten für sozialen Austausch, verlängerte Wege zur Kaffeemaschine oder auch Raumbuchungen in der virtuellen Welt anders geplant waren. Auch ich konnte das an meinem eigenen Verhalten bemerken: Nach über einem Jahr fast ausschließlich virtuellen Coachings, Workshops und Vorträgen griffen meinen Routinen nicht mehr, was Reisen zu buchen, Koffer zu packen oder Materialien zusammenzustellen anging. Es kostete mich wesentlich mehr Zeit und auch Nerven. Ich hatte schlicht verlernt, einen Koffer schnell zu packen, und musste mich regelrecht dazu zwingen. Was ich daraus gelernt habe? Erstens braucht es in einer hybriden Welt Rituale für die analoge wie die virtuelle Welt und auch für Mischtage. Deswegen entwickeln Sie am besten schon heute Ihr hybrides Set an Ritualen und Routinen: Welche Rituale möchten Sie an einem rein virtuellen Homeoffice-Tag pflegen? Welche an einem analogen Tag im Büro? Und welche an einem hybriden Mischtag? Wie sähen hier jeweils gute Tagesstrukturen aus, die stresslindernd wirken? Und zweitens: Pflegen Sie diese Rituale regelmäßig. Denn wenn Sie über ein Jahr keinen Koffer mehr packen, dann verlernen Sie auch derart einfache Tätigkeiten und Rituale.

Zuletzt stellen Sie sich immer mal wieder die Frage: Welche Leistungs- und Gesundheitskultur fördere ich durch mein Verhalten? Viele moderne Führungskräfte kümmern sich um die Gesundheit Ihrer Mitarbeiter:innen. Sie gehen mit Ihnen in den Dialog über die aktuelle Belastung, fordern Pausen und frühe Feierabende aktiv ein. Das ist gut und sollte auf jeden Fall beibehalten werden. Häufig werden diese Worttaten jedoch durch die eigenen Handlungstaten torpediert. Actions speak louder than words. Wenn Sie Ihre Mitarbeiter:innen bitten, früh Feierabend zu machen, auf ihre Gesundheit zu achten und keine Mails am Wochenende zu schicken oder zu beantworten, dann aber selbst jeden Tag bis 22 Uhr arbeiten, keinerlei Zeit für Sport oder Essen einplanen (ja, das sehen Ihre Mitarbeiter:innen im Kalender!) und am Wochenende Mails verschicken (auch wenn Sie den Hinweis hinzufügen »Bitte erst am Montag bearbeiten«), dann sendet das das falsche Signal. Sicherlich orientieren sich Mitarbeiter:innen mehr am Verhalten der Kolleg:innen als an Ihrem, aber vielleicht werden durch dieses Verhalten die ersten Mitarbeiter:innen zu ungünstigem

Nachahmungsverhalten motiviert, was eine Sogwirkung in Richtung ungesunde Leistungskultur in Gang setzen kann.

Ich weiß, wie schwierig es ist, diese Anregungen wirken zu lassen und nicht sofort mit dem Impuls abzutun, bei Ihnen lasse sich das so nicht umsetzen. Ja, viele Unternehmen und Organisationen sind an der Leistungsgrenze angelangt und verlangen oftmals Übermenschliches. Vielleicht ist der »Hyper Growth«, den viele Unternehmen propagieren, auch nur mit »Hyper-Selbstausbeutung« möglich. Doch solange Sie vom Topmanagement kritiklos jede neue Initiative oder jedes neue Arbeitspaket annehmen, können die auch nicht wissen, dass das System an der Belastungsgrenze angekommen ist. Noch absurder wird es, wenn die komplette Überlastung mit dem Verweis flankiert wird, die Mitarbeiter:innen sollen doch bitte auf ihre Gesundheit und auf ihre Arbeitszeit achten. So wird gesunde Führung zum neuen Stressor! Insofern ist das wichtigste Gespräch, wenn Sie sich selbst und Ihr Team vor Überlastung schützen wollen, das Delegationsgespräch mit Ihrem/r Chef:in. Alles, was Sie dort nicht kritisch hinterfragen, alles, was Sie dort an Unvereinbarkeit und Überlastung nicht aufzeigen, wird Ihnen bei Ihrem Team auf die Füße fallen. Denn Ihre Mitarbeiter:innen werden diese kritischen Fragen stellen und wenn Sie keine Antwort darauf haben, wie dieses Projekt neben all den anderen auch noch gestemmt werden soll, dann ist der Frust und die Demotivation vorprogrammiert. Schaffen Sie Freiraum, indem Sie konsequent bei Überlastung Nein sagen, und zeigen Sie Ihrem/r Vorgesetzten, wie hoch der Druck im Kessel schon ist. Denn gesunde Mitarbeiter:innen und Führungskräfte brauchen auch genug Zeit, um sich gesund zu halten.

**Reflektieren und nachspüren zum Thema Selbstfürsorge**

- Was verschafft Ihnen ein Gefühl der Rekompensation und Entspannung? Was ist Ihre stresslindernde Breakout-Session?

- Welche Routinen können in hybriden Settings stresslindernd wirken? Welche Routinen helfen Ihnen an einem analogen Tag im Büro? Welche bei einem virtuellen Homeoffice-Tag? Und welche bei einem Mischtag, an dem Sie ein paar Stunden im Büro sind und ein paar Stunden von zu Hause aus arbeiten?

- Welche Leistungs- und Gesundheitskultur fördern Sie in Ihrem Team und Unternehmen? Passen Worte und Taten zusammen?

- Machen Sie Überlastungen bei sich oder Ihrem Team auch in höheren Hierarchiestufen sichtbar? Falls ja, wie? Falls nein, welche Gründe halten Sie davon ab?

## Klarheit im Innern führt zu Klarheit im Außen

Je klarer Sie selbst in Ihrer Führungsrolle sind, desto klarer und stärker ist das Beziehungsangebot, das Sie Ihren Mitarbeiter:innen machen können. Die Frage, die mir in diesem Zusammenhang häufig gestellt wird, ist: Aber Klarheit worin? Es gibt derart viele Variablen, zu denen ich Stellung beziehen muss, wo soll ich da anfangen? Und ja, es stimmt, dass es immer wieder Situationen im Führungsalltag geben wird, zu denen Sie sich bisher noch keinerlei Gedanken gemacht haben. Und dennoch merke ich bei meiner eigenen Führung und in der Arbeit mit Führungskräften, dass sich verschiedene Fragestellungen immer wieder um ähnliche Spannungsfelder drehen. Diese Spannungsfelder können in einer komplexen Umwelt nicht in »richtig« oder »falsch« gegliedert werden, denn was in der einen Situation und in dem einen Kontext richtig ist, kann im anderen Moment komplett falsch sein. Insofern möchte ich Ihnen ein Modell an die Hand geben, das ich in der Praxis sehr gewinnbringend nutze. Es handelt sich dabei um das Balance-Inventar der Führung (BALI-F) von Grote und Kauffeld.[43] Dieses Modell gibt Ihnen keine Anweisungen, wie Sie als Führungskraft zu sein haben, sondern zeigt Ihnen stattdessen, welchen Spannungsfeldern Sie ausgesetzt sind. Spannungsfelder besitzen immer gleichwertige Alternativen, die beide funktional sein können. Es geht also immer um das gesunde Ausbalancieren beider Pole und nicht um das strikte Verfolgen eines Pols. »Sowohl als auch« lautet die Devise, nicht »entweder oder«. In diesem Modell gibt es immer einen stabilisierenden und einen dynamischen Pol. Gemäß der Systemtheorie trägt der stabilisierende Pol zur Beständigkeit, Standfestigkeit und Robustheit von Prozessen, Abläufen und Zusammenhängen bei. Der dynamisierende Pol fokussiert hingegen auf veränderndes, erneuerndes, deregulierendes Verhalten im organisationalen Kontext.

Nehmen Sie eine konkrete Situation und fragen Sie sich, an welchem der beiden Pole Sie in diesem Fall angesiedelt sind und ob das im vorliegenden Beispiel funktional oder dysfunktional ist. Falls es funktional ist, gehen Sie einfach zur nächsten Dimension weiter; falls es dysfunktional ist, fragen Sie sich, wie Sie sich dem anderen Pol annähern könnten, damit eine stimmige Gesamtsituation entsteht. Sie werden vielleicht erkennen, dass dieses Modell keine klaren Anweisungen bereithält, und gerade deswegen trägt es aus meiner Sicht so stark zur Klarheit bei. Denn aus der eigenen Diagnose und der Erkenntnis, was bei einem selbst in einer konkreten Situation abläuft, können dann undogmatisch individuell passende Lösungen erarbeitet werden. Natürlich können Sie das Modell auch nutzen, um generelle Tendenzen und gegebenenfalls auch Überbetonungen eines Pols in Ihrem Führungsverhalten allgemein zu identifizieren. Grohe und Kauffeld unterscheiden acht zentrale Spannungsfelder, denen Führungskräfte unterliegen:

| | | Stabilisieren | vs. | Dynamisieren |
|---|---|---|---|---|
| 1. Aufgabenmanagement | 1 | Tagesgeschäft | vs. | Strategie |
| | 2 | Selber machen | vs. | Delegieren |
| 2. Beziehungsmanagement | 3 | Nähe | vs. | Distanz |
| | 4 | Team | vs. | Individuum |
| 3. Veränderungsmanagement | 5 | Reflexion | vs. | Umsetzung |
| | 6 | Optimierung | vs. | Innovation |
| 4. Mikropolitisches Management | 7 | Authentizität | vs. | Repräsentation |
| | 8 | Autonomie | vs. | Integration |

Balance-Inventar der Führung (BALI-F)[44]

Im ersten Bereich des Aufgabenmanagements stehen Führende zwei Spannungsfeldern gegenüber: *Tagesgeschäft versus Strategie* und *Selbermachen versus Delegieren*. Das Tagesgeschäft als stabilisierender Pol umfasst die effiziente und möglichst fehlerfreie Bearbeitung von aktuellen Aufgaben, die Lösung akuter Probleme und den stabilen Ablauf der Arbeitsprozesse. Strategie als dynamisierende Komponente beschreibt das Vorantreiben von Innovation, das Eingehen von Risiken und die zukunftsorientierte Planung neuer Kunden, Aufträge und Geschäftsfelder. Eine Überbetonung des Tagesgeschäfts führt zu Stagnation und dem Verpassen wichtiger Zukunftsfelder; ein übertriebener Fokus auf die Strategie birgt die Gefahr, aktuelle Probleme aus den Augen zu verlieren und Exzellenz durch ständige Erneuerung zu verunmöglichen. Im zweiten Spannungsfeld muss der/die Führende die Balance meistern zwischen Aufgaben selber zu erledigen und Verantwortung zu behalten sowie Aufgaben an Mitarbeiter:innen zu delegieren und Verantwortung abzugeben. Eine Überbetonung des Selbermachens kann zu Zeitmangel beim/bei der Führenden und zu Demotivation aufgrund des geringen Handlungsspielraums bei den Mitarbeiter:innen führen. Überzeichnet die Führungskraft hingegen das Delegieren, kann das zum Verlust des Kontaktes bei Fach- und Detailfragen führen sowie zu einer zunehmenden Unüberschaubarkeit der Projekte aufgrund einer zu starken Aufteilung zwischen Personen. Sie sehen, weder das eine noch das andere ist gut oder schlecht, die Frage ist immer: Was braucht es in der jeweiligen Situation mehr oder weniger?

Im Beziehungsmanagement steht eine Führungskraft den zwei Spannungsfeldern *Nähe versus Distanz* und *Team versus Individuum* gegenüber. Eine nähebetonende Führungskraft bemüht sich um den persönlichen Kontakt und kollegialen Umgang mit den Mitarbeiter:innen, läuft in der Überbetonung aber Gefahr, die eigene Autorität zu untergraben, sodass Anweisungen und Kritik an Bedeutung verlieren. Ein/e distanzbetonende/r Führende/r pflegt eine professionelle Beziehung, in der Erwartungen und Kritik klar formuliert werden und die Beziehung vor allem eine Leistungsbeziehung darstellt. Eine Überbetonung kann dazu führen, dass der/die Führende von den Mitarbeiter:innen als unnahbar und kühl erlebt wird und Probleme, deren Lösung eine vertrauensvolle Beziehung voraussetzen, unbearbeitet bleiben. Im zweiten Spannungsfeld stellt das Team den stabilisierenden Teil dar. Dabei legt die Führungskraft Wert auf ein funktionierendes Team, in dem Gerechtigkeit herrscht und Informationen, Anerkennung sowie Weiterentwicklung allen gleichermaßen zuteilwerden. Eine zu starke Konzentration auf das Team kann zur Vernachlässigung individueller Bedürfnisse und zu Motivationsproblemen bei wichtigen Leistungsträgern führen, deren Spitzenleistung nicht gesondert honoriert wird. Das Individuum ist in diesem Feld die dynamisierende Komponente, bei der der/die einzelne Mitarbeiter:in individuell informiert, anerkannt und gefördert wird. Das Individuum ist der Ansatzpunkt jeder Handlung, nicht das Team. Eine zu intensive Konzentration auf das Individuum kann dagegen zu Ungerechtigkeit und Benachteiligung oder Bevorzugung einzelner Mitarbeiter:innen führen und ein Umfeld übertriebener Konkurrenz kreieren, in dem das Bearbeiten gemeinschaftlicher Aufgaben schwerfällt.

Im Veränderungsmanagement heißen die beiden zu bewältigenden Spannungsfelder *Reflexion versus Umsetzung* und *Optimierung versus Innovation.* Die reflexionsbetonte Führungskraft nimmt eine gründliche Analyse und intensive Folgenabschätzungen von anstehenden Veränderungen vor und vermeidet so unnötige, destabilisierend wirkende Aktionen. Eine Überbetonung führt zum ziellosen Dauergrübeln und dazu, dass notwendige Veränderungen zu spät initiiert werden. Die umsetzungsorientierte Führungskraft führt pragmatische Lösungen entschlossen ein und sammelt dabei Erfahrungen. Die Überzeichnung zeigt sich in überstürzten Aktionen und damit einhergehenden überflüssigen Kosten und Problemen. Im zweiten Spannungsfeld muss sich die Führungskraft zwischen Optimierung und Innovation entscheiden. Bei der Optimierung werden bereits vorhandene Produkte und Prozesse kontinuierlich verbessert. Die Gefahr besteht darin, dass die Daseinsberechtigung des Produktes oder Prozesses nicht mehr hinterfragt und so radikaler Wandel, der notwendig sein kann, unterbunden wird. Innovation als dynamisierender Gegenpol verlangt von der Führungskraft eine intensive Auseinandersetzung mit der Zukunft, die weitreichende Innovationen zutage fördern sollen statt kleiner Verbesserungen. Das Risiko besteht hierbei darin, dass der/die Führende durch die Konzentration auf das Neue den Blick für die Potenziale vorhandener Prozesse verliert und sich die neuartigen Ideen derart stark von der Realität abheben, dass sie nicht mehr anschlussfähig sind.

Im mikropolitischen Management gibt es die zwei Spannungsfelder *Authentizität versus Repräsentation* und *Autonomie versus Integration.* Eine auf Authentizität konzentrierte Führungskraft ist klar, direkt und offen im Umgang mit Problemen, Abläufen und Eigenheiten des eigenen Teams im Kontakt mit anderen. Die Gefahr der Überbetonung besteht darin, naiv Informationen offenzulegen, die gegen die Führungskraft, das Team oder die gesamte Organisation genutzt werden können. Im Rahmen des Pols Repräsentation stellt der/die Führende das Team oder die Organisation im Sinne einer organisationsinternen Vermarktung positiv dar und intensiviert dadurch den

Wettbewerb zwischen Einheiten. Eine Übertreibung schädigt auf Dauer die Glaubwürdigkeit und Anerkennung der Führungskraft und positive Berichte verfehlen ihre Wirkung, da sie meist von anderen relativiert werden. Beim zweiten Spannungsfeld umschreibt Autonomie, dass eine Führungskraft den Fokus ganz klar auf das eigene Team und dessen Erfolg legt. In der Übertreibung kann das zu Silodenken führen und der Blick für die Gesamtorganisation geht verloren. Der Integrationspol orientiert sich hingegen am Gesamtunternehmen. Initiativen werden mit anderen Bereichen abgestimmt und der Mehrwert wird am ganzen Unternehmen festgemacht. In seiner Extremform kann es zu Stagnation im und Desidentifikation mit dem eigenen Team kommen.

Wie Sie sehen, ist Führung ein ständiges Balancieren zwischen Extrempolen. Wenn Sie Klarheit erlangen wollen, beantworten Sie diese Dimensionen erst mal grundsätzlich für sich. Wo würden Sie sich eher einordnen. Wobei hilft Ihnen diese Tendenz? Wann ist sie auch hinderlich? Wenn Sie das gemacht haben, nutzen Sie dieses Tool gerne auch situationsspezifisch. Fragen Sie sich: In der momentanen Situation, wo befinde ich mich bei den jeweiligen Polen? Wie hilft mir diese Positionierung? Wo behindert sie? Möchte ich Sie beibehalten oder ändern? Je häufiger Sie das machen, desto schneller werden Sie mit sich ins Reine kommen.

Sie erkennen, dass ein großer Teil von Führung in der digitalen Ära im Ausbalancieren verschiedener Spannungsfelder liegt. Die eine, beste Lösung gibt es nicht und es gibt immer einen Preis zu zahlen.

Gleichzeitig identifizieren Sie immer mehr eigene Muster, die hilfreich oder weniger hilfreich sein können. Vielleicht erkennen Sie, dass Sie grundsätzlich Nähe suchen, wenn diese aber missbraucht wird, in zu starke Distanz umschwenken. Vielleicht sehen Sie, dass Sie nach einer gewissen Zeit immer wieder neue Innovationen vorantreiben wollen, statt die Potenziale der bestehenden Prozesse weiter zu optimieren oder Ihrem Team eine Pause zu gönnen. Vielleicht sind Sie zu stark auf den Erfolg Ihres Teams fokussiert und verlieren die Sicht auf das Gesamtunternehmen aus dem Blick. Je stärker Sie sich Ihrer eigenen Dynamiken bewusst werden, desto klarer wirken Sie nach außen. Und je klarer Sie nach außen wirken, desto mehr Klarheit fördern Sie im Gegenüber. Denn durch Ihre Klarheit positionieren Sie sich zumindest für einen kurzen Moment, was es Ihren Mitarbeiter:innen erleichtert, ihren Platz entsprechend einzunehmen. Nichts saugt mehr Energie als ein Vakuum, das durch fehlende Positionierung entsteht. Mit diesem Denkrahmen können Sie dem entgegenwirken.

### Reflektieren und nachspüren zu innerer Klarheit

- Denken Sie mal ganz grundsätzlich über Ihren Führungsstil nach: Sind Sie mehr im Tagesgeschäft involviert oder beschäftigen Sie sich mehr mit der Strategie? Delegieren Sie meist oder machen Sie vieles noch selbst?

- Sind Sie eine eher nahbare oder eine distanzierte Führungskraft? Wenn Sie Entscheidungen treffen, versuchen Sie meist individuelle Lösungen für jede/n Mitarbeiter:in zu entwickeln oder achten Sie eher auf Vergleichbarkeit im Team?

- Wenn Veränderungen anstehen: Reflektieren Sie zunächst ausgiebig und entscheiden dann oder fangen Sie erst mal an und lernen entlang des Weges? Optimieren Sie eher bestehende Prozesse oder denken Sie Dinge gerne komplett neu?

- Wenn Sie die Konsequenzen von Entscheidungen bedenken müssen: Schauen Sie vor allem auf Ihr Team oder eher auf die Gesamtorganisation? Versuchen Sie, bei der Vorstellung von Projekten, Initiativen und Arbeitsergebnissen möglichst transparent zu sein oder vor allem die positiven Wirkungen für alle Beteiligten und das Unternehmen zu betonen?

- Wie würden Ihre Mitarbeiter:innen Sie in diesen Dimensionen einordnen? Gibt es Unterschiede zwischen Ihrer Selbst- und der Fremdwahrnehmung Ihrer Mitarbeiter:innen?

- Was können Sie heute tun, um ein bisschen mehr Leichtigkeit in Ihr persönlich wichtigstes Spannungsfeld zu bekommen?

## Es geht nie um das Phänomen selbst, sondern immer um die Wechselbeziehung

Der Soziologe Jeremy Rifkin schreibt in seinem Buch *Die empathische Zivilisation*: »Die alte Wissenschaft sieht in der Natur Objekte, die neue Wissenschaft sieht sie als Beziehungen. Die alte Wissenschaft ist gekennzeichnet durch Distanzierung, Enteignung, Sektion und Reduktion; die neue Wissenschaft durch Engagement, Aufstockung, Integration und Ganzheitlichkeit«.[45] Ersetzen Sie »Wissenschaft« durch »Führungswelt«, dann haben Sie den klaren Unterschied zwischen Past Fit und Future Fit Leadern. Future Fit Leader erkennen, dass die Welt nur aus Zusammenhängen und Wechselbeziehungen besteht. Es gibt kein Phänomen an sich, es gibt nur Phänomene im Kontext. Was bei einem/r Mitarbeiter:in hilft, kann bei einem/r anderen grundfalsch sein. Und selbst beim/bei der selben Mitarbeiter:in kann dieselbe Vorgehensweise in zwei Wochen schon zu wesentlich schlechteren oder besseren Ergebnissen führen. Wechselbeziehungen sind immer persönlich, zeitlich begrenzt und dadurch flexibel. Im Zeitalter des ständigen Wandels und der Disruption gibt es nicht DAS Phänomen und somit auch nicht dauerhafte Kompetenz oder Lösungen. Was es braucht, ist vielmehr Kontextkompetenz. »Der Durchblick muss immer wieder neu erarbeitet werden. Er ist eine Eigenleistung, er bedarf des Taktes und des Feingefühls«,[46] wie Wolf Lotter schreibt. Das Problem ist, dass diese Erkenntnis erst mal unserem menschlichen Grundbedürfnis nach Kontrolle und dauerhafter Orientierung widerspricht. In Zeiten der Unsicherheit wollen wir Sicherheit und Kontrollerwartung fühlen. Nie konnte das besser beobachtet werden als zu Zeiten der Coronakrise. Ratgeber zu Remote Leadership, digitalen Arbeitsprozessen oder zur einfachen Anwendung von MS Teams sind durch die Decke gegangen. Noch nie war es so einfach, Artikel in Zeitungen zu platzieren, wenn man auch nur irgendetwas zum Thema digitales Arbeiten beisteuern konnte. Und das ist auch gut so, denn Kontextkompetenz setzt voraus, dass wir etwas haben, womit wir überhaupt den Kontext erkennen können. Also Einsichten, Theorien, Wissensstücke, auf die wir aufsetzen können und die wir der Prüfung des Kontextes unterziehen können. Erfahrung ist ohne Theorie wertlos, wenn Sie daraus Handlungsimpulse und -leitlinien ableiten wollen. Ich sage das deshalb, weil es häufig die These gibt, Erfahrung sei generell ohne Theorie wertlos, und dem kann ich so nicht zustimmen. Sie können viele Erfahrungen machen, die Sie nicht erklären können und die trotzdem für Ihr Leben einen unglaublichen Wert besitzen. Sie können sich nicht erklären, wie Sie einen Unfall überleben konnten, aber dass Sie ihn überlebt haben, ist für Sie zweifelsohne wertvoll. Und dennoch können Sie für das nächste Mal – das es im genannten Beispiel hoffentlich nicht geben wird – nicht ableiten, was Sie tun sollten, wenn Sie sich nicht irgendwie anhand Ihrer eigenen Überlegungen und Theorien erklären können, was abgelaufen ist. Nehmen wir ein Business-Beispiel: In Ihrem Team herrscht nach Monaten der Demotivation plötzlich Aufbruchsstimmung und auch die Performancekennzahlen steigen stetig. Das ist erst mal bedeutsam für Sie. Wenn Sie sich allerdings keinen Reim darauf machen können, wird es schwierig, die möglichen Erfolgsfaktoren zu identifizieren. Genau deshalb sind Beratungen und auch Ratgeber sinnvoll. Weil Sie hier im besten Fall Anknüpfungspunkte für Ihre eigene Durchblicksarbeit bekommen. Und wenn Sie diesen Durchblick erarbeitet haben, dürfen Sie ihn auch wieder loslassen, wenn er plötzlich nicht mehr passend ist. Das ist letztlich wissenschaftliches Vorgehen, sich von einem Irrtum zum nächsten zu hangeln.

Und da Wechselbeziehungen immer zwischen und im Einzelnen entstehen und vom Wesen her ständiger Veränderung unterworfen sind, kann es keine dauerhafte Erkenntnis geben. Erinnern Sie sich an das Zitat von Hermann Hesse: »Von jeder Wahrheit ist das Gegenteil ebenso wahr.«[47] Und das stimmt! Jede Handlung, jede Intervention oder auch jede Erkenntnis trägt ihren Selbstwiderspruch in sich. Was Sie heute glauben oder tun, kann morgen schon wieder überholt und das Gegenteil des zu beschreitenden Weges sein.

Besonders einprägsam wurde mir das bei einem Coaching mit einem Managing Director. Dieser hatte das Ziel ausgegeben, dass seine Abteilungsleiter:innen und Mitarbeiter:innen mit klareren Vorschlägen zu ihm kommen sollten, statt den Vorschlag langwierig mit ihm erarbeiten zu wollen. Die erste Frage, die ich ihm stellte, war, wie es überhaupt zu dieser Dynamik gekommen war. Denn es geht immer um die Wechselbeziehung, nie um das Phänomen. Das Phänomen ist nur Ausdruck einer funktionalen oder dysfunktionalen Wechselbeziehung. Er erklärte mir, dass er das auch nicht genau wisse, er aber gerne einfach Vorschläge hätte, denen er zustimmen, die er ablehnen oder modifizieren könne. Spannend, denn letztlich sind das ja alle möglichen Optionen, wie man mit einem

Vorschlag überhaupt umgehen kann. Also, auf gut Deutsch, wollte der Chef mitreden. »Welche Nutzen könnte es denn haben, wenn ich als Abteilungsleiter:in mit einem rudimentären Vorschlag zu dir komme?«, fragte ich. »Na ja, wir besprechen die wichtigsten Infos, ich teile mit dir manchmal noch Perspektiven aus anderen Abteilungen, die ich als Geschäftsführer ja habe, und wir machen den Vorschlag dann so sattelfest, dass wir ihn umsetzen können«, antwortete der Coachee. »Also macht es für mich ja gar keinen Sinn, den Vorschlag schon vorher maximal zu konkretisieren«, hielt ich fest. Eine lange Denkpause setzte ein. Sie sehen, Phänomene sind immer erst mal funktional, weil sie Ausdruck der Wechselbeziehungen und Vereinbarungen sind, die Mitglieder einer Organisation bewusst oder unbewusst miteinander getroffen haben. Deswegen auch immer mein Grundsatz: erst Diagnose, dann Intervention. Basierend auf der Erkenntnis dieses Zusammenhangs (der nur einer unter vielen sein konnte), gab es nun unterschiedlichste Interventionsmöglichkeiten. Wir entschieden uns dafür, dass es einen zweistufigen Prozess gab. Einmal ein Vorgespräch, in dem alle relevanten Informationen und Abteilungssichtweisen zwischen dem/der Mitarbeiter:in und dem/der Geschäftsführer:in oder einem/r gebrieften Mitarbeiter:in des Geschäftsführersekretariats vorgestellt wurden. Mit diesem verband der Geschäftsführer auch nicht den Anspruch, einen umsetzungsfähigen Vorschlag unterbreitet zu bekommen, und somit war das Frustrationspotenzial geringer. Im zweiten Gespräch wurde schließlich der sehr konkret formulierte Vorschlag besprochen, der vom Managing Director auch nur abgelehnt werden konnte, wenn es erhebliche Einwände gab. So sollten die Mitarbeiter:innen lernen, dass es durchaus sinnvoll war, die Vorschläge zu konkretisieren, da sie so im besten Fall direkt durchgewunken werden konnten. So wurden sie selbstbewusster im Umgang mit den eigenen Ideen. Der Geschäftsführer durfte lernen, dass dauerhaftes Modifizieren der Vorschläge häufig wenig Nutzen stiftete, aber den Gestaltungswillen der Mitarbeiter:innen dämpfte, und wirkliche Einwände umso produktiver aufgenommen wurden, da die Mitarbeiter:innen den Mehrwert erkannten. Eine gute Lösung, die aber auch einen Selbstwiderspruch in sich trägt. Denn dieses Vorgehen war in Zeiten der Stabilität sehr effizient, als es mehr um die Optimierung des Tagesgeschäftes und Erschließung neuer Märkte mit den bewährten Produkten ging. Als das Unternehmen allerdings vor einem tiefgreifenden Wandel stand, bei dem das gesamte Geschäftsmodell neu durchdacht werden musste, war dieses Vorgehen höchst ineffizient. Denn hier musste der Managing Director mehr eingebunden werden, er wollte und musste mitdenken und mitgestalten. Die Rolle des Absegners war zu wenig und die Vorschläge durch die große Unsicherheit meist zu diffus oder es hätte mehr Gespräche mit dem Geschäftsführer im Vorfeld geben müssen. Sie sehen also auch hier: Die Wechselbeziehung, geboren aus dem Kontext, ist im digitalen Zeitalter entscheidend, nicht das Phänomen. Ein neu eingeführter Prozess ist also nicht entscheidend, sondern immer nur, ob dieser Prozess funktionale oder dysfunktionale Wechselbeziehungen entstehen lässt.

Dies ist insofern wichtig, da, wie im Buch bereits angeklungen ist, das digitale Zeitalter jenes der Individualität ist. Jede/r Ihrer Mitarbeiter:innen hat andere Ansprüche an die Arbeit, geht mit Technologie und Begleiterscheinungen wie mehr zwischenmenschlicher Distanz oder Beschleunigung anders um. Deswegen braucht es Ihrerseits den ständigen Dialog mit jedem/r einzelnen Mitarbeiter:in darüber, wie er/sie mit den Geschehnissen im Außen in Resonanz geht, wie er/sie sich mit ihnen in Bezug setzt und was seine/ihre ganz individuelle Unterstützungsmöglichkeit ist. Dafür helfen die Tools und Gesprächstechniken aus dem Kapitel »Vertrauen ist alles und ermöglicht vieles«. Es braucht aber vor allem die Haltung, dass Sie das Funktionale für den/die Mitarbeiter:in nur finden, wenn Sie ihn/sie im Kontext seines/ihres derzeitigen Erlebens, seines/ihres In-der-Welt-Seins begreifen und gemeinsam Lösungen für seine/ihre Welt formen.

**Reflektieren und nachspüren zum Thema Wechselbeziehungen**

- Welche Ihrer Beziehungen zu Mitarbeiter:innen, Kund:innen, Dienstleister:innen oder auch Vorgehensweisen und Prozessen finden Sie dysfunktional?

- Was können Sie aktiv tun, um diese Wechselbeziehung positiver zu gestalten?

- Welche dieser Ideen wäre ohne großen Aufwand direkt umsetzbar?

## Ein Future Fit Leader benötigt Exgo statt Ego

An mein erstes wirklich intensives Treffen mit meinem Ego kann ich mich noch sehr genau erinnern. Es war, als ich an einem Workshop für Intuitions- und Identitätsarbeit teilnahm. Natürlich hatte ich den Begriff schon mal gehört und als Psychologe hatte ich mich aus entwicklungspsychologischer Sicht damit beschäftigt. Und doch war diese Erfahrung eine der bisher prägendsten meines Lebens. Ich durfte erleben, wie viel leichter und ruhiger das Leben im Innen und Außen werden kann, wenn man hindernde Glaubenssätze auflöst, die einem häufig selbst nicht sonderlich bewusst sind. Mittlerweile sehe ich das Licht und auch den Schatten des Egos wesentlich klarer.

Wie alles im Leben, hat auch das Ego seine positiven wie negativen Seiten. Mein Mentor sagt immer: »Das Ego ist wie ein Bibliothekar. Es speichert all unsere Erfahrungen und Glaubenssätze und zimmert daraus unsere Identität.« Weil wir ein Ego haben, uns also in der Abgrenzung zur Welt verstehen, können wir diese Welt überhaupt erfahren. Das ist nicht selbstverständlich und ein entwicklungspsychologischer Kraftakt. So zeigen Studien, dass sich Babys und Kleinkinder ab Geburt als mit der Welt verwoben wahrnehmen. Es gibt keinen Unterschied zwischen ihnen und der Umwelt. Das führt beispielsweise auch dazu, dass sich Kleinkinder zunächst nicht im Spiegel erkennen können. Diese Fähigkeit erwerben sie erst im Alter von 15 bis 24 Monaten.[48] Dieses Selbst-Erkennen führt jedoch nicht sofort zur Selbsterkenntnis. Erst mit drei oder vier Jahren entwickeln Kinder ein Ich-Bewusstsein und erkennen, dass sie und die Umwelt zweierlei Dinge sind und dass ein anderer Mensch die Welt anders wahrnimmt und interpretiert. Erst durch diese Abgrenzung wird ein differenziertes Wahrnehmen möglich. Erst durch das Ego können ich-bewusste Entscheidungen getroffen und Handlungen ausgeführt werden. Erst durch das Ich entsteht ein Du.

Und doch hat das Ego auch seine großen Schattenseiten. »Der/Die hat aber ein ziemlich aufgeblasenes Ego«, haben Sie sich vielleicht schon mal bei dem/der einen oder anderen Artgenossen:in gedacht. Und es kommt nicht von ungefähr, dass die Ratgeberliteratur zum Thema Narzissmus boomt, denn Narzissmus ist sehr eng an ein dysfunktionales Ausüben des Egos gekoppelt. In der Regel handelt es sich bei Narzissten um egozentrierte, auf ihre eigenen Interessen ausgerichtete Menschen. Diese eigenen Interessen und Bedürfnisse spüren sie allerdings nicht wirklich, denn sie sind von ihren eigenen Gefühlen und ihrem Selbstkontakt abgekoppelt.[49] Durch diesen fehlenden Gefühlsbezug zu sich und anderen neigen sie zu verführerischem und manipulativem Verhalten und streben nach Macht und Einfluss. Auch ist das Bild, das sie nach außen darstellen, für sie viel entscheidender als jenes, das sie im Innersten sowieso kaum fühlen. Fremdwahrnehmung geht vor Selbstkontakt. So fällt es ihnen auch leicht, persönlich einen guten Eindruck zu machen, und ihre meisterhafte Fähigkeit der Selbstdarstellung kommt ihnen im Berufsleben immer wieder zugute. Allerdings ist auch jeder Angriff auf ihre Reputation und ihr Bild nach außen eine tiefe Kränkung der narzisstischen

Persönlichkeit. Letztlich fühlen Narzissten jedoch innere Leere und Lustlosigkeit, da »zwischen der Art, wie sie in der Welt funktionieren, und dem, was in ihnen vor sich geht, eine Spaltung besteht«.[50]

Das heißt, eine ungesunde Überidentifikation mit dem Ego führt letztlich zum emotionalen Selbstverlust und zu einer pathologischen Fixierung auf das Außenbild, das Kolleg:innen, Vorgesetzte und Mitarbeiter:innen von einem haben. Letztlich ist auch jedes Anzweifeln der eigenen Glaubenssätze ein Angriff auf die Ordnung des Ego-Bibliothekars, weshalb sich XXL-Egos auch so schwer damit tun, eigene Herangehensweisen kritisch zu durchleuchten oder eigene Irrwege einzugestehen. Im Laufe meiner Beratertätigkeit durfte ich jedoch die Erfahrung machen, dass es unterschiedliche Arten eines Egos gibt und diese auch unterschiedlich ausgelebt werden. Ich machte Begegnungen im Außen und natürlich auch bei mir selbst mit den glorreichen Drei: dem aggressiven Ego, dem defensiven Ego und dem Exgo. Alle drei werden im Folgenden in stereotyper Reinkultur beschrieben, um sie greifbarer zu machen. In der Realität gibt es wie immer Tausende Nuancen.

Das **aggressive Ego** ist die primitivste Stufe des Egos. Sie zeichnet sich dadurch aus, dass sie die Ego-Energie schädlich nach innen oder außen lenkt und die eigene Unsicherheit durch übertriebenen Aktionismus versucht zu kaschieren. Im Außen wertet das aggressive Ego andere ab, wird laut oder beleidigend, lamentiert dauerhaft über unwichtige Nebenkriegsschauplätze, lobt sich in übertriebenem Maße und würdigt die anderen keines lieben Wortes oder setzt tatsächlich Handlungen in die Tat um, die anderen schaden, wie Anschwärzen oder das Zurückhalten von Informationen. Allerdings kann sich die Ego-Energie auch negativ nach innen kanalisieren, wo sich die Abwertung und unterdrückte Wut gegen die eigene Person richtet (natürlich meist im Stillen) oder in einer realitätsfremden Selbstüberhöhung resultiert (»Ich alleine habe dieses Projekt zum Erfolg getragen«). Auch das dauerhafte

Ausstatten mit Insignien der Macht wie teuren Uhren oder Autos oder dem ständigen Fordern von mehr Geld oder einer weiteren Beförderung helfen, die eigene Unsicherheit zumindest für eine kurze Zeit zu stabilisieren. Lassen Sie uns direkt in eine fiktive Situation hineinspringen, die so oder ähnlich aber bestimmt häufiger in Unternehmen anzutreffen ist: Ein besonders schillerndes Beispiel des aggressiven Egos ist Markus, Leiter einer Abteilung für intelligente Sensorentechnik. Als es um die Halbzeitbesprechung eines bereits laufenden Projektes ging, blickte Markus zunächst stolz auf das bereits Erreichte zurück. Stolz auf seine eigenen Leistungen, seine weise Voraussicht, was Engpässe anging, seinen flexiblen Umgang mit Störungen oder auch sein überaus solides und genaues Projektmanagement. Von der Würdigung der Leistungen seiner Mitarbeiter:innen keine Spur. Nun ging es um ein aktuelles Problem, da der Kunde die Sensoren früher brauchte als geplant. Markus hatte das dem Kunden natürlich ohne Rücksprache bereits zugesagt, was zwei der Mitarbeiter:innen dazu brachte, dieses eigenwillige Vorgehen anzuprangern. Da das Ausüben der Ego-Kränkung selten lange auf sich warten lässt, legte Markus in einer Lautstärke los, die jedem, der noch keinen Tinnitus hatte, zumindest kurzweilig dieses Vergnügen bescherte. Er verfiel in eine Generalabrechnung über die Faulheit seiner Mitarbeiter:innen, über die fehlende Bereitschaft, die Extrameile zu gehen, ohne selbstverständlich zu erwähnen, dass er diese jedes Mal für seine Mitarbeiter:innen gehe. Die Stimmung war natürlich nachhaltig gestört und obwohl das Team den früheren Lieferzeitpunkt einhalten konnte, schwand durch das aggressive Ego zunehmend die Bereitschaft, sich für Markus und das Unternehmen ins Zeug zu werfen. Wer mag schon bei Negativem angeschrien und bei Positivem missachtet werden? Der Weg aus dem Ego führt immer durch das Ego hindurch. Es nützt nichts, das Ego wegsperren oder unterdrücken zu wollen, es kommt meist noch stärker zurück. Der Weg durch das aggressive Ego hindurch bedeutet, sich mit diesem Ego zu beschäftigen. Woher kommt diese Aggressivität nach innen und außen? Wovor haben Sie Angst? Was wollen Sie nicht spüren? Was würde sichtbar werden, wenn Sie das prächtige Bild nach außen nicht aufrechterhalten können? Das Gefühl der inneren Leere, der Scham oder auch des Ekels gilt es auszuhalten und sich liebevoll dem zuzuwenden, was sich dahinter zeigt, und das zu nähren. Wer bin ich ohne die Selbsterhöhung im Innen und Außen? Wer darauf eine Antwort hat, ist schon ein gutes Stück vorangekommen.

**Das defensive Ego** ist insofern die Weiterentwicklung des aggressiven Egos, als hier nun nicht mehr das eigene Ego auf Kosten und Schäden anderer ausgelebt wird, sondern dieses Aggressionspotenzial schwindet. Dennoch regiert das Ego noch in übertriebenem Maße. Allerdings richtet sich die Energie nun nicht aktiv oder aggressiv nach außen oder innen, sondern kanalisiert sich im passiven Sinne, im Sinne des Versteckens, Zweifelns oder der Angst, nicht gut genug zu sein, und dem damit verbundenen Spielen einer Rolle. Kegan und Lahey bringen es treffend auf den Punkt: »Most people are doing a second job no one is paying them for: They are spending time and energy covering their weaknesses, managing other people's favorable impression of them, showing themselves to their best advantage, playing politics, hiding their inadequacies, uncertainties, and limitations. This is the single biggest loss of precious resources organizations face«.[51] Unheimlich viel Energie von Führungskräften geht verloren, da sie dauerhaft damit beschäftigt sind, eine gute Figur zu machen und Verletzlichkeit zu verhindern. Verletzlichkeit und Andersartigkeit sind für das defensive Ego wie Gift, denn sie könnten den Anschluss aus der Gruppe und den Verlust von Ansehen bedeuten. Verstehen Sie mich nicht falsch, es geht nicht darum, ständig Ihr Innerstes im Businesskontext nach außen zu kehren oder bei jeder Gelegenheit Ihre Verletzlichkeit zu betonen. Für wen allerdings der Umgang und das Eingestehen der eigenen Unzulänglichkeit, Probleme, Sorgen oder Nöte ein absolutes Tabuthema ist, der muss dauerhaft Energie aufwenden, um diesen persönlichen Super-GAU abzuwenden. Nicht umsonst sind die Burn-out-Raten in Hochleistungsbranchen, wo das schon immer falsche Bild des unerschütterlichen Top-Performers hochgehalten wird, derart ausgeprägt. Dabei ist es doch gerade unser Sich-wirklich-Zeigen, das uns anderen Menschen, Kolleg:innen und Mitarbeiter:innen näherbringt.

Nicht immer, aber zum Glück doch sehr häufig schaffe ich es in meinen Workshops, eine derart intime Atmosphäre zu kreieren, dass sich Leute wirklich öffnen. Sie erzählen dann meist von Erlebnissen und Erfahrungen, die sie noch heute beschweren und häufig mit Scham erfüllen. Wenn unser kruder Glaubenssatz »Wenn ich mich schwach zeige, dann verliere ich an Ansehen in der Gruppe« wirklich stimmen würde, dann müsste es in meinen Workshops regelmäßig dazu führen, dass der/die sich Öffnende zum Außenseiter der Gruppe wird. Immer ist das Gegenteil der Fall! Die meisten anderen Workshopteilnehmer:innen und ich fühlen mit, wir sind unglaublich dankbar, dass jemand hinter die Fassade blicken lässt, und häufig entsteht ein Raum, in dem nun viele weitere Teilnehmer:innen für sie schamhaft besetzte Situationen preisgeben. Das sind stets magische Momente auf unserer Insel der Co-Kreation. Wir lösen in diesem Moment das Paradoxon der Verletzlichkeit auf, das Jennifer Berger folgendermaßen zusammenfasst: »We are ashamed of our humanity; others are drawn to us because of it.«[52]

Die gesunde Loslösung vom Ego führt zum **Exgo**, dem gesunden nach außen gerichteten Ich-Bezug. In dem Wort steckt das Lateinische *ex* für heraus und ebenso das *Ego*, denn das begleitet uns, solange wir leben. Doch wir können es zum größtmöglichen Wohle aller zu nutzen. Genau diese Orientierung am größtmöglichen Wohle aller ist, woran man das Exgo erkennt. Jemand, der im Exgo handelt, agiert nicht schädlich auf Kosten anderer. Ebenso wenig versucht er, eigene Schwächen zu kaschieren und eine Rolle zu spielen. Eine im Exgo agierende Führungskraft weiß erstens, wo sie steht, was ihr persönlich wichtig ist und wer sie ist – auch ohne die Anerkennung von außen.

Zweitens erkennt sie offen und ehrlich an, wo Unzulänglichkeiten, Sorgen, Probleme oder auch Nöte bestehen. Und drittens agiert sie nicht auf den eigenen Vorteil fokussiert, sondern ist um das größtmögliche Wohl aller bemüht. Dieser Dreischritt ist es auch, der Sie vom aggressiven Ego zum Exgo führt. Dieter, Geschäftsführer einer Eventagentur, war aus meiner Sicht eine aus dem Exgo-Geist agierende Führungskraft. Da im Rahmen der Coronakrise kaum Events veranstaltet werden konnten, war nach einiger Zeit klar, dass er seine acht Angestellten entlassen musste, wollte er nicht Haus und Hof verlieren und in die Insolvenz steuern. Er musste sich eingestehen, dass er eine Krise dieses Ausmaßes nicht überleben konnte. So trat er vor seine Mitarbeiter:innen und erklärte ihnen, wie sich seine Situation und auch die der Firma darstellte und was das nun bedeutete. Allerdings war Dieter am Wohle aller interessiert und durch seine jahrzehntelange Arbeit bestens vernetzt. Nach der Überbringung der Hiobsbotschaft setzte er sich mit jedem/r einzelnen Mitarbeiter:in zusammen und besprach, welche Jobmöglichkeiten für ihn/sie infrage kamen. Anschließend aktivierte er sein Netzwerk und schaffte es, sieben der acht Mitarbeiter:innen unterzubringen. Manche waren ihm so dankbar, dass sie zu ihm sagten, er könne sich gerne melden, wenn die Geschäfte wieder anliefen. Denn ein Handeln zum größtmöglichen Wohle aller zahlt sich auf lange Sicht immer aus. Sie werden Ihr Ego nicht losbekommen, und das sollen Sie auch gar nicht, denn für Ihre Identität und eine gesunde Selbstorientierung ist es unerlässlich. Sie sollen es aber gesund im Umgang mit sich selbst und Ihren Mitarbeiter:innen einsetzen.

Ein Future Fit Leader weiß, dass die Zukunft *low ego* und *high exgo* bedeutet.

An dieser Stelle noch ein Hinweis: Obwohl ich mich seit zwölf Jahren intensiv mit Persönlichkeitsentwicklung beschäftige, wandere ich selbst immer wieder zwischen diesen Ego-Zuständen. Je nach Thema oder auch je nach Tagesverfassung. Aber seien wir ehrlich: Das ist Leben! Kein Mensch ist perfekt und natürlich sind das Idealzustände, an denen wir auch täglich scheitern dürfen. Ich sehe Persönlichkeitsentwicklung als Tanz an: zwei Schritte vor, dann eben auch wieder einen Schritt zurück. Solange Sie den Tanz des Lebens aber immer leichter bewältigen können, sind Sie auf dem richtigen Weg. Seien Sie wohlwollend mit sich und anderen und haben Sie Geduld. Veränderung im Leben braucht meistens etwas Zeit.

### Reflektieren und nachspüren zum Thema Ego

- Wenn Ihr Ego das Regiment übernimmt, sind Sie dann eher aggressiv oder defensiv?

- Welche Situationen oder Themen machen Sie eher aggressiv? Wo ist das stimmig, weil es in der jeweiligen Situation gut passt oder größeren Schaden abwendet, und wo nicht, weil es mehr Konflikte schafft?

- In welchen Situationen oder auch bei welchen Themen sind Sie häufig im defensiven Ego-Zustand unterwegs? Wo ist das stimmig, weil es in der jeweiligen Situation gut passt oder größeren Schaden abwendet und wo nicht, weil es mehr Konflikte schafft?

- In welchen Situationen oder auch bei welchen Themen sind Sie häufig im Exgo-Zustand unterwegs? Was denken, fühlen oder tun Sie dann? Könnte etwas davon auch Linderung verschaffen, wenn Sie merken, dass das aggressive oder defensive Ego wieder das Regiment übernimmt?

- Welche Mitarbeiter:innen brauchen welchen Ego-Zustand von Ihnen in welchen Situationen?

## Ganzheitlichkeit ist alles

Mein Mentor sagt immer: »Der Weg nach oben geht immer erst nach unten.« Er bezieht es auf Intuitionsarbeit und wie wichtig dafür eine gute Erdung ist. Ich habe mir diesen Spruch zunutze gemacht, wenn ich Entscheidungen treffen. »Der Weg nach oben geht immer erst nach unten« bedeutet für mich, dass zur Ganzheitlichkeit neben dem Kopf immer auch das Herz und der Bauch gehören. Inzwischen treffe ich Entscheidungen nur noch ganz selten rein aus dem Kopf. Doch das war ein langer, nicht immer schmerzfreier Weg. Nach zwei Masterabschlüssen und der immer bereichernden Arbeit mit sehr cleveren Leuten, die mit mir von einer Metaebene zur nächsten springen können, war ich derart verkopft, dass ich irgendwann an einem Punkt angelangt war, an dem ich Angst hatte, mein Kopf würde alles gewinnen und jeglichen Lebensbereich bestimmen. An diesem Punkt fing ich mit Intuitions- und Körperarbeit an und ich kann Ihnen sagen, wirklichen Fortschritt in der Persönlichkeitsentwicklung und wirklich passende Entscheidungen gibt es nur, wenn Kopf, Herz und Bauch Hand in Hand gehen. Das merken heute auch immer mehr Führungskräfte.

> Die meisten Manager haben nämlich kein Wahrnehmungs-, sondern ein Empfindungs-, kein Kognitions-, sondern ein Emotionsproblem und weniger Probleme mit dem Herstellen cleverer Gedanken im Kopf als vielmehr mit dem Gefühl von Stimmigkeit auf Herz- und Bauchebene.

Warum erzähle ich Ihnen das? Mitarbeiter:innen-Führung ist heute unglaublich komplex. Sie nur mit dem Kopf bewältigen zu wollen, wäre so, als würden Sie sich zum Ziel setzen, einen gesamten Fischschwarm mit einer Angel fangen zu wollen. Man bekommt zwar ein Ergebnis (einen Fisch), schöpft aber keinesfalls das volle Potenzial aus. Unser Körper, unser Unterbewusstsein, unser Herz und unser Bauch haben derart feine Sensoren und können derart viele Informationen verarbeiten, dass es geradezu sträflich wäre, diesen unglaublichen Wissensvorrat nicht auszuschöpfen. Wenn Sie also ganzheitliche Entscheidungen treffen wollen – und nur ganzheitliche Entscheidungen haben in der digitalen Ära überhaupt eine gewisse Halbwertszeit –, dann gehen Sie nicht nur nach oben in den Kopf, sondern auch nach unten in das Herz, den Bauch und das Unterbewusstsein.

Der Weg der Erkenntnis geht immer von der Kognition über die Emotion zur Somatik, also dem Körperlichen. Wir können etwas kognitiv begriffen haben, aber es noch nicht fühlen oder noch kein Körpergefühl dazu entwickelt haben. Ebenso können wir etwas begriffen haben und auch fühlen, aber es ist noch nicht auf einer Körperebene angekommen. Ein gutes Beispiel sind sogenannte Phantomschmerzen. Der/Die Patient:in hat kognitiv verstanden, dass seine/ihre Gliedmaße abgetrennt wurden, und er/sie kann auch fühlen, dass zum Beispiel der Arm amputiert wurde, und doch ist diese Information auf seiner/ihrer Körperebene noch nicht angekommen und der/die Patient:in nimmt noch immer Schmerzen in einem nicht vorhandenen Körperglied wahr. Auf dem Feld der Amputation gibt es auch den Fall, dass der/die Patient:in verstanden hat, dass sein/ihr Bein amputiert wurde, er/sie aber vom Gefühl und auch körperlich immer noch die Empfindung hat, das Bein wäre da. So etwas nennt man Phantomglied oder auch Phantomempfindung. Diese Beispiele zeigen: Stimmige Erkenntnis ist Erkenntnis auf den drei Ebenen Kognition, Emotion und Somatik. Genau diese drei Ebenen machen es aber häufig so schwer, wirklich stimmige Entscheidungen zu treffen. Denn wir können etwas kognitiv manchmal sehr schnell einsehen, aber einfach kein Gefühl dazu entwickeln oder es auf der Körperebene nie mit Leben füllen. Deswegen möchte ich Ihnen auf jeder Ebene ein Tool oder einen Wegweiser anbieten, das oder der hier Klarheit schaffen kann.

## *Klarheit im Kopf*

Kognitive Klarheit ist für viele Menschen häufig am leichtesten zu erlangen. Das hat vor allem damit zu tun, dass in unserer heutigen Wissensgesellschaft fast schon ein pathologischer Fokus auf Logik und Kognition liegt. Und das kommt nicht von ungefähr. Schon Platon trat für die Trennung von Gefühl und Kognition ein und für die Unterordnung der Emotionen gegenüber der Kognition. Auch die Aufklärung, und mit ihr besonders René Descartes, appellierte an die Prädomination des Verstandes. »Cogito ergo sum«, »Ich denke, also bin ich«, »Sapere aude«, »Wage zu wissen«, oder im Sinne Kants »Habe den Mut, dich deines eigenen Verstandes zu bedienen« zielen eben besonders auf den Verstand und nicht auf das Gefühl ab. Für die damalige Zeit war das ein Quantensprung und sollte vor allem dem Irrglauben oder mystischer Esoterik Einhalt gebieten. In einer komplexen Welt läuft Kognition aber immer auf Polarität hinaus. Je mehr Sie über einen Sachverhalt nachdenken, desto mehr Vor- und Nachteile werden Sie finden. Und dennoch ist die Ebene des Verstandes unheimlich wichtig, da er logische Zusammenhänge sowie Zahlen, Daten und Fakten am besten bearbeiten kann.

Das für mich hilfreichste Tool in diesem Zusammenhang sind die in meinem Buch *Kommunikation für die digitale Ära* vorgestellten vier Clarity What's,[53] die ich Ihnen hier in angepasster Form an die Hand geben möchte. In jeder Entscheidungssituation versuchen Sie, drei Zeitdimensionen in Einklang zu bringen und basierend darauf einen stimmigen Handlungsplan zu erstellen: Vergangenheit, Gegenwart und Zukunft. In der Retrospektive fragen Sie sich, was bisher passiert ist, was Sie wissen und was auch nicht. Gerade in Zeiten steigender Komplexität müssen Sie sich bewusst machen, wo auch Unsicherheiten liegen und was Sie nicht mit 100-prozentiger Sicherheit werden sagen können. Nicht-Wissen ist ein Wesensmerkmal von Komplexität. In Bezug auf die Gegenwart fragen Sie sich, auf welchen

Erfahrungsschatz Sie zurückgreifen können. Wo gab es schon mal ähnliche Situationen und was hat Ihnen damals geholfen, was hier auch nützlich sein kann? Welche Wechselwirkungen können Sie aktuell erkennen? Und schließlich mit Blick auf die Zukunft: Was ist jetzt zu tun? Was könnte ein erster gangbarer Weg sein? Was könnte im schlimmsten Fall geschehen und welchen Verlust sind Sie bereit zu tragen? Wir Menschen sind sehr gut darin, negative Konsequenzen abzuschätzen (da davon häufig unser Überleben abhing). Diesen »Negativity Bias« können wir uns zunutze machen, um den möglichen Verlust abzuschätzen statt des möglichen Gewinns. Können Sie diesen Verlust akzeptieren, haben Sie eine gute Option an der Hand. Natürlich macht es insgesamt Sinn, Problemstellungen und Entscheidungssituationen zu durchdenken. Vor allem wenn man neu in einer Rolle ist und somit noch kein ausgeprägtes Erfahrungswissen vorhanden ist, das für intuitive Prozesse auf der emotionalen und somatischen Ebene entscheidend ist. Und dennoch zeigen verschiedene Studien, dass Führungskräfte besonders erfolgreiche Entscheidungen meist aus dem Bauch heraus getroffen haben oder zum Beispiel auch Sportler oder Feuerwehrmänner intuitiv bessere Entscheidungen treffen, als wenn sie die Möglichkeit hatten, ausführlich darüber nachzudenken.[54] Wie Sie sehen: Ganzheitliche Entscheidungen auf allen Ebenen sind am erfolgversprechendsten.

### Klarheit im Gefühl

Albert Einstein sagte einst: »Alles, was zählt, ist die Intuition. Der intuitive Geist ist ein Geschenk und der rationale Geist ein treuer Diener. Wir haben eine Gesellschaft erschaffen, die den Diener ehrt und das Geschenk vergessen hat.«[55] Damit bei Ihnen Verstand und Intuition gleichermaßen in Balance sind, gilt es neben logischen und strategischen Überlegungen nun das Gefühl oder die emotionale Valenz zu ergründen. Emotionen können sich aus verschiedensten Quellen

Reziprozität = Wechselseitigkeit gemeinschaft

speisen. Ich habe vor allem folgende drei Quellen als für die Praxis relevant identifiziert: Erwartungen, Bedürfnisse und Werte. Alle drei sind nicht immer trennscharf und können einander bedingen, und doch ist ihre Unterscheidung für die Exploration der emotionale Ebene entscheidend. Emotion ist Erwartung minus Realität.[56] Haben Sie nicht damit gerechnet, dass Ihr/e Mitarbeiter:in den Vertrag mit dem Kunden/der Kundin abschließt und er/sie schafft es doch, dann sind Sie wahrscheinlich erfreut. Sie sehen, die Emotion ergibt sich aus unseren Erwartungen, die durch die Realität entweder erfüllt, enttäuscht oder übertroffen werden. Nehmen wir an, die Erwartungen sind positiv und werden erfüllt, dann sind die Emotionen neutral bis positiv. Werden sie übertroffen, sind die Emotionen sehr positiv, und werden sie enttäuscht, negativ. Natürlich kann es auch sein, dass die Erwartungen negativer Natur sind. In diesem Fall ist das emotionale Erleben gegengleich zu den obigen Ausführungen. Emotionen können auch aus Bedürfnissen entstehen. Haben Sie das Bedürfnis nach mehr Kontrolle in Ihrer Führungsposition, dann kann die Einführung von Homeoffice im gesamten Unternehmen und der damit einhergehende Kontrollverlust zu Unwohlsein, Angst oder im schlimmsten Fall sogar Panik führen. Das heißt, auch aus der Erfüllung oder Nicht-Erfüllung eines Bedürfnisses kann eine Emotion entstehen. Zu guter Letzt stehen Emotionen im Zusammenhang mit Werten. Für mich ist Gerechtigkeit oder Reziprozität ein großer Wert. Sehe ich diese im Umgang mit mir oder anderen verletzt, kann ich auch mal richtig wütend werden. Handle ich selbst einmal ungerecht oder bleiben Geben und Nehmen dauerhaft im Ungleichgewicht, fühle ich mich mies. Die Emotion entsteht aus der Wahrung oder der Verletzung des Wertes.

Um auf dieser Ebene Stimmigkeit herzustellen, genügt es häufig, die vorhandenen Gefühle zu ergründen und zu fühlen. Denn manchmal ist es so einfach: Gefühle wollen gefühlt werden. Nicht mehr und nicht weniger. Und dieses Fühlen führt häufig schon zur Auflösung oder positiven Verstärkung, denn indem Sie diese Gefühle fühlen, nehmen Sie sie wahr, Sie nehmen sie an und damit wieder zu sich. Gefühle an sich sind kein Problem, nur unterdrückte oder abgespaltene Gefühle werden zum Problem und führen langfristig zu einem Gefühl des Aus-der-Spur-Laufens. Wenn Sie also eine Entscheidung kognitiv durchdacht haben, setzen Sie sich achtsam auf einen Stuhl. Konzentrieren Sie sich auf Ihren Atem und versuchen Sie, Ihren Körper bewusst wahrzunehmen. Wenn Sie im Moment angekommen sind, fragen Sie sich bewusst, wenn Sie an die Entscheidungssituation denken: Welche Gefühle entstehen? Wofür stehen diese Gefühle? Falls Sie es noch konkreter brauchen: Welche Erwartung wurden durch die Entscheidung erfüllt oder enttäuscht? Welches Bedürfnis erfüllt oder nicht erfüllt? Und welcher Wert gewahrt oder verletzt? Was können Sie tun, um das Gefühl zu verstärken oder aufzulösen? Sie werden auf diese Fragen Antworten erhalten. Wichtig: Nehmen Sie immer die erste Antwort, sie ist die intuitiv richtige. Und darum geht es: Ihre Intuition anzuzapfen, damit Sie mit den Fakten auf der kognitiven Ebene eine hilfreiche Symbiose eingehen.

## Klarheit im Körper

Haben Sie sich mit der Logik einer Situation sowie seiner emotionalen Valenz auseinandergesetzt, dann kann es schließlich hilfreich sein und weitere Erkenntnisschlaglichter liefern, auch die körperliche, somatische Ebene zu betrachten. In unserem Körper fließt ständig Energie. Diese Energie können Sie für weitere Informationen nutzen. Die hilfreichste Methode im Zusammenhang mit Entscheidungs- und inneren Kommunikationssituationen ist nach meiner Erfahrung das von Dr. Stone entwickelte Polarity-Konzept.[57] Gemäß diesem Konzept zirkulieren vereinfacht gesagt verschiedene Energien in unserem Körper, die im besten Fall frei fließen können. Kommt es zu Störungen in diesem Energiefluss beispielsweise durch belastende Situationen, führt das zu Ungleichgewichten und Energieblockaden, die lokalisiert werden können und dadurch Aufschluss über das jeweilige Thema geben können. Gemäß dem Polarity-Konzept fließen fünf unterschiedliche Energiefrequenzen in uns,[58] wobei wir uns darauf fokussieren wollen, wie Sie diese lokalisieren und für sich nutzbar machen können.

Die **Äther-Energie**, die sich meist mit Themen von Raum und Ausdruck beschäftigt, kann sich durch Gefühle des Kummers, von Enge oder Weite sowie Gelenk-, Kehl-, oder Ohrenschmerzen zeigen. Fragen, die hier Informationen liefern können, sind: Wo fühlen Sie sich eingeengt oder auch verloren? Wie nutzen Sie Ihre Stimme oder auch Ihren Raum? Wo halten Sie Ihre Meinung zurück und hören nicht auf Ihre innere Stimme? Die **Luft-Energie**, die sich mit Bewegung, Vitalität und Fluss beschäftigt, kann sich in Gefühlen von Zerstreutheit und Sprunghaftigkeit sowie Lungen- und Atembeschwerden oder einer trockenen, juckenden Haut äußern. Erkenntnisfördernde Fragen sind: Wo sind Dinge in Ihrer Führungsarbeit nicht mehr im Fluss? Wo sind Sie ungeduldig? Wo entwickeln sich Dinge zu schnell? Wo machen Sie zu viel auf einmal? Die **Feuer-Energie** mit Fokus auf Aktivität, Klarheit und Richtung kann sich in Gefühlen des Zorns und der Wut sowie in Verdauungs-, Nieren- oder Herzbeschwerden äußern, die auch akut gefühlt werden können. Hilfreiche Fragen sind: Wo halten Sie noch an Ärger fest? Wie können Sie diese Energie in positive Aktionen umwandeln? Wo sind Sie ungestüm oder zu durchsetzungsstark? Was ist gerade schwer zu verdauen für Sie? Was geht Ihnen nahe? Die **Wasser-Energie**, die Themen der Bindung und Kreativität behandelt, kann sich in einem Gefühl des Anhaftens äußern sowie körperlich schlecht abfließenden Lymphen, Wassereinlagerungen, Schwellungen oder teigig wirkender Haut. Fragen, die Sie weiterbringen können: Wo haben Sie Schwierigkeiten loszulassen oder sind übermäßig verhaftet oder abhängig? Wo sind Sie überfürsorglich oder zwanghaft? Wo lassen Sie Ihrer Kreativität keinen Lauf? Die **Erd-Energie**, die sich mit Form, Struktur oder auch Organisation beschäftigt, zeigt sich in einem Gefühl der Angst oder an Problemen mit dem Nacken, unteren Rücken, Bauch (insbesondere dem Dickdarm) oder Knien. Fragen, die hier Erkenntnisse bringen können: Wo stecken Sie gerade in ungünstigen Mustern? Wo fühlen Sie sich unsicher? Wo wünschen Sie sich mehr Struktur?

Diese Energien und Fragen sollen Ihnen dazu dienen, eine gute Verbindung zu den Signalen Ihres Körpers aufnehmen zu können. Wenn Sie das noch nie gemacht haben, hilft es, eine gewisse Blaupause im Kopf zu haben, wie mir auch meine Teilnehmer:innen bestätigen. Wenn Ihnen das zu esoterisch ist, machen Sie sich klar, dass es nur darum geht, den Signalen Ihres Körpers nachzugehen. Wieso schmerzt der Nacken? Wieso ist es mir eng um die Brust? Wieso macht meine Verdauung derzeit Probleme? Unser Körper ist ein derart intelligentes System, dass er uns häufig über somatische Marker Botschaften sendet und uns hilft, so Gefühle lokalisieren zu können. Das konnten auch finnische Wissenschaftler:innen nachweisen, die über 700 Probanden aus Finnland, Schweden und Taiwan durch Filmausschnitte oder Kurzgeschichten bewusst in bestimmte Emotionen versetzten und dann die Probanden baten, diese auf der Silhouette eines Körpers einzuzeichnen.[59] Kulturübergreifend zeigte sich beispielsweise, dass Trauer und Schwermut mit wenig Energie und dumpfer Wahrnehmung in den Gliedmaßen einhergingen, während Liebe den Kopf, Oberkörper und die Körpermitte erwärmte. Freude schaffte es als einzige Emotion, den gesamten Körper zu aktivieren. Sie sehen also, auch rein wissenschaftlich hat die Wahrnehmung auf Körperebene ihre Daseinsberechtigung.

Natürlich gilt es zu unterscheiden, was mit der Situation zu tun hat und was mit etwas anderem. Wenn Sie am Abend etwas zu tief ins Glas geschaut haben, dann sind Ihre Kopfschmerzen wohl eher dem geschuldet und nicht Ihrer belastenden Situation. Wenn Symptome allerdings seit einer Belastung anhalten oder sich sehr abrupt zeigen, wenn Sie achtsam mit sich Kontakt aufnehmen, dann haben Sie vielleicht ein körperliches Signal, das sich zu ergründen lohnt. Noch etwas: Natürlich müssen Sie nicht bei jeder Entscheidung alle Ebenen durchlaufen. Manchmal reicht es schon, eine Situation logisch zu durchdenken, und schon haben wir ein gutes Gefühl. Manchmal ist auf einer Gefühlsebene etwas noch nicht stimmig und manchmal zeigt sich ein körperliches Signal, das noch wichtige Infos bereithält. Seien Sie auch hier nicht dogmatisch: Sie entscheiden zu jeder Zeit, was Sie weiterbringt und was Sie in der jeweiligen Situation brauchen. Zumindest haben Sie jetzt für jede Ebene ein funktionierendes Tool.

### Reflektieren und nachspüren zum Thema ganzheitliche Entscheidungen

- Wenn Sie Entscheidungen treffen: Tun Sie das eher nach reiflicher Überlegung oder eher aus dem Bauch heraus und basierend auf Gefühlen?

- Wann ist welche Herangehensweise in Ihrem Führungsalltag sinnvoll?

- Wenn Sie an vergangene Entscheidungen denken: Wo hatten Sie zuletzt das Gefühl, dass eine Entscheidung nicht nur rational richtig war, sondern Sie auch im Herzen ein gutes Gefühl dabei hatten und sich körperlich gut bei dieser Entscheidung gefühlt haben? Was können Sie von dieser Situation für zukünftige Entscheidungen lernen?

- Wenn Sie an eine anstehende Entscheidung denken: Welche Entscheidung fühlt sich noch nicht ganzheitlich stimmig an? Auf welcher Ebene hängt es? Ist etwas noch nicht verstanden, passen die empfundenen Gefühle noch nicht oder meldet sich auf Körperebene ein Signal oder Symptom? Prüfen Sie gerne anhand der Tools auf der jeweiligen Ebene, wie Stimmigkeit erzeugt werden kann.

## Wenn Sie Wertschöpfung ermöglichen wollen, brauchen Sie Problemklarheit und wertebasierte Leitprinzipien

Im vorherigen Kapitel haben Sie Techniken kennengelernt, wie Sie ganz generell ganzheitlich Entscheidungen treffen können. In diesem Kapitel soll es darum gehen, diese Entscheidungen in einen größeren Komplexitätskontext zu setzen und auch Entscheidungsfindung in Ihrem analogen, hybriden oder virtuellen Team zu ermöglichen. Dass die Komplexität zugenommen hat, ist mittlerweile eine Binsenweisheit. Doch was heißt das eigentlich genau und woher kommt diese Zunahme? Mir hilft hier immer die Unterscheidung in Wie/Womit-Probleme und Wie-überhaupt/Wer-Probleme. Im Zeitalter der Industrialisierung und der damit einhergehenden Vorherrschaft der Idee des Taylorismus beziehungsweise Fordismus handelte es sich größtenteils um Wie/Womit-Probleme. Die Frage war, wie man zum Beispiel für Autos in immer gleicher Ausführung möglichst viele Käufer gewinnen konnte. Und das mit standardisierten Prozessen, durch die diese Autos möglichst effizient und kostengünstig produziert werden konnten. Diese Wie/Womit-Problemlogik macht bei bekannten Problemstellungen und ungesättigten Märkten sehr viel Sinn. Hier muss das Rad nicht neu erfunden werden, sondern möglichst effizient laufen, und der Konsument hat keine sich ständig ändernden Kund:innenbedürfnisse, sondern lediglich eines, nämlich endlich auch eines dieser Autos zu besitzen. Auch heute gibt es diese Problemlogiken noch, nämlich dort, wo günstig für einen Massenmarkt produziert wird. In den meisten Branchen gibt es allerdings heute gesättigte Märkte und Kund:innen, deren Bedürfnisse sich häufig ändern und die durch die Vergleichbarkeit der Leistungen nur noch für wirklich innovative Produkte tief in die Tasche greifen wollen. Das heißt, heute haben Teams immer mehr das Problem, kreative Lösungen für unbekannte Probleme und Bedürfnisse zu erarbeiten. Diese Fragestellungen unterliegen einer Wie-überhaupt/Wer-Problemlogik. Es muss also zunächst identifiziert werden, wie überhaupt die zukünftigen, unsicheren Kund:innenbedürfnisse am besten gelöst werden können und wer hierfür der/die beste Mitarbeiter:in oder welche die beste Abteilung wäre. Komplexe, neuartige Probleme benötigen also Kreativität und vor allem das Talent Einzelner. Es geht nicht mehr darum, möglichst effizient einen Prozess am Laufen zu halten, bei dem es letztlich egal ist, wer an diesem Prozess beteiligt ist, sondern die wichtigste Variable ist heute das Kreativitätspotenzial und das Umsetzungstalent des/der einzelnen Mitarbeiters/Mitarbeiterin. Das gilt übrigens auch für alle agilen Prozesse, die ebenfalls versuchen, über eine feste Struktur, beispielsweise eines Sprints, Komplexität mit Struktur zu begegnen. Führt die falsche Person diesen Sprint aus, hilft auch der Sprint nichts. Ich kann zwar dadurch dem Wie-überhaupt-Problem näher kommen, aber wie gut ich das tue und wie gut vor allem danach die Umsetzung ist, hängt wieder am Wer. Warum erzähle ich Ihnen das? Im digitalen Zeitalter ist der Wettbewerbsdruck immens. Dadurch können Sie sich zum einen immer weniger erlauben, die Probleme mit der falschen Logik anzugehen. Andererseits werden durch die disruptiven Innovationen und die dadurch entstehende Neuartigkeit sowie durch die zunehmende Individualisierung von Kund:innenbedürfnissen immer mehr Wie-überhaupt/Wer-Probleme entstehen. Wertschöpfung geht in Unternehmen auch deshalb verloren, weil die falschen Leute mit den falschen Prozessen am falschen Problem sitzen. Doch um die richtige Person für das Problem finden zu können, müssen Sie Ihre/n Mitarbeiter:in kennen. Sie müssen in einen intensiven Austausch gehen, während er/sie sich im Arbeitsprozess befindet, um herauszufinden, welche Talente er/sie besitzt, mit welchen Problemen er/sie sich gerne beschäftigt und wann, wo und wie er/sie zu kreativen Lösungen gelangt (wie Sie diese Gesprächstiefe herstellen können, erfahren Sie im Kapitel »Vertrauen ist alles und ermöglicht vieles«). Nur dann können Sie mit hoher Wahrscheinlichkeit die richtige Person mit dem richtigen Problem betrauen.

Ein weiterer wichtiger Punkt, der Wertschöpfung in Unternehmen und Teams verhindert, ist das Entscheidungsvakuum, das häufig bei

Mitarbeiter:innen entsteht, vor allem wenn Sie als Führungskraft durch hybride oder virtuelle Arbeitssettings nicht sofort greifbar sind. Je weniger Sie direkt verfügbar sind, desto mehr Wert-Leitprinzipien brauchen Ihre Mitarbeiter:innen, um Entscheidungen treffen zu können. Wertebasierte Leitprinzipien geben einerseits Klarheit und gleichzeitig Freiheit in der Entscheidung. Stellen Sie sich vor, Sie sind ein Weiterbildungsanbieter und eines Ihrer wichtigen Werte-Leitprinzipien lautet: Wir handeln – wo das möglich ist – nachhaltig. Nun soll Ihr/e Mitarbeiter:in organisatorisch das Seminar vorbereiten, er/sie muss also bestimmte Entscheidungen treffen. Soll die Veranstaltung analog oder virtuell durchgeführt werden? Falls analog, soll mit dem Zug oder dem Flieger angereist werden? Sollen die Unterlagen gedruckt oder per iPad zur Verfügung gestellt werden? Sollen Flipcharts auf Papier oder lieber in einer Zeichenapp vorgezeichnet werden? Wenn er/sie sich am Leitprinzip orientiert, ist die Entscheidung sehr einfach: Wenn didaktisch möglich, sollte es virtuell durchgeführt werden, um die Abgase bei der Anreise jedes Teilnehmers zu sparen. Falls das nicht geht, sollte er/sie versuchen, Züge zu buchen. Unterlagen und Flipcharts werden digital zur Verfügung gestellt. Der/Die Mitarbeiter:in kann eigenständig entscheiden, ohne Sie fragen zu müssen. Weitere Werte könnten sein, ob Ihre Mitarbeiter:innen versuchen sollen, eher Kosten zu sparen oder Gewinne zu realisieren. Wenn die Devise »Kosten sparen« lautet, wird der/die Mitarbeiter:in wohl kaum ein innovatives Projekt an Land ziehen, das zwar einen kleinen Gewinn abwirft, aber auch enorme Kosten entstehen lässt. Sollen Ihre Mitarbeiter:innen Kund:innen immer individuell oder möglichst gleich behandeln? Ein sehr kund:innenorientiertes Team wird die Individualität wählen, eine Krankenkasse die Gleichbehandlung. Sie sehen, kein Wert-Leitprinzip ist gut oder schlecht, es ist nur schlecht, wenn Sie keines festgelegt haben. Denn dann können Ihre Mitarbeiter:innen nicht entscheiden und wenn Sie gerade nicht greifbar sind, stocken die Prozesse. In der Praxis habe ich sehr gute Erfahrungen damit gemacht, diese Leitprinzipien auch als Prinzipien stehen zu lassen und nicht noch auf konkrete, handlungsbasierte Leitsätze herunterzubrechen. Denn das engt in einer remotebasierten Welt nur wieder unnötig ein und bringt Prozesse ins Stocken. Stattdessen sollte es immer mal wieder eine wertebasierte Retrospektive im Team geben, wo Sie bestimmte Entscheidungssituationen beleuchten und Ableitungen für die Zukunft treffen. Und scheuen Sie sich auch nicht davor, diese Werte-Leitprinzipien wieder zu ändern. Wenn Sie nach Jahren der Kostenreduktion wieder mehr den Fokus auf kostspielige Innovation legen, dann ist das nicht inkonsistent, sondern Sie passen sich der komplexen Umwelt an, die sich ständig ändert.

Jetzt werden Sie vielleicht einwerfen:»Aber die wenigsten meiner Mitarbeiter:innen wollen wirklich etwas entscheiden. Deswegen muss ich das immer tun.« Darauf möchte ich Ihnen zwei Antworten geben: Ja und nein. Ja, Mitarbeiter:innen sind keine Führungskräfte, und das meist aus einem sehr guten Grund. Auch Slogans wie»Seien Sie Unternehmer:in im Unternehmen« sind im besten Fall ein schlechter Scherz, denn nach Jahren als Unternehmer kann ich sagen, dass Unternehmertum mehr abverlangt, als die meisten bereit sind, für ihren Job zu geben. Und das ist vollkommen okay!

Insofern ja, Führungskräfte müssen per definitionem mehr entscheiden und vor allem dann, wenn es sonst keiner machen mag. Nein, weil ein Entscheidungsvakuum häufig Ausdruck von Dysfunktionalität ist. Haben Sie Ihren Mitarbeiter:innen wirklich die Freiheit gegeben zu entscheiden, oder kassieren Sie diese Entscheidungen hintenrum wieder ein? Haben Sie sich darum bemüht, ihnen die Fähigkeiten angedeihen zu lassen, die diese für die Entscheidung brauchen? Haben Sie auch Prozesse installiert, die diese Entscheidungen ermöglichen?

Falls Sie alles mit Ja beantworten können, dann ist es noch immer Ihr Problem, denn offensichtlich haben Sie dann die falschen Mitarbeiter:innen rekrutiert oder sie nicht weiterentwickelt. Ihre Mitarbeiter:innen müssen keine Unternehmer:innen im Unternehmen werden und manche Entscheidung wird immer noch von Ihnen zu treffen sein. Dennoch sollten Sie den Fokus darauf legen, Ihre Mitarbeiter:innen für das Treffen von Entscheidungen zu gewinnen, denn in einer komplexen Welt haben Sie oft nicht das nötige Wissen oder die nötige Zeit, um gute Entscheidungen zu treffen, oder die Dinge ändern sich schneller, als Sie entscheiden können.

**Reflektieren und nachspüren zum Thema Wertschöpfung**

- Wo in Ihrem Team oder Unternehmen haben Sie Wie/Womit-Probleme, bei denen es vor allem um das effiziente Bearbeiten bekannter Probleme geht?

- Wo haben Sie es mit Wie-überhaupt/Wer-Problemen zu tun, bei denen talentierte Mitarbeiter:innen kreative Lösungen für komplexe Probleme finden sollen?

- Welche wertebasierten Leitprinzipien können Ihnen und Ihrem Team helfen, dass Ihre Mitarbeiter:innen schneller und besser entscheiden können?

- Wo brauchen Ihre Mitarbeiter:innen womöglich noch mehr Freiheiten oder Kompetenzen, um gut entscheiden zu können?

## Beherrschen Sie die Trias moderner Führung?

Im vorherigen Kapitel ging es darum, dass Sie wissen sollten, welches Problem Sie gerade vor sich haben und welche Werte Sie verfolgen wollen, damit Ihre Mitarbeiter:innen selbstbestimmt auch über Distanz entscheiden können. Diese Punkte möchte ich noch mal von einer anderen Perspektive beleuchten, die ich die Trias moderner Führung nenne.

**Die Trias moderner Führung**

**Erfolg**

**Autonomie**

**Kultur**

Moderne Führungskräfte müssen stets diese drei Pole im Blick haben: Erfolg – Kultur – Autonomie. Zunächst müssen Sie mit Ihrem Team festlegen, was für Sie Erfolg ist. Das kann ein bestimmter Umsatz oder Marktanteil sein, eine bestimmte Anzahl an Neukund:innen, die Steigerung des Nutzungsverhaltens eines Tools oder auch der Kund:innenzufriedenheit, beispielsweise gemessen durch den Net Promotion Score. Was es auch ist, wenn Sie den Erfolg nicht definiert haben, weiß Ihr Team nicht, wohin es steuern soll. Sie sind wie ein Schiff, das zwar auf dem Meer treibt, aber eigentlich nicht weiß, wo es hingehen soll. Den zweiten Pol, den Sie mit Ihrem Team definieren sollten, ist die Kultur. Wie oben bereits beschrieben, sollten Sie wertebasierte Leitprinzipien entwickeln, damit Ihre Mitarbeiter:innen nicht nur wissen, wohin es gehen soll, sondern auch, wie der Weg dorthin zu gestalten ist. Der Erfolg ist das Was, die Kultur das Wie eines Teams. Die Autonomie, der dritte Pol, ergibt sich aus den Begrenzungen der beiden Pole Erfolg und Kultur. Die Selbstorganisation und Freiheit des Einzelnen ergeben sich aus dem, was das Team als Erfolg definiert und als Kultur festgelegt hat. Das heißt, ein/e Mitarbeiter:in darf all das tun und frei entscheiden, was auf den Erfolg einzahlt und nicht gegen kulturelle Normen verstößt. Nehmen wir an, Sie sind Anbieter einer virtuellen Kollaborationssoftware. Das erklärte Ziel Ihres Kund:innenservice-Teams ist absolute Kund:innenzufriedenheit und ein wichtiges wertebasiertes Leitprinzip in Ihrem Team ist der Erhalt und Ausbau des Kund:innenvertrauens. Nun meldet sich ein/e Kunde/Kundin und beschwert sich, weil aus seiner/ihrer Sicht sein/ihr Abo unrechtmäßig verlängert wurde und 80 Euro von seinem Konto abgebucht wurden. Sie sehen im System, dass es tatsächlich eine fast minutengenaue Überschneidung gab zwischen der Kündigung des Kunden und der automatischen Aussendung der neuen Rechnung und der dazugehörigen Abbuchung. Wenn Sie nun als Mitarbeiter:in den Erfolgsparameter und die Kultur Ihres Teams kennen, ist für Sie klar, dass Sie dem Kunden/der Kundin das Geld zurücküberweisen und die Rechnung als hinfällig betrachten.

Warum ist diese Trias aus meiner Sicht so wichtig? Erstens, weil Sie auf Distanz und bei Arbeit in hybriden und verteilten Teams das Arbeiten überhaupt erst ermöglicht.

Sie wollen selbstbestimmt handelnde Mitarbeiter:innen? Dann müssen Sie mit diesen auch klar festlegen, woran sie ihre Selbstorganisation ausrichten sollen. Selbstorganisation braucht Freiheit und Begrenzung zugleich. Es muss für jede/n Mitarbeiter:in ersichtlich sein, wo Freiheitsgrade im Entscheiden und Tun liegen und wo nicht, wo er/sie gegen den Erfolg oder die eigene Kultur arbeitet. Nur so kann Selbstbestimmung gelebt werden, die den Chef/die Chefin vom Mikromanagement befreit.

Zusätzlich kann diese Trias dabei helfen, Dysfunktionalitäten in Teams zu erkennen, die heute immer wieder anzutreffen sind. Ist ein Team zu stark auf den Erfolg fokussiert, zerfällt es in eine Gruppe von Einzelkämpfer:innen, die sich wenig um die Kultur bemühen, die ihre Autonomie hauptsächlich für den eigenen Erfolg nutzen und hierbei manchmal auch über legale Grenzen gehen. Liegt der Fokus ausschließlich auf der Kultur, ist man eine erfolglose Wertegemeinschaft. Zwar steht das Team für Werte ein, die auch nach außen sehr positiv wirken können, und das Arbeiten fühlt sich in solchen Teams oft sehr angenehm an, trotzdem hat auch dieses Team ein Verfallsdatum, da man sich häufig in nicht erfolgsrelevanten Wertekonflikten verstrickt und bisweilen den Erfolg derart aus den Augen verliert, dass das Team aufgelöst werden muss. Wegen fehlender Performance geschlossen! Ist der Fokus zu sehr auf dem Pol Autonomie, dann wird man zu einer Gruppe führungsloser Freiheitskämpfer:innen, deren hauptsächliches Ziel es ist, die eigene Autonomie zu erhalten, und die jegliche Anordnung von außen als Eingriff in jene Autonomie verstehen. Das führt häufig zu übertriebener Opposition gegen den/die Vorgesetze/n oder auch einzelne Teammitglieder und endet auch hier in der Erfolglosigkeit. Sicherlich finden Sie in Ihrem Team nicht die Extrempositionen, und doch kann es helfen, die verschiedenen Pole stets im Auge zu behalten, um auch über Distanz Fehlentwicklungen bereits im Keim zu ersticken und die Mitarbeiter:innen immer wieder daran zu erinnern, alle drei Pole in ihrem Tun und Handeln mitzudenken. Denn gesunde Teams sind erfolgreich, haben ein solides Wertefundament und bieten dem Einzelnen größtmögliche Freiheiten bei der Aufgabenbewältigung.

**Reflektieren und nachspüren zum Thema Trias der modernen Führung**

- Wie schätzen Sie Ihr Team bei der Trias ein: Teilen alle dasselbe Verständnis von Erfolg? Wenn ja, wie ist die Definition von Erfolg in Ihrem Team? Ist der Fokus auf Erfolg genug gegeben?

- Wissen alle, welche Verhaltensweisen gewünscht und verboten sind? Wie lauten diese?

- Können durch die Festlegung des Erfolgs und der Kultur Ihre Mitarbeiter:innen selbstorganisiert arbeiten? Falls nicht, was könnte noch fehlen? Gibt es etwas, was Sie hier tun können?

## Umarmen Sie Goethe, den alten Change-Experten

Was hat Johann Wolfgang von Goethe mit Change zu tun? Ich weiß, das liegt nicht direkt auf der Hand, zumal Change zu Zeiten von Goethe noch Metamorphose hieß. Doch eines hat Goethe schon damals verstanden und in seinem Gedicht *Selige Sehnsucht* poetisch brillant dargelegt: Der Wandel gehört zum Menschsein und zum Leben dazu. Gegen diesen kann man sich nicht stellen, sonst stellt man sich gegen das Leben. Oder wie es Goethe ausdrückt: »Und so lang du das nicht hast,/ Dieses Stirb und Werde!/ Bist du nur ein trüber Gast,/ Auf der dunklen Erde«.[60] Da in der heutigen Business-Welt Wandel – getrieben durch Disruption und Innovation – zur einzigen Konstante geworden ist, muss ein Future Fit Leader mit der stetigen Veränderung konstruktiv umgehen. Aus meiner bisherigen Beratungserfahrung sind die folgenden Prinzipien beim Thema Wandel und Mitarbeiterführung bedenkenswert.[*]

### *Jegliche Art von Überidentifikation erschwert Veränderung*

Vom österreichischen Lehrer, Dichter und Aphoristiker Ernst Ferstl stammt der Satz: »Die Kunst eines erfüllten Lebens ist die Kunst des Lassens: Zulassen – Weglassen – Loslassen«.[61] Jeder, der schon einmal lieb gewonnene Dinge, Menschen oder Orte hat ziehen lassen

---

[*] Es geht hier also ganz explizit um die menschlichen Aspekte von Veränderung und nicht um organisationale.

müssen, weiß, wie schmerzhaft dieser Prozess sein kann. Das Gegenstück zum Ziehenlassen und zur Anpassungsflexibilität, die heute immer stärker gefordert wird, ist die Überidentifikation. Im digitalen Zeitalter, in dem neue Marktentwicklungen ein immer schnelleres Neuausrichten fordern, ist Überidentifikation allerdings immer schädlich. Denn Überidentifikation, also das übermäßige Identifizieren und Verschmelzen mit Zielen, Vorgehensweisen, Produkten oder auch dem eigenen Team, führt zu Dogmatik und Starre. Psychologisch gesehen führt Überidentifikation zu sogenannten irrationalen Muss-Annahmen: Es muss genau so laufen! Es muss genau dieses Produkt sein! Wir müssen unbedingt zehn Prozent mehr Umsatz haben im nächsten Jahr! Nur mit diesen Kolleg:innen kann ich gut zusammenarbeiten! Verstehen Sie mich nicht falsch: Es ist gut, Dinge festzulegen und beharrlich zu verfolgen. Doch sobald diese Dinge aufgrund externer Entwicklungen obsolet sind, müssen Sie und Ihr Team auch loslassen können. Warum ging der Digitalisierungswandel in der ersten Lockdown-Phase 2020 in vielen Unternehmen so schnell? Natürlich, weil es keine Alternative gab, aber psychologisch gesehen auch deswegen, weil es ein absolutes Novum war. Eine weltweite Pandemie dieses Ausmaßes gab es noch nie. Insofern gab es auch nichts, womit man sich hätte identifizieren können. Es gab kein »Früher haben wir das aber anders gemacht«, denn es gab kein Früher.

Ein schönes Beispiel, wie Überidentifikation ein sehr nutzenstiftendes Projekt beinahe verhindert hätte, findet sich bei der Deutschen Bahn.[62] Dort hatte ein kleines Team der DB Regio Bussparte die Idee, die bescheidene Gesundheitsversorgung auf dem Land durch eine rollende Arztpraxis zu verbessern, in der kleinere Untersuchungen und auch Impfungen durchgeführt werden konnten. An sich eine tolle Idee, die ersten internen Stimmen und Widerstände zu dem Projekt waren jedoch von genau dieser Überidentifikation geprägt: Was hatte die Deutsche Bahn als Mobilitätsdienstleister auf dem Gesundheitsmarkt zu suchen? So entschloss sich das Team, unter dem

Unternehmensradar zu arbeiten, und entwickelte in einer abgelegenen Werkstatt in Zusammenarbeit mit Ärzten und der Berliner Charité den ersten Prototyp des »Medibusses«. Als die Charité schließlich signalisierte, den »Medibus« in einem groß angelegten Projekt in Berlin zum Einsatz bringen zu wollen, traute sich das Team auf die große Bühne und stellte auf dem Deutschen Städtetag 2016 mit der Unterstützung des Vorstandsvorsitzenden der DB Regio AG, Jörg Sandvoß, die rollende Arztpraxis vor. Das Projekt wurde ein Erfolg und 2019 sogar mit dem deutschen Mobilitätspreis ausgezeichnet. Hätte die Überidentifikation mit dem Mobilitätsmarkt am Anfang gesiegt, wäre dieses Projekt nie zustande und viele Leute auf dem Land nicht in den Genuss erstklassiger medizinischer Versorgung gekommen.

Was heißt das nun für Ihre Mitarbeiter:innen- und Teamführung? Schauen Sie kritisch auf sich selbst und Ihre Mitarbeiter:innen: »Wo werden Sie unflexibel im Denken? Wo denken Sie: Es muss auf diese Weise passieren und nicht anders«? Wo sind Sie vielleicht bereits in Starre und Dogmatik verfallen? Wo sind Sie zu stark fokussiert auf einzelne Märkte, Produkte, Kund:innen, Prozesse oder Strukturen? Und glauben Sie mir: Jedes Unternehmen hat derartige Überidentifikationen und auch viele der Start-ups, die ich begleite und denen gemeinhin Agilität und Flexibilität im Denken und Handeln attestiert wird. Wenn Sie diese Felder identifiziert habe, dann treten Sie einen Schritt zurück und fragen sich: Welche Möglichkeiten gibt es noch? Was können Sie der anstehenden Veränderung an Positivem abgewinnen? Welche Gründe im Außen gibt es, die eine Veränderung sinnvoll erscheinen lassen? Und treten Sie anschließend in den Dialog mit Ihren Mitarbeiter:innen.

Einer meiner Kund:innen hat dieses Vermeiden von Überidentifikation sehr schön ritualisiert: Einmal im Quartal werden die Teamleads gebeten, sich mit ihren Mitarbeiter:innen spielerisch selbst zu hinterfragen, wo bereits eine gewisse Starre in Prozessen, Strukturen und Beziehungen entstanden ist, und danach werden für jede Überidentifikation andere Lösungen gemeinsam gebrainstormt. Diese müssen keinesfalls umgesetzt werden, aber es hilft dabei, flexibel im Denken zu bleiben.

## Change scheitert immer vergangenheitsorientiert

Warum scheitern derart viele Change-Maßnahmen? Weil die Vergangenheit attraktiver ist als die vorausgeahnte Zukunft. Und weil häufig verpasst wird, diese Zukunft attraktiv zu kommunizieren. Wandel ist für unser Gehirn sehr anstrengend, weil es heißt, lieb gewonnene Gewohnheiten und damit gut genutzte Synapsen aufzugeben. Doch was macht die Zukunft für Mitarbeiter:innen so attraktiv, dass sie den Wandel unterstützen und aktiv mitgestalten? Gerhard Roth, emeritierter Professor für Verhaltensphysiologie und Entwicklungsneurobiologie an der Universität Bremen, identifiziert hierfür drei Bereiche, die Sie auch als Führungskraft bedenken und entsprechend bei Ihren Mitarbeiter:innen platzieren sollten.[63]

Zunächst muss eine positive Einstellung der Mitarbeiter:innen gegenüber der Veränderung entstehen. Ganz simpel muss die Frage beantwortet werden: Was bringt mir die Veränderung? Warum ist diese Veränderung attraktiver als der Status quo oder die Vergangenheit? Welche Belohnung erhält der/die Mitarbeiter:in dafür? Das können neben finanziellen Anreizen auch eine Vereinfachung komplexer und nerviger Prozesse oder eine bessere Work-Life-Balance sein. Die Beantwortung dieser Frage gibt eine erste Anschubenergie für den Wandel, verpufft aber relativ schnell. Wichtiger wird anschließend die zweite Anreizform: soziale Anerkennung. Wie kann durch den Wandel das Ansehen des einzelnen Mitarbeiters gesteigert werden? Gibt es einen neuen Titel oder gar eine Beförderung? Kann er auf mehr Menschen

Einfluss nehmen? Diese soziale Anerkennung steigert das Selbstwertgefühl, verpufft aber auch mit der Zeit. Langfristig wirksam ist nur die dritte Anreizform: die intrinsische Belohnung. Wie zahlt sich der Wandel auf die Selbstentfaltung des Mitarbeiters/der Mitarbeiterin aus? Kann er dadurch etwas machen, was er schon immer tun wollte? Wie kann er sich nun verwirklichen? Natürlich bietet nicht jeder Wandel Futter für jeden der Bereiche. Und dennoch sollten Sie darauf achten, die Veränderung nicht einfach als Notwendigkeit und alternativlos anzupreisen, sondern letztlich immer den Blickwinkel jedes einzelnen Mitarbeiters einzunehmen und sich ehrlich die Frage zu stellen: Wie kann er von dieser Veränderung profitieren? Denn wenn Sie hier kaum etwas zu bieten haben, dann bleibt natürlich die Vergangenheit immer attraktiver als die Zukunft. Und sollte es wirklich mal der Fall sein, dass alle Belohnungsampeln auf Rot stehen, dann beherzigen Sie noch folgendes Leitprinzip: Wenn Sie etwas tun, dann tun Sie es bewusst und explizit. Machen Sie klar, wie es zu der Entscheidung kam und warum Sie bei allen eigenen Bauchschmerzen die Initiative dennoch mittragen werden und dies auch von Ihren Mitarbeiter:innen verlangen.

### Reflektieren und nachspüren zum Thema Veränderung

- Wo sind Sie und Ihr Team sehr flexibel, was einzelne Märkte, Produkte, Kund:innen, Prozesse oder Strukturen angeht?

- Gibt es auch Bereiche, wo Sie oder Ihr Team überidentifiziert sind? Was wären denkbare Alternativen?

- Wenn Sie an neue oder aktuelle Change-Maßnahmen in Ihrem Unternehmen denken: Welchen Nutzen stiften diese? Kann durch diese das Ansehen von Abteilungen oder Mitarbeiter:innen gesteigert werden? Können sich durch diese Veränderungen Mitarbeiter:innen noch besser selbst verwirklichen?

# DEEP TOUCH MIT DEN MITARBEITER:INNEN

## Handeln Sie stets so, dass Verbundenheit entsteht, erhalten bleibt oder sich vergrößert

»Ich fühle mich dir sehr verbunden« ist aus meiner Sicht einer der schönsten Sätze, die Menschen einander sagen können. Denn letztlich geht es beim Zwischenmenschlichen doch genau um das Spüren und Halten einer guten Verbindung. Oder wie Wilhelm von Humboldt so schön gesagt hat:»Im Grunde sind es doch die Verbindungen mit Menschen, welche dem Leben seinen Wert geben.«[64] Doch was hat diese Verbundenheit mit Mitarbeiter:innen-Führung im digitalen Zeitalter zu tun? Das Aufrechterhalten einer guten Verbindung ist die Leitwährung dieses Zeitalters. Denken Sie noch mal daran: Je mehr Hightech, desto mehr Deep Touch. Wer über Distanz keine Verbindung zu seinen Mitarbeiter:innen im Homeoffice halten kann oder wer seine Mitarbeiter:innen so vergrault, dass sie die Verbindung kappen und zu einem Wettbewerber gehen, der hat ein Problem.

Lassen Sie mich das an einem konkreten Beispiel erläutern. Ich hatte einen Führungsworkshop in der Schweiz. Als es um das Besprechen von Praxisfällen ging, brachte ein Teilnehmer folgende Situation ein:»Ich habe einen Mitarbeiter, dem meine Firma nichts mehr zu bieten hat. Keinen weiteren Aufstieg, keine neuartigen Projekte. Von meinem Gefühl her müsste ich dem Mitarbeiter empfehlen weiterzuziehen. Das wäre das Beste für seine Entwicklung. Allerdings hat dieser Mitarbeiter sehr seltene Fähigkeiten, die ich weder im Team noch am Arbeitsmarkt so schnell finden werde.« Was würden Sie der Führungskraft raten? Ich denke, in dieser Aussage stecken zunächst einige Annahmen, die es kritisch zu prüfen gilt: Kann die Firma dem Mitarbeiter wirklich nichts mehr bieten? Sieht das der Mitarbeiter ähnlich oder stülpt die Führungskraft dem Mitarbeiter gerade seine Sichtweise über? Vielleicht will der Mitarbeiter gar keine Karriere machen, sondern ist sehr glücklich auf seiner derzeitigen Position und möchte diese einfach beibehalten? Gibt es wirklich niemanden, der sich die Fähigkeiten des Mitarbeiters aneignen kann? Natürlich ist es immer gefährlich, ein derartiges Kopfmonopol aufrechtzuerhalten, weil es in Abhängigkeit führt. Und gleichzeitig weiß ich aus meiner Beratungspraxis, dass es durchaus Mitarbeiter:innen gibt, deren Skillset derart spezifisch ist, dass es davon sehr wenige auf dem freien Markt gibt. Die Führungskraft beteuerte, dass der Mitarbeiter sehr ambitioniert sei, schon einmal die Aufstiegschancen bemängelt habe und es auf kurze Sicht keinen adäquaten Ersatz gebe. Die folgende Diskussion behandelte verschiedene Möglichkeiten, wie der Mitarbeiter dennoch beim Unternehmen bleiben könne. »Lassen Sie ihn gehen!«, warf ich irgendwann ein. Alle Teilnehmer schauten mich verdutzt an. Hatte ich denn nicht verstanden, wie wertvoll der Mitarbeiter war? Doch. Und gerade deswegen sollte die Führungskraft den Top-Performer ziehen lassen. Denn wenn es stimmt, dass die Firma dem Mitarbeiter absolut nichts mehr zu bieten hat, der Mitarbeiter aber gerne weiter aufsteigen möchte, dann wird der Top-Performer irgendwann kein Top-Performer mehr sein. Entweder wird er frustriert, kündigt innerlich und die Leistung nimmt rapide ab oder er sucht selbst das Weite. Die Botschaft, die er bis dahin aber immer erhalten hat, ist folgende: Mir ist meine Teamperformance wichtiger als dein Weiterkommen. Und diese Botschaft ist fatal. Allein die Bewusstwerdung dieser fatalen Botschaft führte zu einem Umdenken bei der Führungskraft und er fing an, den Mitarbeiter zu verstehen. Er wollte nach dem Workshop das Gespräch mit dem Mitarbeiter suchen, in dem er einerseits unbedingt deutlich machen wollte, dass er an einer Lösung interessiert sei, die beiden Seiten diene, und er den Mitarbeiter in seiner Entwicklung – wie auch immer – unterstützen wolle. Andererseits wollte er betonen, dass sie bis zu seinem Ausscheiden gemeinsam einen Weg finden sollten, wie sein kostbares Wissen zumindest teilweise auf die anderen Teammitglieder übergehen könne.

Falls Sie das für zu idealistisch halten, denken Sie noch mal an die Alternativen: innere oder tatsächliche Kündigung. Stellen Sie sich vor, wie der Mitarbeiter über die Führungskraft sprechen wird, die ihm dabei hilft, einen gut dotierten neuen Job zu bekommen. Dadurch wird diese Führungskraft plötzlich für neue Kolleg:innen des ehemaligen Mitarbeiters attraktiv, macht sich in der Branche einen Ruf als Potenzialentwickler und wird zunehmend zum Magneten für weitere Toptalente.

> Denken Sie immer in Verbundenheit, in dauerhaften Beziehungsdynamiken, in Netzwerken. Führung ist eine Leistungsbeziehung auf Zeit. Aber nur, weil die Zeit gemeinsamer Leistungserbringung endet, muss die Beziehung nicht aufhören.

Wie oft habe ich schon gehört, dass Mitarbeiter:innen zu ihren alten Chefs/Chefinnen zurückgekehrt sind, weil sie sich dort wohlgefühlt haben. Das geht aber nur, wenn der/die Führende so handelt, dass die Verbundenheit erhalten bleibt und keinen Schaden nimmt. Und vielleicht verabschiedet sich der/die Mitarbeiter:in ja dann mit den Worten »Ich bleibe dir verbunden«.

### Verbundenheit durch nutzenstiftende und effektive Meetings in virtuellen oder hybriden Teams

Als Future Fit Leader wissen Sie, dass in virtuellen oder hybriden Settings Meetings Ihr wichtigstes Kommunikationsinstrument sind, um ein Teamgefühl entstehen zu lassen. Umso wichtiger ist, dass diese Meetings von allen Beteiligten als effizient und gleichzeitig nutzenstiftend wahrgenommen werden. »Meet like you mean it« ist nicht nur ein sehr einprägsamer Buchtitel, sondern auch die Devise, die Sie verfolgen sollten. Gerade in virtuellen Arbeitssettings wirken viele Meetings sehr schnell ermüdend. Zoom-Fatigue nennt sich das entsprechende Phänomen. Durch den fehlenden Blickkontakt, weil die meisten Menschen statt in die Kamera auf die anderen Teilnehmer und sich selbst schauen, fühlen wir uns jederzeit beobachtet, aber selten angesehen. Das stresst, da wir somit stets bemüht sind, unser Verhalten zu kontrollieren und einen einigermaßen interessierten Eindruck zu vermitteln. Eine Videokonferenz mit vielen Leuten sei »wie fernzusehen, und der Fernseher schaut zurück«, so der Verhaltensforscher und Professor an der Wirtschaftshochschule INSEAD, Gianpiero Petriglieri.[65] Oder so, als würde ich Ihnen im analogen Raum ständig einen Spiegel vors Gesicht halten, sodass Sie nicht nur die Kolleg:innen, sondern vor allem auch sich selbst ständig sehen. Darüber hinaus fordert es einiges an Energie, nonverbale Hinweise aus den kleinen Miniaturbildern abzulesen. Zudem werden virtuelle Meetings viel häufiger direkt nacheinander geplant, sodass wenig Zeit zum Durchatmen bleibt, und häufig sind es in der Quantität einfach zu viele. Finden Sie mit Ihrem Team den passenden Meetingrhythmus. Schauen Sie kritisch auf Ihre Meetingkultur: Wie ist Ihr bisheriger Rhythmus? Zu schnell, zu viel, zu unklar? Ein Kunde von mir wagte beispielsweise das Experiment, alle nicht absolut wertschöpfungsrelevanten Meetings für zwei Wochen auszusetzen und danach ehrlichen Kassensturz zu machen, welches wirklich gefehlt hat. Das Ergebnis war: Dailys nur noch alle zwei Tage, Wochenmeetings ganz canceln, wenn es sowieso ein Monatsmeeting gibt, in dem vieles besprochen wird, und alle Informationsmeetings, bei denen meist nur die Führungskraft etwas präsentiert, wurden ganz gekappt und durch Mails ersetzt. Erinnern Sie sich: Information asynchron, Diskussion synchron. Was kann man daraus für sich lernen? Weniger ist mehr! Stellen Sie sicher, dass Sie eine für alle Teammitglieder passende Meetingmusik spielen, statt vor allem wenig nutzenstiftenden Meetinglärm zu veranstalten.

Auch Meetings in hybriden Settings, bei denen einige Mitarbeiter:innen im Büro vor Ort und andere virtuell zugeschaltet sind, haben ihre

Tücken. Es gibt zwei Negativentwicklungen, die hier entstehen können. Die remote Arbeitenden fühlen sich wie Mitarbeiter:innen zweiter Klasse, die weniger eingebunden sind, weniger Informelles mitbekommen, nicht mitfeiern können und im schlimmsten Fall immer mehr zur Outgroup werden. Die andere Gefahr besteht darin, dass ein zu starker Fokus auf die virtuell Zugeschalteten gelegt wird, sodass der Mehrwert, ins Büro zu fahren, immer geringer wird. Diesen Balanceakt muss der Führende bewältigen. Helfen kann hier das oben aufgeführte Leitprinzip: Handeln Sie stets so, dass Verbundenheit entsteht, erhalten bleibt oder sich sogar vergrößert. Wie fühlen sich alle möglichst eingebunden, ohne dass die oben aufgeführten Negativentwicklungen entstehen? Besprechen Sie genau diese Fragen mit Ihrem Team. Die Wege, die hier Teams gehen, sind sehr unterschiedlich. Manche schaffen ein quasi-virtuelles Setting, bei dem jeder vor seinem eigenen Laptop in unterschiedlichen Büroräumen sitzt. Wenn das nicht als Abwertung der vor Ort Anwesenden interpretiert wird, ist das ein durchaus kluges Setting, da es eine gewisse Gleichheit zwischen den Mitarbeiter:innen herstellt (jeder hat ein gleich großes Fenster im Videocall), jeder gleich gut zu erkennen ist (und sich nicht drei Mitarbeiter:innen um eine Kamera versammeln) und Nebengespräche so wenig wie möglich stattfinden. Andere Teams schalten die Remote-Mitarbeiter:innen in einen großen Konferenzraum zu. Neben den richtigen technischen Settings – jeder muss zu jeder Zeit alles gut lesen und hören können – braucht es hier vor allem eine gute Moderationskompetenz der Führungskraft.

Gemäß dem Prinzip, die Verbundenheit aller zu erhalten, sollte bei hybriden Meetings auf jeden Fall bei den ersten Malen eine Art Metakommunikation stattfinden: Was brauchen die virtuell Zugeschalteten, um sich komplett als Teil der Gruppe zu fühlen? Worauf sollte geachtet und was vermieden werden? Was ist den vor Ort Anwesenden wichtig?

Dadurch können Sie zu hilfreichen Vorgehensweisen kommen, indem beispielsweise der/die Moderator:in informell Ablaufendes wie Mimik und Gestik oder Zwischengespräche der vor Ort Anwesenden aufnimmt und gegebenenfalls in den hybriden Kommunikationsraum als Information einkippt. Je weiter die Technik voranschreitet und zum Beispiel das Projizieren lebensechter Hologramme von Mitarbeiter:innen ermöglicht, umso weniger muss diese Zweiklassengesellschaft ausgeglichen werden. Eine Lösung, die diese mit einfachen technischen Mitteln etwas nachahmen kann, ist das Projizieren jedes/jeder virtuell zugeschalteten Mitarbeiters/Mitarbeiterin über einen eigenen Beamer an die Wand.

Egal ob virtuell oder hybrides Meeting, fragen Sie sich bitte immer: Braucht es dieses Meeting wirklich oder kann ich den Mitarbeiter:innen diese Nachricht auch auf einem anderen Kanal effizienter und nutzenstiftender zukommen lassen? Meetings haben auch deswegen so einen schlechten Ruf, weil viele überflüssig sind. Das Gesagte hätte leicht in eine Mail gepasst, es waren die falschen Teilnehmer:innen eingeladen oder das Meeting basiert auf Tradition: Dieses Meeting haben wir schon immer jeden zweiten Mittwoch so gemacht, warum sollten wir das ändern? Tradition darf keine Erklärung für Ineffizienz sein! Aus meiner Sicht gibt es drei Arten von Meetings, die im Berufsalltag wirklich nutzenstiftend sind: Informationsmeetings mit emotionaler Rückkopplung, Entscheidungsmeetings und Kreativitätsmeetings. Bei Ersterem geht es darum, den Mitarbeiter:innen Informationen mitzuteilen und dabei deren emotionale Reaktion aufnehmen, bestärken oder abfedern zu wollen. Kick-off-Meetings können hierunter fallen: Sie geben erste Infos zu dem anstehenden Projekt und wollen die Mitarbeiter:innen emotional dafür gewinnen. Dafür brauchen Sie echte menschliche Verbindungen und Gruppendynamiken, die in einem Meeting besser entstehen als mit einer reinen Text- oder Sprachnachricht. Zu den Informationsmeetings mit emotionaler Rückkopplung kann ebenso gehören, dass Sie den Mitarbeiter:innen schlechte

Nachrichten zu überbringen haben, wie zum Beispiel die Einführung von Kurzarbeit, und die emotionalen Reaktionen aufnehmen und behandeln wollen. Also immer dort, wo Informationen emotionale Reaktionen auslösen oder auslösen sollen, ist ein Meeting ratsam. Die zweite Kategorie, das Entscheidungsmeeting, zeichnet sich dadurch aus, dass Sie entweder mit den Mitarbeiter:innen gemeinsam eine Entscheidung treffen wollen oder deren Input zum Fällen einer Entscheidung benötigen. Um die unterschiedlichen Stimmen, deren Bezugnahme aufeinander und gewisse Dynamiken in der Evaluation der Entscheidungsoptionen wahrzunehmen, ist dieses Meeting sinnvoll. Wesensmerkmal des Kreativitätsmeetings ist das gemeinsame Brainstormen kreativer Ideen zu komplexen Problemstellungen. Da dieser Prozess stark von der Lebendigkeit und des Miteinander-in-Resonanz-Gehens lebt, ist auch hier ein gruppendynamisches Meeting sinnvoll. Dabei ist es unerheblich, ob Sie das Meeting letztlich virtuell, hybrid oder analog durchführen. Sie müssen jedoch die Spielregeln der Kontexte kennen.

> Eine Variable, die Sie bei allen Kontexten beachten sollten, ist die Zeitplanung. Für virtuelle und analoge Meetings hat sich bei meinen Klient:innen in der Praxis die 60:20:20-Regel etabliert. Maximal 60 Prozent der Zeit sollte Inhaltliches besprochen werden, 20 Prozent der Zeit sollte für soziale Interaktion und 20 Prozent Pufferzeit für Unvorhergesehenes geplant werden.

Und glauben Sie mir, es gibt immer etwas, mit dem Sie nicht gerechnet haben. Sei es, dass Sie und Ihr Team sich inhaltlich in einem Punkt festfahren oder die schlechte Stimmung den Arbeitsprozess drückt und Sie darüber sprechen sollten. Generell empfiehlt es sich, in ein wichtiges Teammeeting mit einem Check-in zu starten: Wie geht es jedem/r Mitarbeiter:in? Was schwirrt ihm/ihr gerade im Kopf herum? Was möchte er/sie teilen? Durch das Institutionalisieren dieses Sich-Zeigens entsteht häufig eine viel schnellere emotionale Tiefe, die inhaltlichen Themen werden mit mehr Fokus besprochen und Sie bekommen immer auch ein gutes Bild, was das einzelne Teammitglied derzeit bewegt. Natürlich gilt auch hier: Sie gehen mit gutem Vorbild voran. Je mehr Sie auch zum Beispiel Privates einfließen lassen, desto mehr tun das auch Ihre Mitarbeiter:innen. Für hybride Settings empfiehlt sich die 10:50:20:20-Regel: 10 Prozent Zeit für das Synchronisieren von Mitarbeiter:innen, die vor Ort sind, mit den virtuell Zugeschalteten, 50 Prozent Inhaltliches, 20 Prozent soziale Interaktion und 20 Prozent Pufferzeit. In dieser 10-Prozent-Synchronisationsphase stellen Sie einerseits technisch sicher, dass jeder aktiv am Meeting teilnehmen kann und alles Nötige sieht und hört. Zum anderen können Sie es als Zeit nutzen, in der die vor Ort Anwesenden erzählen, was heute bereits im Büro passiert ist, um auch hier das Gefühl von Verbundenheit entstehen zu lassen. Sie kennen das vielleicht aus Ihren eigenen Paarbeziehungen: Je mehr der/die Partner:in Sie an seinem Tag teilhaben lässt, desto mehr fühlen Sie sich einge- und verbunden. Ähnlich ist es in MS Teams: Gemeinsam Erlebtes, und sei es auch in Retrospektive, fördert den Teamzusammenhalt und die Teamkohärenz.

Ein weiteres Element, das Verbundenheit und Produktivität in Meetings fördert, ist Interaktivität. Mit der Kommunikation ist es ähnlich wie mit IKEA. An Diskussionsergebnisse, an denen Ihre Mitarbeiter:innen aktiv beteiligt waren, fühlen sie sich mehr gebunden und empfinden diese auch als positiver. Ähnlich wie mit einem IKEA-Regal: Das gefällt mir auch besser, wenn ich es selbst aufgebaut habe, denn ich weiß, wie viel Zeit und Muße eingeflossen ist (es sei denn, es ist ein riesiger Kleiderschrank, den lasse ich mir um meiner Nerven willen lieber aufbauen). Gerade in virtuellen Meetings neigen Mitarbeiter:innen dazu, in der Passivität zu versinken. Stille lässt sich viel besser aushalten, wenn einen niemand direkt anstarrt. Häufig ist im virtuellen Raum auch unklar, wie das Gesagte von den anderen aufgenommen wird, dann sagen die meisten mal lieber gar nichts. Gute Meetings sind aber Dialoge, keine Monologe. Insofern hier ein paar Tipps, wie Sie die Interaktivität auch in virtuellen und hybriden Settings steigern können: Um Ihre Mitarbeiter:innen aus der Passivität herauszuholen, müssen Sie die Anonymität aufbrechen. Sprechen Sie Mitarbeiter:innen direkt mit Namen an und fordern Sie Redebeiträge aktiv ein. Das mag beim ersten Mal etwas komisch wirken, je öfter Sie das jedoch machen, desto häufiger werden sich Ihre Mitarbeiter:innen von selbst zu Wort melden. Falls Sie das etwas spielerisch gestalten wollen, kann ich Ihnen das Tool *Wheel of Names* empfehlen. Hier tragen Sie ganz einfach die Namen Ihrer Mitarbeiter:innen ein und durch einen einfachen Klick setzt sich das Rad in Bewegung und kommt bei einem Namen zum Stehen, der dann sprechen darf. Macht Freude und nimmt Ihnen diese Aufgabe ab. Des Weiteren ist es hilfreich, die Rolle des Moderators/der Moderatorin wechseln zu lassen. Haben Ihre Mitarbeiter:innen selbst erlebt, wie anstrengend es als Moderator:in ist, wenn sich keiner beteiligt, dann werden sie sich beim nächsten Mal hoffentlich mehr einbringen. Empathie führt in diesem Fall zu Aktivität. Eine weitere Möglichkeit ist es, auf die Ebene der Metakommunikation zu wechseln. Wenn Sie in der Kommunikation nicht weiterkommen, dann sprechen Sie über die Kommunikation. Fragen Sie Ihre Mitarbeiter:innen: Wie kommt es, dass so eine Stille entsteht oder keiner etwas sagen möchte? Oftmals ist einfach die Frage unklar gestellt, es gibt wirklich nichts mehr zu sagen oder der Schuh drückt an einer anderen, meist tieferen Stelle. Was es auch ist, sprechen Sie darüber. Falls das Thema etwas sensibel oder heikel ist, machen Sie sich bewusst, dass viele Mitarbeiter:innen ungern eigene Positionen vortragen möchten, sich aber beim Präsentieren von Gruppenmeinungen durchaus wohlfühlen. Falls das der Fall ist und Sie merken, dass die Teilnehmer:innen des Meetings die Frage erst mal in kleineren, vertraulicheren Gruppen besprechen wollen, dann schicken Sie sie einfach in eine kurze Breakout-Session und fragen Sie anschließend einzeln die Gruppenergebnisse ab. Hierzu noch etwas: Erst wenn jemand im virtuellen Raum auch etwas gesagt hat, ist er wirklich angekommen. Achten Sie deshalb darauf, die Mitarbeiter:innen so früh wie möglich einzubeziehen. Verharren diese bereits seit 40 Minuten in der schweigenden Passivität, ist es ungleich schwieriger, sie in den Aktivitätsmodus zu bringen. Aktivität ist ebenfalls ein gutes Stichwort: Bringen Sie die Leute körperlich in Bewegung. Bewegung im Körper führt zu Bewegung im Geist und somit zu Bewegung im Wort. Auch wenn sich viele Mitarbeiter:innen erst mal sträuben, sind die meisten doch sehr dankbar, sich mal wieder bewegen zu dürfen. Neben einfachen Bewegungsübungen zur Musik oder an Yoga angelehnte Dehnübungen können auch kognitiv anspruchsvollere Spiele genutzt werden, wie einen Stift reihum wandern zu lassen, was bei den spiegelverkehrten Bildern der Videokonferenztools einfacher klingt, als es tatsächlich ist. Als Ultima Ratio können Sie auch das Mittel der Provokation nutzen. Provokation und Irritation setzen Handlungsenergie frei. »Dann darf ich also davon ausgehen, dass alle diesen Vorschlag zu 100 Prozent unterstützen?« ist eine extrem formulierte Frage, die entweder aktiven Widerstand hervorrufen wird, oder Sie haben wirklich alle an Bord. Glückwunsch! Auch irritierende Fragen wie »Was können wir tun, um das Projekt maximal an die Wand zu fahren?« oder ironische Statements wie »Die Beteiligung kennt keine Grenzen« können zu Aktivität führen. Wie gesagt, sachte einsetzen!

Egal, wie Sie die Aktivität auch fördern, achten Sie während des Meetings, egal ob virtuell, hybrid oder analog, vor allem darauf, dass Sie als Moderator:in den Prozess sauber steuern. Es gibt unglaublich viele Bücher zur effektiven Gestaltung von Meetings mit unzähligen Tools und Techniken, wie man das Gespräch gut steuern kann. Ich glaube, und daran halte ich mich auch bei meinen eigenen Moderationen von beispielsweise Managementtagungen, dass Sie sich als Moderator:in lediglich zwei Fragen stellen müssen: Ist das, was der/die Mitarbeiter:in gerade sagt, bestärkend oder widersprechend zum Punkt? Und war es konkret und begründet genug, sodass es nachvollziehbar für alle ist? Zu viele Meetings bestehen daraus, dass sich Mitarbeiter:innen gegenseitig Behauptungen oder Positionen an den Kopf schmeißen, ohne diese sauber zu begründen oder konkret zu werden. Ein produktiver Dialog kann dann entstehen, wenn jeder Beteiligte die Sichtweise des anderen nachvollziehen kann, und das geht nur, wenn Kommunikation konkret ist. Ist das nicht der Fall, müssen Sie als Moderator:in auf Konkretheit pochen. Vermeiden Sie nebulösen Meta-Talk, den jede/r Mitarbeiter:in ohne Bezug zu den anderen von sich gibt. Die zweite entscheidende Frage, die Sie sich als Moderator:in immer stellen sollten, lautet: Treibt die Aussage das derzeitige Thema voran oder macht es ein neues Thema auf? Und ist das sowohl inhaltlich hilfreich als auch zeitlich passend? Zu häufig springen Meetingteilnehmer:innen von einem Thema zum nächsten, ohne dass gerade aktuelle Thema abschließend und konkret zu finalisieren. Oder Themen werden bis zum Exitus totgeredet, obwohl bereits alles gesagt wurde, nur noch nicht von jedem. Beugen Sie auch dem vor, indem Sie sich wiederholende Aussagen mit Verweis auf das nächste Thema stoppen oder zu häufige Themensprünge mit Verweis auf die fehlende Finalisierung hintanstellen. Die Qualität Ihrer Moderation bestimmt maßgeblich die Qualität Ihrer Meetingergebnisse und -dynamik. Tun Sie alles, um diese Qualität hoch und das Frustrationserleben Ihrer Mitarbeiter:innen niedrig zu halten. Und rotieren Sie wie bereits erwähnt gerne die Rolle des Moderators/der Moderatorin, sodass auch Ihre Mitarbeiter:innen hautnah erleben, wie wichtig und gleichzeitig herausfordernd diese Steuerung ist. Natürlich sollten aber auch Ihre Mitarbeiter:innen diese zwei Fragen kennen und beherzigen.

Am Ende jedes virtuellen, analogen oder hybriden Meetings tauschen Sie sich über ROTI aus, den Return on Time Investment. War das Meeting die Zeit wert, die alle Beteiligten investiert haben? Wenn ja, was war wertvoll? Wenn nein, was könnte man das nächste Mal besser machen? Machen Sie Ihre Meetings zum dauerhaften Diskurs-angebot. Je öfter Sie das tun und Ihre Meetings entsprechend anpas-sen, desto mehr werden Ihre Meetings als nutzenstiftend und effektiv wahrgenommen. Und das verstärkt wiederum die Verbundenheit al-ler Teammitglieder.

## Verbundenheit benötigt (formelle) Informalität

Verbundenheit entsteht auf der Beziehungsebene, und die lebt vom Informellen. Vom spontan entstandenen Kaffeeklatsch, vom kurz he-rübergerufenen Joke oder von kleinen, ungeplanten Aufmerksamkei-ten wie das Kaufen eines Kuchenstücks für den Kollegen oder den Mitarbeiter in der Mittagspause. Einerseits ist diese Informalität al-so extrem wichtig für ein Team, andererseits weisen virtuelle oder hybride Settings sowie neue Büroformate ohne feste Arbeitsplätze einige Merkmale auf, die Informalität erschweren. Informelle Zu-sammentreffen wie der spontane Plausch mit dem Kollegen beim Vorbeigehen an seinem Büro oder der kurze Small Talk im Groß-raumbüro leben davon, dass diese Interaktion nicht dokumentiert wird und schnell gesichtswahrend wieder aufgelöst werden kann. Planen Sie jedoch eigens einen Termin mit jemandem, um mit ihm einen Kaffee zu trinken, ist das zum einen für alle im Kalender sicht-bar dokumentiert, zum anderen ist aufgrund der erhöhten Formalität auch ein schnelles Auflösen der Interaktion nach ein paar Minuten selten möglich, ohne ein komisches Gefühl beim Gegenüber zu hin-terlassen. Um die Transparenzproblematik zu umgehen, wechselt der informelle Austausch nicht selten ganz in den privaten Raum. Eine private WhatsApp-Nachricht an den Kollegen ist dann häufig die erste Wahl. Zusätzlich zeigt sich bei digitaler Kommunikation, dass sie vor allem bereits starke Verbindungen bestärkt. Eben weil virtuelle Informalität geplant werden muss und deswegen nicht so schnell aufgelöst werden kann, verbringen wir diese Zeit gerne mit

Menschen, mit denen wir uns generell gerne unterhalten und diese Zeit auch als angenehm empfinden. Die Gefahr der zunehmenden Lagerbildung ist also im digitalen Raum durchaus gegeben. Der Fokus muss deshalb darauf liegen, die Hemmschwelle für informelle Interaktion zu reduzieren. Dieses Herstellen von zwangloser Informalität wird im digitalen Raum immer besser werden. In dem Moment, in dem ich dieses Kapitel schreibe (Mitte Juni 2021), sind die aus meiner Sicht besten Tools dafür, die ich auch in meinem Team nutze, die Kollaborations- und Eventtools *Wonder.me* und *Gather.town*. Hier befinden sich alle Mitarbeiter:innen als Avatare auf einer virtuellen Plattform und können spontan miteinander sprechen oder in Kontakt treten. Durch die Broadcast-Funktion können Sie als Führungskraft zum Beispiel auch eine spontane Ansprache an das gesamte Team halten. Das Bauen ganzer virtueller Welten oder Messestände ist ebenso möglich. Die App *Houseparty* bietet ähnliche Funktionen, die auch einen spontanen Austausch zwischen Kolleg:innen ermöglichen sollen, ist jedoch aus Datenschutzgründen nicht für jeden geeignet. Sollten Sie diese Tools nicht nutzen wollen, ist das Stichwort »geplante Spontaneität«. Klingt widersprüchlich, ist es aber nicht. Damit ein spontaner, verbindungsfördernder Austausch stattfinden kann, bedarf es in virtuellen oder hybriden Teams einiges an Planung. Die App *Donut* in Slack und der *Icebreaker Bot* in MS Teams würfeln zum Beispiel Mitarbeiter:innen zusammen, die in dieser Woche einen Kaffee zusammen trinken sollen. Die Planung übernehmen die Mitarbeiter:innen dann selbst. Manche Teams ritualisieren auch virtuelle Kaffeeklatsch-Zeiten, in die sich einwählen kann, wer darauf gerade Lust hat. Damit das spontane Kaffeetrinken stattfinden kann, braucht es einen formalen Prozess. Spontaneität entsteht also durch Planung. Neben all dem neuen digitalen Miteinander achten Sie darauf, der digitalen Welt auch analoge Verbundenheitsmomente entgegenzusetzen. Nicht umsonst haben selbst komplett remote arbeitende Unternehmen mindestens einmal im Jahr ein analoges Zusammentreffen.

Verbundenheit braucht neben dem Austausch von zwischenmenschlicher Energie vor allem das analoge Referenzerlebnis. Was bedeutet das? Virtualität ist vergangenheitsbezogen in dem Sinne, dass das emotionale Erleben aus dem Herstellen des Gefühls aus dem vergangenen analogen Moment erzeugt wird.

Das Weintrinken über Zoom mit den eigenen Freunden im ersten Lockdown hat auch deswegen so gut funktioniert, weil wir mit diesen Leuten schon mal das eine oder andere Glas Wein im realen Leben getrunken haben. Wir wissen also, wie sich die Stimmung, die Raumenergie und das Zusammensein mit diesen Leuten anfühlt. Dieses Gefühl stellt unser Gehirn im virtuellen Aufeinandertreffen wieder her, um das Gefühl innerer Verbundenheit zu erzeugen. Virtuelles oder hybrides Arbeiten benötigt also immer wieder analoge Elemente, um das Gefühl von Verbundenheit erzeugen zu können. Bauen Sie also in Ihren Teamalltag immer wieder analoge Inseln des Miteinanders ein, und sei es, indem Sie einen festen Tag ausmachen, an dem alle ins Büro kommen, oder ein analoges Teamevent mit Erlebnischarakter planen. Klingt oldschool, hilft aber im Sinne der Verbundenheit. Zuletzt ein gut gemeinter Ratschlag: Alles Formalisierte wird zur Last, wenn es überbeansprucht wird. Das haben wir wahrscheinlich alle in den Lockdown-Zeiten 2020 erlebt: Der erste gemeinsame Weinabend mit Kolleg:innen war ja ganz nett, aber eine Woche später einen Spieleabend aufzusetzen oder jeden Freitag das Feierabendbier gemeinsam zu schlürfen, wird irgendwann zum Zwang und damit belastend. Spüren Sie hin, wann es mehr und wann weniger verbindungsschaffende Elemente braucht oder geben Sie die Verantwortung hierfür auch ins Team ab. Die Mitarbeiter:innen wissen am besten, wann es mal wieder Zeit für Verbindung ist und wann es zu viel des Guten wäre. Ein Team reguliert sich häufig erstaunlich funktional auch in diesem Thema.

*Verbundenheit benötigt das Feiern gemeinsamer Erfolge und regel-mäßige Anerkennung*

Geplante Spontaneität hilft ebenso wie das gemeinsame Feiern von Erfolgen. Wenn nicht alle Mitarbeiter:innen spontan im Büro zusammengetrommelt werden können, weil einige im Homeoffice arbeiten, dann muss das Feiern geplant werden. »Heute 15 Uhr Korken knallen lassen« ist ein Kalendereintrag, den ich selbst schon geschrieben habe. Natürlich sollten Sie darauf achten, hier auch Gleichheit zwischen allen Beteiligten herzustellen. Warum also nicht an alle Mitarbeiter:innen ein paar Flaschen Champagner im Vorhinein verteilen, den diese immer für einen gemeinsame Spontan-Umtrunk nutzen können? Das Homeoffice darf hier nicht zur Benachteiligung führen. Generell noch ein Hinweis zum Erfolge-Feiern: In einer komplexen Welt wissen Sie selten, ob und vor allem wann Sie das Ziel erreichen werden. Die nächste disruptive Innovation steht schon vor der Tür und macht den Meilenstein, den man gerade erreicht hat, fast schon wieder hinfällig. Deswegen feiern Sie auch die Quick Wins, die schnellen Erfolge, und erkennen Sie die Leistung Ihrer Mitarbeiter:innen regelmäßig an. Ich schreibe hier bewusst »Anerkennung« im Sinne von Wertschätzung und nicht »Lob«. Wie ich in meinem Buch *Kommunikation für die digitale Ära* ausführlich dargelegt habe, hat Lob immer etwas Gönnerhaftes, verpufft unglaublich schnell und ist letztlich hohl, weil der Bezug fehlt, warum die Leistung lobenswert ist.[66] Wertschätzung und Anerkennung ist hingegen gelebte Dankbarkeit. Sie ist immer begründet, weil sie dadurch erst ihren Wert bekommt. Erst indem Sie ausdrücken und vor allem in Ihrer Haltung transportieren, warum die Leistung FÜR SIE oder FÜR DAS TEAM bedeutsam, wichtig oder unterstützend war, dringt es wirklich zum Gegenüber durch. »Für Sie« oder »für das Team« ist deswegen hervorgehoben, weil der Fokus der Verantwortung und die transportierte Haltung bei der Wertschätzung entscheidend ist. Wenn Sie sagen »Toll, wie du heute die Präsentation beim Kunden gehalten und den Pitch gewonnen hast, du hast dich hier echt gut entwickelt«, dann ist es von immenser Bedeutung, ob Sie das anerkennend meinen oder ob hier eine grenzüberschreitende Bewertung mitschwingt, im Sinne von »Ich kann mir ein Urteil über deinen Werdegang erlauben«. Das dürfen Sie natürlich als Führungskraft, und doch wirkt es stärker, wenn Sie in Ihrem Verantwortungsbereich bleiben und betonen, warum das für Sie oder das Team bedeutsam war: »Toll, wie du heute die Präsentation beim Kunden gehalten und den Pitch gewonnen hast. Dieser Abschluss war für mich und auch für das gesamte Team enorm wichtig, weil er uns bereits die Hälfte des Jahreszieles erreichen lässt. Das nimmt aus den anderen Projekten etwas den Druck und dafür möchte ich dir im Namen des Teams danken.« Achten Sie auch auf den jeweiligen Mitarbeiter:innentyp bei Ihrer Wertschätzung: Manche bevorzugen die Wertschätzung öffentlichkeitswirksam in der Gruppe, andere haben es gerne etwas verborgener im Einzelmeeting. Respektieren Sie hier die Grundtendenz des Mitarbeiters/der Mitarbeiterin, um nicht durch einen unangenehmen Moment Ihre schöne Botschaft zu versemmeln. Und egal, ob im großen oder kleinen Kreis: Von Angesicht zu Angesicht wertschätzt es sich immer noch am besten. Wenn Sie so anerkennen, dann profitieren Sie auch von all den positiven Effekten von Anerkennung. So konnte zum Beispiel Dan Ariely, Professor für Psychologie und Verhaltensökonomik an der Duke University, in einer Studie zeigen, dass echte Anerkennung motivierender wirkt als Geld.[67] Und auch die Offenheit für neue Ideen, geistige Flexibilität und kreative Problemlösungen florieren in einem wertschätzenden Umfeld.[68]

### *Verbundenheit über das eigene Unternehmen und Team hinaus*

Diese Verbundenheit endet aber nicht bei Ihrem Team, nicht mal bei Ihrem Unternehmen. Ein Future Fit Leader weiß, dass die Herausforderungen dieser Zeit zu komplex sind, um sie alleine zu lösen. Deswegen ist Verbundenheit über das eigene System hinaus essenziell.

Pflegen Sie Beziehungen zu anderen Unternehmen, Netzwerken, Fachkreisen, in die Start-up-Kultur und – ja – auch zu Ihren engsten Marktteilnehmern. Ich nenne sie bewusst nicht Konkurrenten. Denn letztlich treten wir doch alle für einen Beitrag an, den wir in dieser Welt leisten wollen. Manche Unternehmen wollen denselben Beitrag leisten wie Sie. Aber wenn das dazu führt, dass Sie nicht überleben können, dann ist nicht der Marktteilnehmer das Problem, sondern Ihr Beitrag, oder das Problem, das Sie angehen wollen, ist zu klein. Wenn Sie allerdings die großen Themen unserer Zeit wie Klimawandel, medizinische Versorgung und Nahrungsmittel für alle, Mobilität und Smart Cities oder Big Data und künstliche Intelligenz – um nur ein paar zu nennen – angehen, dann wird Sie der eine oder andere Marktteilnehmer nicht aus der Ruhe bringen. Ganz im Gegenteil: Die meisten Unternehmen, die in diesem Bereich arbeiten – und ich darf zu meiner großen Freude einige zu meinen Kunden zählen –, haben verstanden, dass sie diese Probleme nur in Kooperation mit anderen Unternehmen bewältigen werden. Ich habe Geschäftsführer im Coaching, die laut eigener Aussage 20 bis 40 Prozent ihrer Zeit mit Netzwerken verbringen. Sie treffen sich mit Start-ups, gehen auf Messen und Fachkongresse, pflegen LinkedIn-Kontakte oder verhandeln gemeinsame Pilotprojekte. Als ich einen dieser Geschäftsführer für ein Townhall-Meeting rhetorisch begleitete, stellte ich ihm in einer Simulation die kritische Frage: »Wie können Sie bis zu 40 Prozent Ihrer Zeit mit Netzwerken verbringen? Investieren Sie diese Zeit doch lieber in Ihre Mitarbeiter:innen und Ihr Unternehmen.« Die Antwort des CEOs kam prompt: »Wissen Sie, wenn ich das nicht tue, dann habe ich bald keine Mitarbeiter:innen mehr.« In einer derart beschleunigten und disruptiven Welt, in der wir leben, darf man nicht nur am Puls der Zeit sein, man muss diesen Puls zum Herzschlag des eigenen Unternehmens machen. Deswegen handeln Sie stets so, dass die Verbundenheit erhalten bleibt. Natürlich zu Ihren Mitarbeiter:innen und zu Ihrer Firma, aber auch darüber hinaus.

**Reflektieren und nachspüren zum Thema Verbundenheit**

- Zu wem fühlen Sie bereits eine gute Verbundenheit? Woran liegt das Ihrer Meinung nach?

- Wo wünschen Sie sich mehr Verbundenheit mit einem/r Vorgesetzten, Mitarbeiter:in oder Kollegen/Kollegin? Gibt es Kompetenzen oder Herangehensweisen aus der ersten Frage, die Ihnen bei jenen Menschen helfen könnten, denen Sie sich noch nicht so stark verbunden fühlen?

- Was davon können Sie in Worten und Taten direkt umsetzen?

- Wie können Sie die Teamverbundenheit auch in virtuellen und hybriden Meetings stärken? Welche Bedürfnisse haben die vor Ort Anwesenden und welche die virtuell Zugeschalteten?

- Mit wem würden Sie sich gerne mal wieder spontan austauschen, egal ob analog oder virtuell? Und was können Sie direkt tun?

- Welche Etappenergebnisse könnten Sie demnächst mit Ihrem Team feiern? Wem gebührt in welcher Art Anerkennung?

- Gibt es eine Möglichkeit, die Verbundenheit zu Kolleg:innen und Teams auch aus anderen Unternehmen zu stärken? Was könnte hier ein erster sinnvoller Schritt sein?

## Vertrauen ist alles und ermöglicht vieles

Wenn im Hightech-Bereich Daten das Gold des 21. Jahrhunderts sind, dann ist es im Deep-Touch-Bereich neben Verbundenheit vor allem Vertrauen. Das neue Mantra muss lauten: Vertrauen ist gut, Kontrolle ist schlechter. Sie können heute kaum mehr kontrollieren. Erstens ändern sich die externen Rahmenbedingungen von Wirtschaft, Politik und Gesellschaft häufig derart schnell und ohne Ihr Zutun, dass Sie hier selten Einfluss ausüben können. Zweitens sind die fachlichen Themen zu komplex, als dass Sie als gleichwertiger Experte neben Ihren Mitarbeiter:innen bestehen können und es auch nicht sollten. Ihr/e Mitarbeiter:in ist Experte/Expertin in seinem/ihrem Verantwortungsbereich, Sie sind Sparringspartner im Annehmen, Tragen und Bewältigen dieser Verantwortung. Da drittens Ihre Mitarbeiter:innen immer zeit- und ortsunabhängiger arbeiten, ist Kontrolle im Sinne des Eyeball-Managements »Ich sehe, dass du arbeitest, also weiß ich, dass du arbeitest« nicht mehr möglich und auch nicht zeitgemäß. Zudem ist das Vorherrschen von Vertrauen ein starker Wettbewerbsvorteil, da es drei wichtige Variablen maßgeblich beeinflusst: Einfachheit, Schnelligkeit und Kosten beziehungsweise Gewinn. Wenn Ihre Mitarbeiter:innen sich gegenseitig vertrauen, dann werden Dinge einfacher. Es muss zum Beispiel weniger dokumentiert oder sich ständig abgesichert werden. Dadurch werden Prozesse schneller und effizienter, was Kosten spart. Oder nehmen wir Ihr Vertrauen in Ihre Mitarbeiter:innen. Dadurch können diese einfacher und schneller am Kunden/an der Kundin entscheiden und dadurch möglicherweise einen Kunden/eine Kundin gewinnen, weil der Wettbewerber zu lange gebraucht hat. Vertrauen ist der Dünger für die Ergebnisblüten Ihres Unternehmens.

Vertrauen ist sowohl Voraussetzung als auch Resultat von Future Fit Leadership. Es ist Saat und Ernte zugleich. Werden Sie also bitte nicht zum Mikromanager, sondern vertrauen Sie darauf, dass Ihre Mitarbeiter:innen zu jeder Zeit Ihr Bestes geben. Das bringt mich zu einer wichtigen Unterscheidung, nämlich jener zwischen Vertrauen und Hoffnung. Hoffnung setzt auf Veränderung im Außen. Vertrauen setzt auf Kompetenz im Innen. Wenn Sie hoffen, dann hoffen Sie, dass Ihr/e Mitarbeiter:in sich schon irgendwann wieder mehr ins Team einbringen oder die Arbeit in besserer Qualität abgeben wird. Durch

Hoffnung entmächtigen Sie sich allerdings selbst, da Sie das Moment zur Veränderung hoffnungsvoll nach außen verlagern. Wenn Sie vertrauen, dann wissen Sie, dass Sie eine Antwort finden werden, auch wenn Ihr/e Mitarbeiter:in sich nicht ins Team einbringt oder die Qualität weiterhin nicht den Standard erfüllt. Sie übernehmen also wieder Selbstver-Antwortung, Sie antworten auf die Umstände und werden wieder zum Gestalter Ihrer Führungsbeziehung. Wenn Sie sich selbst und Ihren Mitarbeiter:innen vertrauen, dann glauben Sie an Ihre eigene Gestaltungskraft und Selbstwirksamkeit sowie an jene der anderen. Oder wie es Hildegard Wortmann, Vorständin für Vertrieb und Marketing bei der Audi AG, schön auf den Punkt gebracht hat: »Vertrauen ist die schönste Form von Mut.«[69] Doch was benötigt Vertrauen, damit es zwischen Ihnen und Ihren Mitarbeiter:innen entsteht?

### Samen des Vertrauens

Ich spreche hier bewusst von Samen des Vertrauens, denn wie Samen braucht Vertrauen Zeit, bis es wächst. Vertrauen ist immer eine Vorschussleistung und geht damit einher, dass es verletzt oder missbraucht werden kann. »Aber was, wenn der Mitarbeiter mein Vertrauen verletzt?« ist insofern eine sinnlose Frage, da sie das Wesensmerkmal von Vertrauen, nämlich Unsicherheit, negiert. Wenn Sie sich sicher sein können, dass Ihr Vertrauen nicht missbraucht wird, dann brauchen Sie nicht zu vertrauen. Sicherheit ist das Gegenteil von Vertrauen. Die Enttäuschung Ihrer Erwartung ist also ein inhärentes Wesensmerkmal von Vertrauen. Gleichzeitig reduziert Vertrauen Komplexität, da sie viele Handlungsalternativen erst mal ausschließt. Wenn Sie einem Menschen vertrauen, dann werden Sie diesen nicht ausrauben und erwarten dasselbe von ihm. Neben diesen Wesensmerkmalen lassen sich wie beim Samen auch einige Umgebungsfaktoren identifizieren, die hilfreich sind, damit Vertrauen wachsen kann.

Grundsätzlich existiert Vertrauen nicht per se, sondern entsteht als Interaktionsmuster zwischen zwei Personen und basiert letztlich auf der Vertrauenswürdigkeit der Einzelpersonen. Worauf diese Vertrauenswürdigkeit basiert, hat der Unternehmensberater Charles H. Green mit seinen Kolleg:innen im Buch *The Trusted Advisor* anhand des Vertrauensquotienten anschaulich dargelegt, den ich durch eigene Gedanken ergänzt habe:[70]

$$\text{Vertrauenswürdigkeit} = \frac{\text{Glaubwürdigkeit} \times \text{Verlässlichkeit} \times \text{Intimität}}{\text{Selbstorientierung} \times \text{Enttäuschungsmomente}}$$

**Glaubwürdigkeit** bezieht sich simpel gesagt auf Worte und Gedanken. Sprechen Sie das aus, was Sie denken? Haben Sie die Expertise, um zu dem Sachverhalt eine fundierte Meinung abzugeben? Wissen Sie auch, wo Ihre Expertise endet? Sie können Ihre Glaubwürdigkeit also dadurch erhöhen, dass Sie sich Expertise aneignen, zu Ihrem Wort stehen oder demütig bekennen, wenn Sie auch mal nichts Nennenswertes beizutragen haben. Nichts zu wissen, lädt andere ein, zu wissen oder mit Ihnen gemeinsam zu suchen. Nicht zu wissen ist auch ein Zeichen von Glaubwürdigkeit. Gleichzeitig wird hier deutlich, wie wichtig es ist, sich zu zeigen, um als glaubwürdig wahrgenommen zu werden. Ich betone das deshalb, da dieser Punkt gerade für verteilt und virtuell arbeitende Teams entscheidend ist. Wenn sich ein/e Mitarbeiter:in nie zeigt, also bei virtuellen Meetings immer die Kamera abgeschaltet hat, oder sich auch verbal selten beteiligt, dann trägt das nicht zu seiner/ihrer Glaubwürdigkeit bei. Damit wir Menschen vertrauen können, müssen sie greifbar werden – und dafür müssen sie sich zeigen. Glaubwürdigkeit hat also auch mit Sichtbarkeit und Konkretheit zu tun.

**Verlässlichkeit** bezieht sich auf Ihre Taten und Handlungen. Kann man sich auf Sie verlassen? Liefern Sie, was Sie versprochen haben?

Und das auch zur vereinbarten Zeit? Sie können Ihre Verlässlichkeit erhöhen, indem Sie stets sicherstellen, dass Sie die gemachten Versprechen einhalten, nur noch realistische Versprechen abgeben und, falls das nicht geht, dann eben keines. Das Stichwort lautet hier: Nein sagen. Better be safe than sorry. Das Revidieren von Versprechen ist immer kostspieliger, als direkt von Anfang an klar kein Versprechen abzugeben.

**Intimität** meint die Offenheit, mit der Sie anderen Menschen Ihre eigenen Unzulänglichkeiten, Unsicherheiten, Probleme und Zweifel offenbaren. Indem Sie sich öffnen, auch die private Person hinter der Arbeitsrolle zeigen, desto mehr wird dieser Faktor gestärkt. In der New-Work-Bewegung vernimmt man häufig die Aufforderung: Bring dein ganzes Selbst zur Arbeit! Mal abgesehen davon, dass ich mich frage, wen außer mir selbst ich sonst zur Arbeit bringen sollte, ist das Ansinnen, authentisch bei der Arbeit zu sein, durchaus nachvollziehbar. Und doch wird es häufig mit zu starker Dogmatik versehen. Ja, bring dein ganzes Selbst zur Arbeit, aber stülpe es nicht ohne Bezug zum Kontext und zum Vertrauensverhältnis jemandem über. Auch zu viel Intimität kann verstören und die Leute eher auf Abstand bringen statt näher an einen heran. Vertrauen braucht Stimmigkeit, was die Gesprächstiefe angeht. Und doch gibt es auch heute noch zu viele Führungskräfte, die das Mantra »Auf keinen Fall Emotionen oder Schwäche zeigen« verfolgen. Dabei sind es doch häufig Emotionen, die zwischenmenschliche Brücken zum/r Mitarbeiter:in und zum Team schlagen. Als ich in der Coronakrise einige Führungskräfte und Unternehmen sehr intensiv begleitet habe, durfte ich immer wieder miterleben, wie ein unglaubliches Gefühl von Verbundenheit und Vertrautheit entstand, sobald auch mal der/die Führende geteilt hat, wie es ihm/ihr mit der Situation gerade geht, womit er/sie sich schwertut und wovor auch er/sie Angst hat. Ein gesunder, vertrauensfördernder Umgang mit Emotionen bedeutet eben auch, die Schattenseiten anzusehen und darüber zu sprechen. Natürlich zur richtigen Zeit, natürlich im richtigen Maße, natürlich mit dem Fokus darauf, authentische Nähe aufzubauen und dennoch vorsichtige Zuversicht statt totaler Resignation und Kapitulation zu vermitteln, aber das betrifft eher das Wie als das Ob.

Die oben genannten Merkmale stärken also die Vertrauenswürdigkeit des Einzelnen und dadurch das Vertrauensverhältnis aller Beteiligten. Es gibt jedoch auch zwei Faktoren, die Vertrauenswürdigkeit extrem hemmen. Der erste lautet: Selbstorientierung. Wenn Sie Ihre Meinung fundiert zu Ihren Wissensgebieten abgeben, Ihre Zusagen immer in der versprochenen Qualität und Zeit abgeben und sich zur rechten Zeit auch mal verletzlich zeigen, dann fördert das Ihre Vertrauenswürdigkeit. Wenn Sie das allerdings nur tun, weil Sie auf Ihren eigenen Vorteil bedacht sind, möglichst schnell aufsteigen wollen oder es Ihnen am Ende des Tages nur um Sie geht, dann setzt das Ihre obigen Bemühungen schachmatt. Denn Mitarbeiter:innen und Kolleg:innen haben sehr feine Antennen, ob jemand wirklich am Gemeinwohl oder an seinen eigenen Bedürfnissen interessiert ist. Was hier hilft, ist einerseits Transparenz. Eigeninteresse ist nicht per se schlecht, jeder verfolgt eigene Ziele. Täuschendes und verleugnetes Eigeninteresse ist das Problem. Seien Sie also transparent, was Ihr Pfeil im Köcher ist, und überlegen Sie, wie sich Ihre Ziele mit jenen Ihrer Mitarbeiter:innen ehrlich decken können. Vergegenwärtigen Sie sich immer, dass Führung auch mit dienen zu tun hat und das eine oder andere Mal die Eigeninteressen hintanstehen dürfen. Schön beobachten durfte ich das bei einer Führungskraft, die, als das Budget gekappt wurde, lieber auf die eigene Weiterbildung verzichtete, statt jene der Mitarbeiter:innen einzukassieren.

Der zweite Faktor sind Enttäuschungsmomente. Es gibt den bekannten Spruch, der Aufbau von Vertrauen dauere Jahre und die Zerstörung manchmal nur Sekunden. Das liegt daran, dass das Enttäuschen von Vertrauen die gesamte Vertrauensbeziehung infrage stellt. Ein

Vertrauensbruch bricht wortwörtlich das Vertrauen. Auch wenn Enttäuschung wie oben gezeigt ein klares Wesensmerkmal von Vertrauen ist, möchten wir am liebsten darauf verzichten. Wenn Sie einmal festgestellt haben, dass Ihr/e Mitarbeiter:in nicht die versprochene Aufgabe zur versprochenen Zeit geliefert hat oder ein Teamkollege/eine Teamkollegin einem/r anderen Mitarbeiter:in eine Information vorenthalten hat, um daraus eigenen Profit zu schlagen, dann wird es Ihnen beim nächsten Mal schwerer fallen, ihm/ihr vollends zu vertrauen. Machen Sie sich jedoch in diesem Fall immer bewusst: Partielle Vertrauensbrüche sollten nie zu generellem Misstrauen führen. Was meine ich damit? Wenn uns Menschen enttäuschen, stellen wir häufig die gesamte Vertrauensbeziehung infrage. Was in Freundschaften oder Partnerschaften noch sinnvoll sein kann, wird in Leistungsbeziehungen dysfunktional. Vielleicht sollten Sie in jenem spezifischen Fall X bei Mitarbeiter:in Y in Zukunft etwas genauer hinschauen oder kritisch überlegen, ob Sie ihm wirklich die Aufgabe übertragen möchten. Jedoch von einer generell fehlenden Vertrauenswürdigkeit auszugehen, würde Ihr Handlungsspektrum unnötig einschränken. Jeder Mensch macht Fehler und trifft manchmal ungünstige Entscheidungen. Das heißt aber nicht, dass dieser Mensch per se schlecht oder in diesem Fall nicht vertrauenswürdig ist. Machen Sie also bitte nicht den Fehler, von partiellen Verhaltensfehlern auf generelle Persönlichkeitsmuster zu schließen. Vertrauen Sie auch bei wenigen Enttäuschungsmomenten und schauen Sie bei den Enttäuschungsmomenten eben sehr genau hin, wie Sie beim nächsten Mal mit dieser Aufgabe und diesem/r Mitarbeiter:in umgehen wollen.

Dieses Tool können Sie – wie jedes in diesem Buch – auf zwei Arten nutzen: für die Diagnose oder für die Intervention. Als Diagnosetool können Sie bei sich selbst oder auch eine/n Ihrer Mitarbeiter:innen analysieren, wie es um die Vertrauenswürdigkeit steht, und anschließend Interventionsmöglichkeiten definieren. Gerade wenn Sie ein virtuelles und verteiltes Team führen, ist der Fokus auf Vertrauen unerlässlich. Da die Mitarbeiter:innen durch die fehlende Co-Lokation weniger von Ihnen und voneinander mitbekommen, müssen Sie vertrauen, dass der Kollege/die Kollegin im Sinne des Teamziels und wohlwollend in Bezug auf die eigenen Kolleg:innen handelt. Wo Vertrauen fehlt, wachsen Egozentrik und Gerüchte. Statt diese im Nachgang mühsam zurechtzurücken (was in virtuellen und verteilten Teams ungleich schwieriger ist), fokussieren Sie sich von Anfang an auf das Gold der Zusammenarbeit: Vertrauen.

### Vertrauen benötigt inhaltliche Tiefe, einen Fragefokus und offene Ohren

Vielleicht kennen Sie das auch? Mit einigen Personen können Sie sich stundenlang unterhalten und das Gespräch bleibt stets oberflächlich, und mit manchen sind Sie bereits nach wenigen Minuten in eine Gesprächstiefe eingetaucht, die eine wahnsinnig schöne Vertrautheit befördert und Ihnen ein wohlig warmes Gefühl beschert. Bei mir sind das meine beiden sehr guten Freunde oder meine Frau, mit denen ich mit Leichtigkeit eine derartige Tiefe erreiche. Natürlich ist der Businesskontext anders und Oberflächlichkeit hier auch häufig funktional. Und doch meine ich zu behaupten, dass es auch im Geschäftskontext eine gewisse Gesprächs- und emotionale Tiefe ab und an braucht, um Vertrauen zu fördern. Auch bei meinen Kunden stelle ich fest, dass vor allem jene Führungskräfte eine vertrauensvolle Beziehung zu Ihren Mitarbeiter:innen haben, die dieses Spiel mit den verschiedenen Tiefenstrukturen der Kommunikation beherrschen.

Doch um welche Ebenen handelt es sich dabei? In Zusammenarbeit mit meinem geschätzten Kollegen und Freund Raoul Sonnenberg haben wir folgende Ebenen identifiziert:

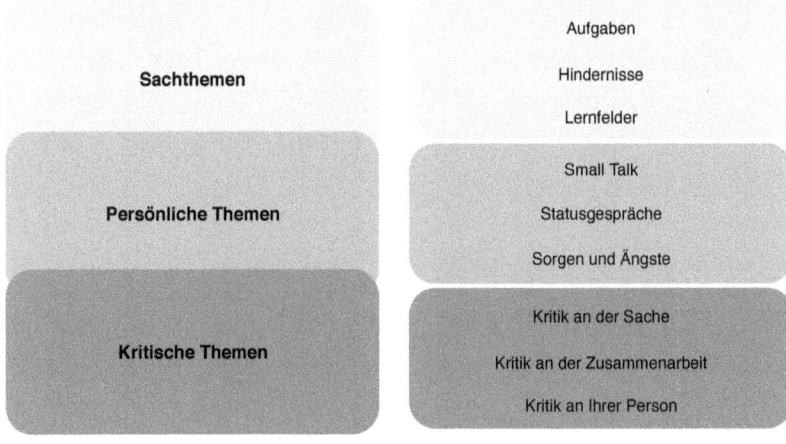

Die einfachste Art, mit Mitarbeiter:innen – auch über Entfernung – in Kontakt zu kommen, ist über Sachthemen. Denn schließlich ist es eine Leistungsbeziehung, die Sie und Ihre Mitarbeiter:innen haben. Der Dialog über aktuelle Aufgaben und damit verbundene Hindernisse oder auch Lernfelder sind ein gutes Einfallstor in tiefere Schichten. Generell gilt: Der/Die Mitarbeiter:in bestimmt die Tiefe des Dialogs. Sie machen stets Gesprächsangebote, die der/die Mitarbeiter:in allerdings auch ablehnen kann. Das bedeutet, wenn Sie merken, dass das Gespräch bereits beim Dialog über Hindernisse zäh wird, macht es meist wenig Sinn, auf persönliche oder gar kritische Themen einzugehen. Funktioniert das allerdings gut, dann trauen Sie sich, ein Angebot zu einer tieferen Ebene auszusprechen, indem Sie Fragen zum jeweiligen Bereich stellen. Bleiben Sie auch hier flexibel: Vielleicht hat der/die Mitarbeiter:in am heutigen Tag keine große Lust auf tiefe Gespräche, das kann am nächsten Tag oder in einer weniger stressigen Phase aber ganz anders aussehen.

Haben Sie einen guten Flow auf der Sachebene etabliert, können Sie versuchen, eine Ebene tiefer auf die persönlichen Themen zu gehen. Über Small Talk, in dem Sie sich selbst offen zeigen und Privates offenlegen, können Sie an die Situation Ihres Mitarbeiters/Ihrer Mitarbeiterin anknüpfen und ihn dazu animieren, sich selbst offen zu zeigen. Die nächste Stufe sind Statusgespräche, also wirklich aktive Fragen, wie es ihm beispielsweise mit den drei Tagen Homeoffice geht, wie er den Spagat zwischen dem Dasein als frischgebackenes Elternteil und der Arbeitsbelastung meistert oder wie der Hausbau vorangeht. Wenn es auch hier zu einem sich stimmig anfühlenden Gesprächsfluss kommt, dann können Sie noch einen Schritt tiefer gehen und nach Sorgen oder Ängsten fragen, die den/die Mitarbeiter:in umtreiben.

Schließlich können Sie auch kritische Themen ansprechen. Hier geht es darum, dem/der Mitarbeiter:in zu signagisieren, dass Kritik an der Sache, der Zusammenarbeit oder auch an Ihnen als Person willkommen ist. Denn Sie wissen ja: Kritisches Feedback ist immer eine subjektive Wahrnehmung und Sie können letztlich entscheiden, ob Sie danach handeln wollen. Anhören sollten Sie es sich aber auf jeden Fall, da es meist auch dieser Bereich ist, in dem Sie häufig Missstände und Unzufriedenheiten aufspüren können, noch bevor sie virulent werden. Es stimmt, dass Sie bei remote oder hybrid arbeitenden Teams weniger Datenpunkte haben. Wie viele Daten Sie jedoch für Ihre Entscheidungen und Ihre Kommunikation zur Verfügung haben, hängt maßgeblich davon ab, wie sehr Sie es schaffen, dass Mitarbeiter:innen auch kritische Themen adressieren. Vor allem aber ist die Art und Weise, wie Sie auf diese Kritikpunkte reagieren, entscheidend. Öffnet sich ein/e Mitarbeiter:in und hört Ihrerseits nur Rechtfertigungen oder gar Angriffe, war das bestimmt das letzte Mal, dass er/sie seine/ihre Meinung offen kundgetan hat. Auf die ehrliche Meinung Ihrer Mitarbeiter:innen sind Sie heute aber mehr denn je angewiesen! Also bleiben Sie ruhig, fragen Sie neugierig nach und fassen Sie zusammen, was Sie wirklich verstanden haben. Und vor allem seien Sie dankbar. Denn seinem/r Chef:in klare Kritikpunkte mitzuteilen, ist für keine/n Mitarbeiter:in leicht, insofern schätzen Sie diesen Mut.

Liegt es an Ihnen, kritische Themen anzusprechen, vergewissern Sie sich noch mal, ob es für den/die Mitarbeiter:in der passende Zeitpunkt ist.

Denn Feedback ist ein Geschenk, das man anderen nicht aufzwängen sollte, besonders wenn Sie aufgrund einer längeren Homeoffice-Phase vielleicht nicht wissen, ob der/die Mitarbeiter:in wirklich aufnahmefähig ist. Haben Sie die Erlaubnis, dann sollten Sie unterscheiden, ob Sie valide Beobachtungspunkte haben, an denen Sie das kritische Verhalten festmachen können. Ist das der Fall, hilft Ihnen die Argumentationsstruktur, die ich bereits in meinem ersten Buch ausführlich beschrieben habe: Beobachtung, Bewertung, Bedarf. Was haben Sie zum Beispiel in der Arbeitsweise konkret beobachtet oder was genau hat der/die Mitarbeiter:in im Teammeeting gesagt? Wie hat das auf Sie oder andere gewirkt? Seien Sie hier klar und nicht zu diffus. Und was wünschen Sie sich für das nächste Mal oder was fordern Sie? Einer Forderung ist Folge zu leisten, ein Wunsch darf auch unerfüllt bleiben. Seien Sie hier redlich. Dieses Schema funktioniert sehr gut, wenn Sie konkrete Datenpunkte haben, an denen Sie die Beobachtung festmachen können. Haben Sie diese durch Führung auf Distanz jedoch nicht oder nicht in ausreichendem Maße, geben Sie statt einem Feedback ein Feedforward. Statt also darüber zu sprechen, was nicht passt, sprechen Sie darüber, wie es noch passender gemacht werden kann. Sprechen Sie klar an, was sein sollte oder wünschenswert wäre in der Sache oder in der Zusammenarbeit. Erkennen Sie an, was in diesem Zusammenhang bereits gut funktioniert, und visionieren Sie gemeinsam, was noch besser laufen könnte und was dadurch möglich wäre, wenn sich das gewünschte Verhalten bereits zeigt. Dadurch können Sie, wie es Prof. Dr. Dr. Hermann Rauhe so schon ausgedrückt hat, in Ihren Mitarbeiter:innen »das Gute und Positive ›herauslieben‹ und das Schlechte und Negative ›weglieben‹«.[71] Die Tonalität dieses Gesprächs ist wirklich wichtig. Während Feedback vergangenheitsorientiert und problemlösend ist, ist Feedforward zukunftsorientiert und potenzialfördernd. Im Feedforward sprechen Sie also immer das Potenzial im Mitarbeiter/in der Mitarbeiterin an. Denn wie hat schon Johann Wolfgang von Goethe gesagt: »Wenn wir die Menschen nur nehmen, wie sie sind, so machen wir sie schlechter; wenn wir sie behandeln, als wären sie, was sie sein sollten, so bringen wir sie dahin, wohin sie zu bringen sind.«[72]

Im Feedback und Feedforward werden bereits zwei Dimensionen deutlich, die Sie beim Dialog mit Ihren Mitarbeiter:innen unterscheiden sollten: Orientierung auf die Vergangenheit oder die Zukunft. Denn je nachdem, wo Sie den Fokus mit Ihren Fragen legen, bekommen Sie unterschiedliche Antworten. Vergangenheitsorientierte Fragen zielen auf Ursachen, Anlässe, Entwicklungen oder gemachte Erfahrungen ab. Zukunftsorientierte Fragen fokussieren auf Ziele, Richtungen, Lösungsschritte und einen möglichen Nutzen. Beides kann vertrauensfördernd wirken, je nach Kontext und auch zeitlicher Stimmigkeit. Eine zweite Dimension, die Sie bei Ihren Fragen unterscheiden sollten, ist jene der Innen- oder Außenschau. Die Innenschau fragt nach Motiven, Denkweisen, Erklärungsmustern, Gefühlen, Bedürfnissen, Wünschen. Sie beantwortet die Frage »Welchen Sinn kreiert der Mitarbeiter aus den Vorgängen im Außen?«. Die Außenschau hingegen fokussiert auf Vorgänge und den Kontext. Sie beantworten, wer was wie wo wann mit wem warum und wozu gemacht hat. Auch hier kann beides vertrauensfördernd wirken, je nachdem, was auch dem/r Mitarbeiter:in in der jeweiligen Situation am meisten hilft. Wenn Sie in Ihrer Führungskommunikation allerdings diese vier Dimensionen (Vergangenheits- versus Zukunftsorientiertheit sowie Innen- versus Außenschau) unterscheiden können, dann werden Ihre Fragen wesentlich förderlicher für Ihre Mitarbeiter:innen sein. Und das fördert letztlich das Vertrauen, denn wir vertrauen Menschen, die sich ehrlich für unsere Belange interessieren und uns durch clevere Fragen weiterhelfen. Dazu generell noch ein Tipp:

**Ein Future Fit Leader weiß um die Macht der Fragen.** Jede Lösung, die aus dem/r Mitarbeiter:in selbst entsteht, besitzt eine höhere emotionale Anziehungskraft als jene, die ihm einfach vorgesetzt wird. Zudem wissen Sie, dass die besten Lösungen meist bei den Leuten entstehen, die nah am Problem sind. Deswegen verstehen Sie sich als Coach, der im Rahmen der organisationalen Zielsetzung dem/der Mitarbeiter:in als Sparringspartner dient.

Gleiches gilt natürlich auch für stetige Medien wie Mails, Chatverläufe oder Kurznachrichten. Wenn Sie nicht genau wissen, worum es Ihrem/r Mitarbeiter:in geht oder wo der Schuh drückt, dann stellen Sie Fragen, statt Annahmen zu formulieren oder basierend auf diesen Annahmen Statements zu verfassen. Fragen ist seliger denn reden, vor allem in einer komplexen, digitalen Welt.

Natürlich gehört zum Fragestellen auch das Hinhören. Ich unterscheide hier häufig ego- versus altrozentrisches Zuhören.[73] Im egozentrischen Zuhören können Sie auf drei Arten zuhören. Sie hören entweder nur sehr oberflächlich zu, während Sie eigentlich etwas anders tun wie Ihre Mails zu checken oder auch an ein anderes Projekt zu denken. Sie hören zweitens zu, um zu antworten. Das heißt, während der/die andere spricht, hören Sie eigentlich schon Ihrer inneren Stimme zu, wie Sie darauf antworten könnten. Oder Sie hören drittens zu, um zu widersprechen. Auch hier ist Ihr Fokus auf Ihre eigene innere Stimme gerichtet, die bereits den Widerspruch formuliert. Wenn sich Mitarbeiter:innen emotional öffnen, wollen sie die vollen Präsenz Ihrer Führungskraft spüren. Das heißt für Sie: Wenn sich Ihr/e Mitarbeiter:in öffnet, nehmen Sie Ihre eigenen Annahmen, Geschichten und inneren Stimmen aus dem Ohr. Die schalldichtesten Ohrstöpsel unserer Zeit sind nicht die AirPods von Apple, sondern unsere eigenen Annahmen und Geschichten, die das Hinhören verhindern. Was dabei hilft, ist, altrozentrisch hinzuhören. Im altrozentrischen Hinhören sind Sie ganz bei Ihrem Gegenüber. Sie setzen den anderen/ die andere (altro) in das Zentrum Ihrer Bemühungen und dezentrieren sich von Ihren eigenen Gedanken, Gefühlen und inneren Stimmen.

Sie hören zu, um den anderen/die andere zu verstehen, oder helfen ihm/ihr, sich selbst besser zu verstehen. Beim altrozentrischen Zuhören gehen Sie vorbehaltlos in volle Resonanz mit dem Gesagten und überlegen sich erst im zweiten Schritt, wie Sie dazu stehen. Sie schaffen es, auch bei Unverständnis etwas Erlaubendes und ein Bezogen-Sein aufrechtzuerhalten. Sie hören genau hin: Wie beschreibt der/die Mitarbeiter:in die Situation? Welche Emotionen zeigt er/sie dabei auch stimmlich oder körpersprachlich? Welche Bedeutung gibt er/sie dem Gesagten? Und was bleibt ungesagt? Seien Sie ein Tiefseetaucher, der die wirklichen Tiefen Ihres Gegenübers ergründen möchte, statt an der Oberfläche zu schnorcheln. Was Sie dazu brauchen? Den Willen, sich wirklich einzulassen, Zeit und ein störungsfreies Umfeld, denn nur dann können Sie in den Gedankenstrom Ihres Mitarbeiters/Ihrer Mitarbeiterin einsteigen. Schließen Sie alle ablenkenden Anwendungen, legen Sie das Smartphone weg, machen Sie sich Notizen und legen Sie die Zungenspitze hinter die beiden vordersten Zähne, sodass sie diese fast, aber eben nicht wirklich berührt (klingt komisch, hilft aber extrem, sich auf das Gesagte zu fokussieren). So fällt es Ihnen leichter, wirklich beim Gegenüber zu sein, und es lohnt sich, denn Vertrauen wird nur durch altrozentrisches Zuhören gefördert. Und wie sagte schon François de La Rochefoucauld: »Das Vertrauen gibt dem Gespräch mehr Stoff als der Geist«.[74]

### Vertrauen benötigt zeitliche Stimmigkeit

Wer hätte gedacht, dass uns Aristoteles beim Thema Vertrauen und Führung im digitalen Zeitalter weiterhelfen könnte? Da aber gerade im digitalen Raum die kommunikativen Zeitstrukturen entscheidend sind und sich Aristoteles intensiv mit diesen Zeiten in der Rhetorik beschäftigte, kann er uns hier als guter Wegweiser dienen. Aristoteles unterscheidet in forensische, demonstrative und deliberative Rhetorik.[75] Die forensische Rhetorik ist vergangenheitsbezogen, das heißt, es geht darum, was passiert ist, häufig auch gekoppelt an die Frage »Wer ist schuld?«. Da Schuld ein einfaches, unterkomplexes Konstrukt ist (Ich bin schuldig, du bist unschuldig. Ich entschuldige mich, du nimmst im besten Fall barmherzig an), spreche ich in der Kommunikation lieber von Beiträgen. Was hat jede Seite dazu beigetragen, dass die Situation so entstanden ist, wie sie entstanden ist? In der demonstrativen Rhetorik geht es um die Gegenwart, darum, wie Menschen zu einem Sachverhalt stehen und was er in ihnen auslöst. Hier geht es um Einstellungen, Werte, Gefühle und auch um Gemeinsamkeiten und Unterschiede zwischen Personen. In der deliberativen Rhetorik geht es um die Zukunft, um Wahlmöglichkeiten, Entscheidungen und Lösungen. So weit die Theorie.

Doch was hat das nun mit Vertrauen im digitalen Zeitalter zu tun? Kommunikation in digitalen Settings ist stark von Effizienz getrieben, von einem hohen Austausch an Informationen, von einem Suchen nach der besten Lösung in kürzester Zeit.[76] Dieses Setting kann den etwas ungeübten Future Fit Leader dazu verleiten, sehr schnell von der Problemschilderung der Mitarbeiter:innen zum Lösungsprozess zu wechseln. Nähe und Vertrauen in der Kommunikation entsteht aber immer erst durch die Akzeptanz und Sättigung der Zeitebene des Gegenübers.

Empathie bedeutet, das Zeitangebot des Gegenübers anzunehmen, statt es direkt abzuschmettern und die eigene Zeitdimension zu verfolgen. Was heißt das? Wenn der/die Mitarbeiter:in aufgewühlt von seiner/ihrer subjektiven Wahrnehmung des Problems berichtet, dann verweilen Sie ebenfalls in der zeitlichen Dimension der forensischen Rhetorik. Nehmen Sie bewusst die Effizienz aus dem (digitalen) Kommunikationsprozess und verweilen Sie so lange beim Problem, bis der/die Mitarbeiter:in sich langsam für die Lösung öffnet.

»Das ist doch klar!«, werden Sie als erfahrener Future Fit Leader einwerfen. Zu häufig habe ich aber bei digitalen Mitarbeiter:innengesprächen, die ich begleiten durfte, das Gegenteil erlebt. Aus meiner Erfahrung kann man durchaus von der forensischen Rhetorik in die demonstrative wechseln, also vom Problem des Mitarbeiters/ der Mitarbeiterin zur Bewertung dieses Problems. Ein zu schnelles Wechseln von der forensischen in die deliberative Rhetorik – also vom Problem zur Lösung – kommt aber häufig zu abrupt, weshalb dann auch die erarbeiteten Lösungen wenig tragbar oder nachhaltig sind. Befreien Sie sich also vom Effizienzdiktat des virtuellen Kontextes und des schnelllebigen Führungsgeschäftes, um wirklich Nähe und Vertrautheit herstellen zu können. Und dazu noch ein letzter Tipp: Kürzen Sie digitale Mitarbeiter:innengespräche nicht. Manche Führungskräfte neigen gerne dazu, die sonst einstündigen Mitarbeiter:innengespräche im virtuellen Kontext zu verkürzen, da es ja immer so schön effizient läuft. Dadurch trimmen Sie das Gespräch automatisch auf Effizienz, noch bevor es richtig begonnen hat. Das kann für das eine oder andere Thema auch passen, beim Aufbau von Vertrauen jedoch nicht. Bleiben Sie also bei Ihrer analogen Zeitstruktur und wenn Sie früher fertig werden, dann haben Sie beide etwas Zeit zum Durchschnaufen gewonnen. Apropos Zeit zum Durchschnaufen: Machen Sie sich auch bewusst, dass Ihre Mitarbeiter:innen in virtuellen Settings für gewöhnlich ein paar Minuten länger brauchen, um anzukommen und sich zu öffnen. Sind Sie in analogen Settings sonst mit einem gemeinsamen Kaffee in den Büroräumen in das Mitarbeiter:innengespräch gestartet, so arbeiten die Mitarbeiter:innen in virtuellen Arbeitskontexten aus meiner Erfahrung meist bis zur letzten Minute, bevor Sie sich in den virtuellen Raum einwählen. Planen Sie also auch hier genug Zeit für ein gegenseitiges Synchronisieren ein, das jenseits des gleich zu Besprechenden ist. Vertrauen braucht Zeit, sowohl beim Start als auch in der jeweiligen rhetorischen Dimension.

## Vertrauen benötigt produktive Zusammenarbeit

Wie im vorherigen Kapitel gezeigt, entsteht Verbundenheit häufig durch Informelles und das Feiern gemeinsamer Erfolge. Vertrauen ist sozusagen die Vorstufe von Verbundenheit. Sie ist eine notwendige, aber keine hinreichende Bedingung für das Gefühl von Verbundenheit. Sie können Ihrem/r Mitarbeiter:in vertrauen, dass er/sie die Arbeit gut abliefern wird, müssen sich allerdings nicht wahnsinnig verbunden fühlen. Sie können jedoch keine Verbundenheit zu jemandem spüren, dem Sie nicht vertrauen. Diese Unterscheidung ist wichtig, denn natürlich ist es schön, wenn Vertrauen und Verbundenheit Hand in Hand gehen, gerade im Businesskontext kann Vertrauen ohne tiefe Verbundenheit aber durchaus funktional sein und tolle Früchte tragen. In den vorherigen Abschnitten wurden bereits einige Themen beleuchtet, die Vertrauen fördern. Gerade im Zusammenhang und der Abgrenzung zu Verbundenheit lässt sich noch ein weiterer Erfolgsfaktor ausmachen: Vertrauen entsteht ganz häufig durch die Sachebene, im Speziellen durch die produktive Zusammenarbeit.

Das ist ein Aspekt, der aus meiner Sicht in den Lockdown-Phasen viel zu wenig beachtet wurde. Natürlich sind Teamevents à la Escape Room Games oder Weinabende wichtig, aber das gemeinsame Erreichen von Zielen, die sinnstiftend für die Organisation sind, ist mindestens genauso wichtig. Dies zeigt auch Erin Meyer in ihrem Buch *The Culture Map* eindrücklich.[77] Demnach gibt es, je nach Kultur und Sozialisation, zwei Vertrauenstypen: Einmal den Beziehungstyp, der sich dadurch definiert, dass Vertrauen bei ihm durch Miteinander entsteht. Vertrauen entsteht auf lange Sicht und durch das Zeigen der privaten Persönlichkeit. »Ich kenne dich nun gut, deswegen vertraue ich dir« ist die entsprechende Maxime. Gemeinsame Mittagessen, ein Bier an der Hotelbar am Abend, ein gemeinsamer Kaffeeplausch helfen bei diesem Typ, die Beziehung zu stärken. Das Gegenstück ist der Aufgabentyp. Vertrauen entsteht schneller, wird allerdings schneller auch wieder entzogen und basiert häufig auf der Praktikabilität der Situation. Es beruht vor allem auf arbeitsbasierten Tätigkeiten und Leistung. Die Maxime lautet hier: »Du zeigst dauerhaft gute Arbeit, du bist verlässlich. Es macht Spaß, mit dir zusammenzuarbeiten, deswegen vertraue ich dir.« Vertrauen entsteht also hier auf der Sachebene, durch gemeinsam erreichte Ziele und gut abgelieferte Arbeit. Bedenken Sie beim Vertrauen und gerade bei der Arbeit in virtuellen und hybriden Teams, dass es auf der Sachebene für diesen Typ auch vertrauensmäßig genug zu holen gibt.

Um die Zusammenarbeit entsprechend gestalten zu können, ist wie immer beim Thema Vertrauen auch hier Kommunikation der Schlüssel. Fragen Sie Ihre/n Mitarbeiter:in: Wann macht ihm/ihr Arbeit wirklich Spaß? Welche Aufgaben fordern ihn/sie in einem guten Ausmaß? Was überfordert auch? Was sollte in einer Zusammenarbeit auf keinen Fall passieren in Bezug auf das Zwischenmenschliche, aber auch die Arbeit an sich? Je mehr Informationen Sie sammeln, desto mehr bekommt jeder/jede Mitarbeiter:in die Aufgaben, die er wirklich gut und mit Freude umsetzen kann, und desto sicherer werden auch Sie bei der Entscheidung, welche Mitarbeiter:innen Sie für welches Projekt gut zusammenspannen können. »Ich kann das meine Mitarbeiterin doch nicht einfach fragen, wenn ich mit ihr bereits über sieben Jahre zusammenarbeite?«, fragte mich ein Führender im Workshop. »Sie können immer neu beginnen, es braucht aber natürlich eine entsprechende Einbettung«, antwortete ich. Natürlich können Sie nicht einfach plump fragen, was ihr eigentlich Freude bereite, nach all den Jahren. Sie sollten davor erklären, warum diese Frage plötzlich relevant ist. Sie können sich zum Beispiel auf die hybride oder virtuelle Zusammenarbeit beziehen und dass Ihnen dabei klar geworden ist, wie wichtig ein Aufgaben-Mitarbeiter:innen-Fit ist, jetzt, wo Sie nicht mehr so nah dran sein können. Sie können sagen, durch einen Artikel oder dieses Buch sei das noch mal in Ihren Fokus gerückt. Oder Sie fassen zusammen, welche Beobachtungen Sie über die Jahre gemacht haben, und was es da noch an Weiterem gibt, was Sie bisher nicht auf dem Schirm hatten. Egal, wie Sie es machen: Interesse und ein tieferes Vertrauensverhältnis zu Ihren Mitarbeiter:innen kann immer beginnen. Nehmen Sie sich Zeit für diese Exploration und Sie werden sehen, wie viel Freude und Vertrauen zwischen den Mitarbeiter:innen wächst, auch ohne ständige Teamevents. Und meistens haben die Mitarbeiter:innen auf diese Events dann auch wieder mehr Lust.

### Wer vertraut, ermöglicht Empowerment und Selbststeuerung – vor allem beim Lernen

Empowerment ist das wahrscheinlich am meisten genutzte Wort im Rahmen der neuen Arbeitswelt. Doch was sind Empowerment, Selbststeuerung oder Selbstermächtigung? Das Konzept des Empowerments ist keineswegs neu, sondern stammt aus der amerikanischen Bürgerrechtsbewegung der 1970er-Jahre und wurde anschließend vor allem in der gemeindebezogenen sozialen Arbeit aufgegriffen, bevor es in den Managementkontext überführt wurde.[78] Die meisten Empowerment-Definitionen nehmen eine ressourcenorientierte Perspektive ein und fokussieren auf die Autonomie und Selbstbestimmtheit von Menschen. An diesem Fokus erkennen Sie bereits, wie sehr Empowerment Vertrauen benötigt. Denn wenn Sie Ihre Mitarbeiter:innen in Autonomie und Selbstbestimmtheit ihre Arbeit machen lassen, dann bedeutet das, dass Sie viel Vertrauensvorschuss leisten dürfen. Empowerment ist genau das Gegenteil von Mikromanagement, also das ständige Eingreifen in kleinste Aufgabenstellungen. Wer empowert, lebt Führung, die abgelehnt werden darf. Natürlich nicht dort, wo Schaden für das Unternehmen entstehen könnte, aber dort, wo der/die Mitarbeiter:in mindestens eine genauso gute Entscheidung treffen kann wie Sie als Führungskraft selbst. Wer empowert, der vertraut und kümmert sich im Mitarbeiter:innenkontext vor allem um die folgenden drei Räume.

**Sinnraum:** Auch beim Empowerment bleibt es Ihre Aufgabe, Kontexte und Marktentwicklungen zu erkennen und daraus Strategien abzuleiten. Das konkrete Erstellen einer nachvollziehbaren und inspirierenden Vision sowie das Ableiten eines Transformationsvorhabens bleibt Ihre Aufgabe (auch wenn Sie hier hoffentlich durch das Vertrauensverhältnis zu Ihren Mitarbeiter:innen immer im dauerhaften Dialog sind und wertvolle Impulse von der Basis erhalten). Schließlich liegt es auch an Ihnen, den Sinn einer Aufgabe zu vermitteln und sie in das große Ganze einzuordnen. Wer selbstbestimmt arbeiten will, braucht eine Idee, wohin es geht und wie seine Aufgaben auf dieses Ziel einzahlen. Das wiederum ist Ihre Aufgabe!

**Einflussraum:** Wer selbstbestimmt arbeiten möchte, muss wissen, wo sein Einflussbereich beginnt und wo er endet. Es liegt also an Ihnen, den Rahmen abzustecken. Was gehört zu diesem Projekt und was nicht, weil es vielleicht ein ähnliches Projekt bereits gibt? Wie viel Budget gibt es und bis wann sind gewisse Meilensteine abzuliefern? Ein Einflussbereich, der alles ermöglicht, ist wenig ermächtigend, sondern eher überfordernd. Seien Sie also klar, wo die Grenzen der Selbstermächtigung sind.[*]

**Gestaltungsraum:** Der Gestaltungsspielraum umfasst die Spielwiese des Mitarbeiters/der Mitarbeiterin. Ihre Aufgabe ist es hier, dieses Spielen möglichst effektiv zu ermöglichen. Was braucht Ihr/e Mitarbeiter:in an Ressourcen? Mit welchen Kolleg:innen und Kompetenzen könnten Sie ihn/sie auch außerhalb der Organisation vernetzen, damit es für ihn/sie noch leichter geht? Wie können Sie sicherstellen, dass er/sie sich nicht überarbeitet und so seine/ihre Gesundheit gefährdet? Wo können Sie aus dem Weg gehen?

---

[*] Natürlich gibt es auch den Fall, dass Strategien, Konzepte, Produkte und dergleichen komplett neu gedacht werden sollen, ohne jegliche Grenzen und Einschränkungen. Dann handelt es sich aber nicht um Empowerment, sondern um Innovation und innovatives Denken. Wenn diese Ideen dann wieder in konkrete selbstbestimmte Arbeitsschritte heruntergebrochen werden, dann benötigt es wieder das Empowerment.

Wie Sie sehen, ist Empowerment das Gegenteil von Laisser-faire-Führung. Starke, autonomiefördernde Führungskräfte sind im digitalen Zeitalter mehr denn je gefragt. Empowerment schafft nicht die Führung ab, sondern macht Sie zum Sparringspartner für Ihre Mitarbeiter:innen. Oder anders gesagt:

> Empowerment entbindet nicht von etwas, es verbindet mit etwas. Es entbindet Sie nicht von der Verantwortungsübernahme für das geleistete Ergebnis Ihres Mitarbeiters/Ihrer Mitarbeiterin, es verbindet sie aber zu einer Schicksalsgemeinschaft, deren Gelingen Sie größtenteils in die Hände Ihrer Mitarbeiter:innen legen. Wie oben bereits geschrieben, ist Ihr/e Mitarbeiter:in Experte/Expertin in seinem/ihrem Verantwortungsbereich, in dem Sie ihm/ihr auch größtmögliche Freiheit geben sollten. Sie sind Sparringspartner im Annehmen, Tragen und Bewältigen dieser Verantwortung. Empowerment ist dabei die beste Methode im Umgang mit Komplexität, denn sie verbindet das Expert:innenwissen Ihres Mitarbeiters/Ihrer Mitarbeiterin mit Ihrem Struktur- und Prozesswissen.

Oder wie es Wolf Lotter ausdrückt: »Mache Wissen zugänglich, damit neues Wissen entstehen kann. Erkenne die Verbindungen zwischen deinem Denken und dem der anderen und schaffe neue Möglichkeiten daraus. Das ist erschlossene Komplexität«.[79]

Die Wichtigkeit von Empowerment und Selbststeuerung möchte ich an einem weiteren Thema ausführen, das in Zukunft immer wichtiger werden wird, nämlich die Weiterbildung der Mitarbeiter:innen. Ich möchte nicht über lebenslanges Lernen oder dergleichen philosophieren. Sie kennen das und wir wissen beide, dass es wichtig ist. Es geht mir eher um eine Frage, die viele meiner Kund:innen beschäftigt: Wie ermöglichen Sie Weiterbildung, wenn Ihre Mitarbeiter:innen ausschließlich remote arbeiten, wenn Wissen immer schneller veraltet, wenn das Lernen immer informeller stattfindet und Sie als Führungskraft also immer mehr darauf achten müssen, dass der/die Mitarbeiter:in während des Arbeitens lernt, statt ihn/sie guten Gewissens zwei Tage auf ein Seminar zu schicken und damit das Thema Weiterbildung für dieses Jahr abgehakt zu haben (ja, das war die echte Aussage einer Führungskraft). Nicht umsonst räumen Tech-Giganten wie Google oder Amazon ihren Mitarbeiter:innen eine Stunde pro Woche ein, in der sie sich mit fachfremden Themen beschäftigen sollen, was zu einem enormen Anstieg des Lern- und Innovationspotenzials geführt hat. Auch hier ist der Schlüssel Empowerment. Sie müssen also mit Ihrem/r Mitarbeiter:in besprechen, wie er/sie am besten lernt. Was das nächste Lernziel genau sein soll, das ihm/ihr in seinem/ihrem Job hilft. Wie ein konkreter Lernplan aussehen soll und vor allem: was er/sie tun kann, um sich dieses Lernziel bestmöglich selbst zu erarbeiten. Lernen in virtuellen und hybriden Teams bedeutet vor allem autodidaktisches Lernen des Einzelnen. Natürlich sollten Sie auch in diesem Kontext schauen, dass es Meetings gibt, in denen sich Mitarbeiter:innen über Lessons Learned und Best Practices austauschen oder ein/e Mitarbeiter:in Wissen teilt, das er/sie sich angeeignet hat. Der selbstermächtigte Autodidakt bleibt allerdings die erste Wahl, um vor allem drei negativen Tendenzen entgegenzuwirken: erstens einem ständigen Lern-Meeting-Marathon, in dem die meisten Mitarbeiter:innen leidglich stille Konsumenten sind und sich der Lernerfolg wahrscheinlich in Grenzen hält. Zweitens ist der informelle Austausch, über den Wissen hauptsächlich transportiert wird, in hybriden und virtuellen Teams meist eingeschränkter als bei On-Site-Teams. Und drittens ist in virtuellen oder hybriden Settings Ihr Prozesswissen eingeschränkt, das heißt, Sie wissen zwar, wie das Ergebnis des Mitarbeiters/der Mitarbeiterin aussieht, aber nicht, wie er/sie dazu gekommen ist, wo er/sie sich leichtgetan hat und wo er/sie Wissenslücken hatte. Alleine aus diesen drei Gründen müssen Sie Ihre/n Mitarbeiter:in dafür gewinnen, das Lernen selbst in die Hand zu nehmen. Ihre Aufgabe ist auch hier wieder vielmehr die Rolle eines coachenden Prozessbegleiters und Sparringspartners: Wie sieht ein realistischer, terminierter und für den/die Mitarbeiter:in attraktiver Lernplan aus, um sein/ihr spezifisches Lernziel zu erreichen? Wie, wo und wann lernt er/sie am leichtesten? Wie erkennt er/sie, dass er/sie auf Kurs ist, was den Lernplan angeht, und wann, dass er/sie nicht weiterkommt und Hilfe benötigt? Welche Ressourcen stehen ihm/ihr dann zur Verfügung? Welchen neuen Weg mag er/sie nun ausprobieren? Und wann sprechen Sie wieder, um sich über den Lernfortschritt und eine Feinjustierung des Plans auszutauschen? Und dann lassen Sie ihn/sie Verantwortung übernehmen, ohne sofort die Fesseln der Verpflichtung anzulegen, denn Verantwortung gestaltet aktiv, Verpflichtung führt nur devot aus. Und Lernen, damit es wirklich fruchtet, braucht Verantwortungsgefühl, das etwas in uns anregt und uns vorantreibt,

### Wer vertraut spricht auch heiklen Themen an

*Die Gefahr der Überarbeitung oder eines Burn-outs beim Mitarbeiter/bei der Mitarbeiterin*

Das Märchen vom entspannten und die ganze Zeit Netflix schauenden Homeoffice-Mitarbeiter war schon immer falsch, was nun auch Studien belegen. Forscher der University of California konnten zeigen, dass Mitarbeiter:innen im Homeoffice ein deutlich höheres Risiko haben, an Burn-out zu erkranken, als jene, die hauptsächlich vom Büro aus arbeiten.[80] Das hat laut den Forschern damit zu tun, dass zu Hause arbeitende Mitarbeiter:innen mit höherer Wahrscheinlichkeit eine familiäre Verpflichtung und private Treffen absagen oder Überstunden leisten, um ihr Engagement zu beweisen. Arbeiten sie in einer anderen Zeitzone als die Führungskraft, ist dieser Effekt noch ausgeprägter. Eine groß angelegte Studie der Harvard-Universität und der Universität New York mit 3,1 Millionen Befragten konnte zeigen, dass sich der durchschnittliche Arbeitstag seit Corona um rund 50 Minuten verlängert hat und noch mehr Meetings mit noch mehr Teilnehmer:innen stattfinden.[81] Diese Meetings laugen aus, wie im vorherigen Kapitel aufgezeigt wurde. Es lässt sich also durchaus festhalten, dass virtuelles und hybrides Arbeiten einiges abverlangt und somit die Gesundheit der Mitarbeiter:innen ein zentraler Fokus eines Future Fit Leaders sein sollte. Doch was tun, wenn der/die Mitarbeiter:in mit jedem Videocall oder mit jedem Tag, an dem er/sie ins Büro kommt, schlechter aussieht? Generell gilt auch hier: Haben Sie eine Vertrauensbasis aufgebaut, führen Sie diese Gespräche leichter und meist auch effektiver. Investieren Sie also auch um der Gesundheit Ihrer Mitarbeiter:innen willen in eine vertrauensvolle Beziehung. Und doch gibt es kommunikativ einiges zu beachten, um hier nicht in Fettnäpfchen zu treten oder die Situation im schlimmsten Fall zu verschlechtern.

Die Deutsche Gesellschaft für Personalführung e. V. hat einen Leitfaden erstellt, wie Sie mit psychisch beanspruchten Mitarbeiter:innen umgehen können, den ich, mit eigenen Praxiserfahrungen untermauert, hier vorstelle:[82]

Zunächst sollten Sie Ihr eigenes Rollenverständnis klar identifiziert haben. Sie sind kein Diagnostiker, kein Therapeut, kein Seelsorger und auch nicht der beste Freund. Sie sind die Führungskraft und möchten die Gesundheit Ihrer Mitarbeiter:innen erhalten. Einerseits hoffentlich aus menschlicher Sicht, aber letztlich immer auch aus unternehmerischer Sicht. Und das bedeutet, die Leistungsfähigkeit und -bereitschaft jedes einzelnen Teammitglieds sicherzustellen. Es bedeutet aber auch, die Selbstverantwortung beim Mitarbeiter/der Mitarbeiterin zu belassen. Ihre Fürsorge soll den/die Mitarbeiter:in lediglich dabei unterstützen, die beruflichen Belastungen zu reduzieren oder zu lernen, besser mit ihnen umzugehen. Ein Übernehmen der Belastung ist nicht primär Ihre Aufgabe! Ist Ihnen diese Rolle nicht bewusst, senden Sie unklare Signale oder verfehlen im schlechtesten Fall Ihr Ziel. Schließlich gilt wie bei jedem Gespräch: Auch dieses Gespräch kann scheitern. Sollte das der Fall sein, hilft es, interne und externe Fachkräfte in den Entwicklungsprozess miteinzubeziehen. Wie Sie aus meinem ersten Buch wissen, ist Kommunikation ein Prozess, besonders bei tabubesetzten Themen wie psychischen oder emotionalen Belastungen. Gehen Sie also davon aus, dass Sie mehrere Gespräche führen werden, und setzen Sie daher Ihr Ziel für das erste Gespräch realistisch. Es ist ziemlich unwahrscheinlich, dass der/die Mitarbeiter:in die Sichtweise bereits beim ersten Gespräch in Gänze teilen und sich emotional komplett öffnen wird. Abwehr, Leugnung oder vorsichtige Bestätigung sind eher der Fall. Versuchen Sie auf keinen Fall, den/die Mitarbeiter:in von Ihrer Sichtweise zu überzeugen. Zeigen Sie einerseits deutlich Ihre Sichtweise der beruflichen Realität und des jeweiligen Problems auf, zollen Sie andererseits aber auch der Sichtweise des Mitarbeiters/der Mitarbeiterin Respekt und enden Sie wohlwollend, indem Sie Ihre Sorge und die Notwendigkeit einer Veränderung noch mal verdeutlichen. Da ich Ihnen helfen möchte, derart wichtige Gespräche gut zu führen, folgt ein exemplarischer Ablauf. Die Zeiten habe ich Ihnen deswegen dazugeschrieben, da es durchaus hilfreich sein kann, diese auch an den/die Mitarbeiter:in zu kommunizieren. Dadurch können Sie gezielt von einer Gesprächsphase in die andere leiten, falls der/die Mitarbeiter:in sich beispielsweise zu sehr in dem Problem verliert.

**Gesprächseröffnung (5 Minuten):** Erklären Sie, was der Anlass des Gesprächs ist (Auffälligkeiten in der Leistung, im Sozialverhalten oder beim persönlichen Auftreten). Benennen Sie hier konkret, was Sie beobachtet haben. Erläutern Sie auch das Ziel des Gesprächs, das auch von Ihrem/r Mitarbeiter:in als positiv empfunden werden sollte (wie zum Beispiel die Widerherstellung des vorherigen Leistungslevels oder auch die Verbesserung der Einbindung ins Team). Die Haltung sollte ganz klar sein: »Ich fühle mit dir. Ich möchte verstehen, wie sich deine Lebenswelt gerade gestaltet. Ich bin da, damit wir gemeinsam für dich tragfähige Lösungen finden«. Denken Sie an das Zitat von Theodore Roosevelt: »Nobody cares how much you know, until they know how much you care.«[83] Achten Sie zudem natürlich darauf, dass das Setting (genug Zeit, separater Raum, keine Störquellen) passend ist.

**Anlass- und Ursachenanalyse (20 bis 25 Minuten):** In diesem Part sollte vor allem der/die Mitarbeiter:in reden. Fragen Sie nach, wie er/sie den Anlass sieht, welche Ursachen er/sie identifiziert, was er/sie bereits als Lösung versucht hat und mit welchem Erfolg. Bei nützlichen Lösungsversuchen sollten Sie ihn/sie bekräftigen, um die Eigenverantwortung des Mitarbeiters/der Mitarbeiterin zu stärken. Hören Sie aufmerksam zu und fassen Sie immer wieder zusammen, um sicherzugehen, dass Sie den/die Mitarbeiter:in richtig verstehen. Für meine Haltung hilft mir in thematisch ähnlich gelagerten Coachings immer der Satz des Gestalttherapeuten Werner Bock: »Was ist, darf sein. Was sein darf, verändert sich.«[84] Geben Sie also keinesfalls ungefragt Ratschläge oder beschleunigen Sie den Prozess zur Lösung. Wenn sich Menschen öffnen, wollen Sie in diesem Schmerz gesehen werden. Und Gefühle wollen gefühlt werden. Geben Sie dem genug Raum. Beherzigen Sie auch: Mitfühlen ja, mitleiden nein. Seien Sie empathisch beim Gegenüber, aber fühlen Sie nicht im selben Maße die Gefühle des/r anderen. Häufig stört das sogar eher den Prozess. Sie sind da, um energetisch den Raum zu halten und die Kommunikation zu führen, nicht um mitzuleiden.

**Entwickeln von Zielen und Lösungswegen (10 bis 20 Minuten):** In diesem Abschnitt geht es nun darum, Ziele und Lösungen herauszuarbeiten, die dem/der Mitarbeiter:in in seiner/ihrer derzeitigen Situation helfen könnten. Da Sie sich bereits länger mit der Situation des Mitarbeiters/der Mitarbeiterin beschäftigt haben, haben Sie zu diesem Zeitpunkt bereits eigene Lösungsstrategien entwickelt. Überrollen Sie das Teammitglied jedoch nicht mit Ihren Ideen, sondern lassen Sie ihn/sie zunächst eigene entwickeln. Auch das stärkt die Eigenverantwortung. Bei der Lösungsfindung gibt es zwei Bereiche zu unterscheiden: einerseits Verhaltens- und Verhältnisoptimierung. Was kann der/die Mitarbeiter:in an seinem/ihrem Verhalten ändern, was kann aber auch an der Arbeitssituation verändert werden? Kann der Workload reduziert werden? Ist eine stärkere Einbindung ins Team hilfreich? Passen gewisse

Arbeitsstrukturen und -settings nicht (zu viel Lärm im Großraumbüro)? Die Lösungswege sind mannigfaltig und häufig können schon kleine Veränderungen eine große Wirkung haben. Der zweite Bereich, den es zu unterscheiden gilt, ist jener zwischen beruflich und privat, denn natürlich entsteht Belastung und Stress nicht nur aus einem Bereich. Als Führender sollten Sie sich auf den Kontext der Arbeit fokussieren, da dieser für Sie nachvollziehbar und beeinflussbar ist. Möchte der/die Mitarbeiter:in auch über private Belastungen sprechen – die Freiwilligkeit liegt absolut bei ihm/ihr –, können Sie auch hier gemeinsam über Lösungen nachdenken. Die Umsetzung dieser privaten Lösungsstrategien obliegt aber absolut dem/der Mitarbeiter:in. Nachdem Sie verschiedene Lösungen besprochen haben, bewerten Sie diese nach ihrem Potenzial. Parameter können hier zum Beispiel Zeit, Kosten (nicht nur finanzielle!), Erfolgsaussichten oder grundsätzliche Neigungen sein. Betonen Sie immer wieder den spielerischen Charakter der neuen Lösungen. Der/Die Mitarbeiter:in soll sich durch die neuen Lösungen nicht noch mehr unter Druck gesetzt fühlen oder einen Erfolgszwang verspüren.

**Verbindlicher Verbleib und Gesprächsabschluss (5 Minuten):** Legen Sie gemeinsam fest, wer was mit wem bis wann tut. Sollten die Lösungen eine gewisse Sonderbehandlung des Mitarbeiters/der Mitarbeiterin vor seinen/ihren Kolleg:innen notwendig machen, dann besprechen Sie mit dem/der Mitarbeiter:in, wie und von wem das an das Team kommuniziert werden soll. Vereinbaren Sie zuletzt einen weiteren Gesprächstermin, um zu evaluieren, wie die Lösungen gegriffen haben.

Wie oben bereits angedeutet, ist das Ganze ein Prozess. Es kann also durchaus sein, dass sich der/die Mitarbeiter:in beim ersten Gespräch wenig bis gar nicht öffnet. Das macht überhaupt nichts, bleiben Sie einfach dran und vereinbaren Sie einen weiteren Termin oder greifen Sie das Thema regelmäßig in Einzelmeetings auf. Kommen Sie beim nächsten Gespräch zu dem Entschluss, dass sich die Dinge zum Besseren gewendet haben, dann endet hier der Kommunikations-, jedoch nie der Beobachtungsprozess. Waren die vereinbarten Lösungen wenig von Erfolg gekrönt, dann reflektieren Sie noch einmal die vereinbarten Ziele, denken Sie über Gründe für die Erreichung oder Nichterreichung nach und treffen Sie eine erneute Vereinbarung. Es kann durchaus hilfreich sein, schon jetzt externe Dritte hinzuzuziehen.

### *Die Gefahr der Vereinsamung des Mitarbeiters/der Mitarbeiterin im Homeoffice*

Sollte ein/e Mitarbeiter:in ein derartiges Thema an Sie adressieren, seien Sie dankbar. Denn es ist ein großes Zeichen von Vertrauen, wenn Ihr/e Mitarbeiter:in zugibt, dass ein menschliches Grundbedürfnis wie emotionale Nähe unerfüllt ist. Auch wenn dieses Phänomen – gerade in Lockdown-Zeiten – mehr Mitarbeiter:innen zu schaffen machte, als man annehmen möchte. Denn gerade wenn über einen längeren Zeitraum keine Verbindung zum Lebenspartner, der eigenen Familie oder Freunden aufgenommen werden kann, wird diese Einsamkeit schnell zur Belastung. Wie beim Gespräch zur Gefahr der Überarbeitung, ist auch in diesem Fall Ihre Rollenklarheit entscheidend. Denn so nahe die Versuchung auch liegt, Sie sind als Führende/r nicht für die empfundene Eingebundenheit im privaten, sehr wohl aber im beruflichen Kontext zuständig. Und dort sollte Ihre Unterstützungsmöglichkeit auch ansetzen. Die Frage lautet: Inwieweit kann das Gefühl der Einsamkeit auf einer Arbeitsbasis gelöst werden? Natürlich können Sie abschließend auch kurz das private Umfeld des Mitarbeiters/der Mitarbeiterin beleuchten, inwiefern er/sie auch hier Anschluss finden kann. Der Fokus sollte jedoch klar auf dem beruflichen Umfeld liegen, denn Sie haben zwar eine Beziehung zu Ihrem/r Mitarbeiter:in, aber eben eine Leistungsbeziehung. Fragen Sie den/die Mitarbeiter:in, wann er sich mehr eingebunden und weniger einsam im Team fühlen würde. Woran würde er/sie das Mehr-in-Verbindung-Sein genau fest machen? Was hat er/sie bereits getan, um diese Bindung zu stärken? Was wären weitere Möglichkeiten? Was wären neben synchronen Interaktionen, wie zum Beispiel ein gemeinsamer Kaffeeplausch, auch asynchrone

Möglichkeiten wie beispielsweise eine morgendliche Videobotschaft durch Sie, die die Bindung stärken können? Welchen Nutzen hätte die eine oder andere Idee und was könnte ihn/sie auch davon abhalten, diese wirklich anzugehen? Was wäre nun ein erster konkreter Schritt? Falls aus Sicht des Mitarbeiters/der Mitarbeiterin und auch aus Ihrer Sicht bereits alles unternommen wurde, gilt es, das »Inner Game« des Mitarbeiters/der Mitarbeiterin zu erweitern. Was kann er/sie tun, damit er/sie die fehlende Interaktion weniger als Zumutung erlebt? Welche Sichtweise kann hier helfen oder welcher Glaubenssatz kann Erleichterung schaffen? Sie müssen hier nicht zum Hobbypsychologen mutieren, fragen Sie sich einfach, was dem/der Mitarbeiter:in helfen kann, sich nicht der Einsamkeit ausgeliefert zu empfinden, sondern als aktiver Gestalter seiner/ihrer Eingebundenheit.

### *Die emotionale Entfernung des Mitarbeiters/der Mitarbeiterin vom analogen, virtuellen oder hybriden Team*

Die erste Frage, die Sie sich stellen sollten, wenn Sie das Gefühl haben, dass sich Ihr/e Mitarbeiter:in vom Team entfernt, ist: Was ist eigentlich das Problem am Problem? Viel zu häufig erlebe ich – gerade in sehr jungen Unternehmen, die sich häufig New Work auf die Fahne schreiben –, dass es einen Imperativ und Zwang zum außerberuflichen Zusammensein und zum Verbinden auf persönlicher Ebene gibt. Es reicht nicht, auf einer Arbeitsebene gut miteinander auszukommen, man muss auch die private Zeit miteinander verbringen oder private Themen miteinander teilen. Dass das nicht für jeden etwas ist, ist genauso verständlich wie der Wunsch nach dieser Intimität. Jedes Team braucht einen gewissen Grad an Verbundenheit, aber dieser kann ebenso rein beruflicher Natur sein und sollte im privaten Bereich auf Wunsch und nicht auf Zwang basieren. Insofern gilt es kritisch zu prüfen, ob Sie oder auch manche Ihrer Mitarbeiter:innen einen zu privaten Anspruch an die Arbeitsbeziehung stellen. Denn Sie haben sich als Team vor allem zur Zielerreichung zusammengeschlossen und nicht zum Feiern einer Party. Sollte es also keinerlei negative Konsequenzen dieses Rückzugs auf der Arbeits- und Zielerreichungsebene geben, dann können Sie dem/der Mitarbeiter:in natürlich Ihren Wunsch nach mehr Nähe mitteilen. Dieser Wunsch darf aber ebenso unerfüllt bleiben und dem/der Mitarbeiter:in dürfen keine negativen Konsequenzen dadurch entstehen. Ist jedoch die Leistungsebene eingeschränkt, beispielsweise weil wichtige Absprachen nicht eingehalten werden oder es aufgrund der Unverfügbarkeit des Mitarbeiters/der Mitarbeiterin zu Ungerechtigkeiten in der Arbeitsaufteilung kommt, dann müssen Sie Ihrer Fürsorgepflicht als Führungskraft nachkommen. Wie bei jeder Verhaltensrückmeldung sollten Sie sich die Frage stellen: Woran mache ich es konkret fest? Vor allem, wenn Sie ausschließlich in virtuellen Settings zusammenarbeiten, ist diese Frage entscheidend, da Ihre Mitarbeiter:innen im eigenen Saft schmoren und so Interpretationen Ihrerseits häufig noch schwerer nachzuvollziehen sind als sonst. Konkrete Beobachtungspunkte können mannigfaltig sein: Fehlende Rückmeldungen in Chats oder auf Mails, die fehlende Beteiligung in Teambesprechungen oder das fehlende Bewusstsein, woran die anderen Kolleg:innen gerade arbeiten, sind nur einige Beispiele. Was es auch ist, Sie müssen es konkret benennen und belegen können. Erfragen Sie anschließend den Blickwinkel des Mitarbeiters/der Mitarbeiterin: Wie sieht er/sie die Thematik? Teilt er/sie die Sichtweise ganz, teilweise oder gar nicht? Wie kommt er/sie zu dieser Einschätzung? Welche Ursachen kann er/sie für das Verhalten identifizieren? Was wäre ein erster Schritt, um wieder stärkere Verbindung mit dem Team aufzunehmen? Und vor allem: Woran würde er/sie erkennen, dass er/sie sich wieder zurückzieht, und wie schaut dann eine Interventionsform aus, die für alle passend ist? Falls der/die Mitarbeiter:in die Sichtweise überhaupt nicht nachvollziehen kann und es dadurch aber zu Leistungseinbußen auf Teamebene gekommen ist, machen Sie Ihre Forderungen klar: Welches Mindestmaß an Verbindung muss bestehen, damit es nicht zu Leistungsstörungen kommt? Machen Sie auch klar, dass Sie in regelmäßigen Abständen dieses Thema wieder beleuchten werden und welche Konsequenzen es haben kann, wenn keine Besserung eintritt. Kommt der/die Mitarbeiter:in übrigens mit Bedenken der emotionalen Entfernung auf Sie zu, dann hilft es, wieder eine coachende Grundhaltung einzunehmen, wie im Kapitel zuvor beschrieben. Eruieren Sie, wie der/die Mitarbeiter:in zu dieser Einschätzung gelangt, was nun ein erster guter Schritt wäre und was oder wer ihm/ihr dabei helfen könnte, sich emotional wieder eingebundener zu fühlen.

*Die Vermutung, dass Ihr/e Mitarbeiter:in im Homeoffice nicht wirklich arbeitet*

Kaum hatte der Teamleiter die Audioverbindung zu meinem virtuellen Coachingraum hergestellt, brach es schon aus ihm heraus: »Sebastian, du glaubst nicht, was mir diese Woche passiert ist. Ich habe bei meiner Mitarbeiterin Susanne schon länger den Verdacht, dass sie im Homeoffice nicht wirklich arbeitet. Diesen Dienstag hatten wir wie immer Teammeeting um 11 Uhr. Susanne schrieb mir, sie werde es nicht schaffen, da sie gerade auf dem Fahrrad angefahren worden sei und das nun erst mal regeln müsse. Auf dem Fahrrad? Eigentlich hatte ich sie am Schreibtisch vermutet, und da hätte sie um diese Uhrzeit auch sein sollen. Ich habe dann in ihren Kalender geschaut, dort war kein privater Termin vermerkt. Na ja, ich habe erst mal nichts gesagt. Doch dann am Donnerstag, da hat sie echt den Vogel abgeschossen. Wir hatten direkt um 8:30 Uhr einen kurzen Austausch zu einem anstehenden Projekt. Um 11 Uhr hatten wir unseren gemeinsamen Jour fixe. In diesem Jour fixe tauchte Susanne dann mit einer neuen Haarfarbe auf. Darauf angesprochen, meinte sie, sie sei nur kurz beim Friseur gewesen. Und auch diesmal war wieder kein privater Termin vermerkt. Ich sage dir, es brodelt in mir!« Ich wünschte, dieses Beispiel wäre erfunden, abgesehen von dem geänderten Namen ist es aber leider genau so abgelaufen. In diesem Fall waren die Bedenken des Teamleiters, dass die Mitarbeiterin nicht wirklich am Arbeiten ist, wohl berechtigt. Allerdings gab es bei diesem Beispiel auch einen großen Vorteil: Es gab konkrete Beobachtungspunkte, an denen der Führende seine Bedenken festmachen und so nachvollziehbar neue Verhaltensweisen einfordern konnte. Das ist aber gerade bei diesem Thema häufig sehr schwierig. Denn Mitarbeiter:innen wollen ja eben genau nicht, dass ihr Verhalten auffliegt, um Sanktionen zu vermeiden und die aus ihrer Sicht gewonnene Freiheit nicht wieder zu verlieren. Umso wichtiger ist es, dass Sie sich auch hier wieder die Frage stellen: Woran mache ich meine Vermutung fest? Denn je konkreter und unbestreitbarer Ihre Beobachtungen sind, desto eher wird der/die Mitarbeiter:in erkennen, dass er/sie über die Stränge geschlagen hat. Beobachtungen aus der Praxis könnten zum Beispiel sein – ohne hier den Anspruch auf Vollständigkeit zu erheben –, dass ein/e Mitarbeiter:in eine schlechte Arbeitsleistung abliefert (auch hier bitte wieder konkret sein), obwohl er/sie dafür genug Zeit hatte. Ebenso beispielsweise fehlende Erreichbarkeit bei synchronen Medien wie Telefon oder in Slack-Channels ohne erklärende Kalendereintragungen, ein langer Inaktivitätsstatus in Kollaborationsmedien oder auch ein dauerhafter Status von »beschäftigt« oder »nicht stören« sowie erhöhte Aktivitäten, die nichts mit der Arbeit zu tun haben. Exemplarisch sei hier das Beispiel eines Mitarbeiters/eine Mitarbeiterin genannt, der/die seinen/ihren eigenen Blog hegte und pflegte und sich auch auf LinkedIn rege beteiligt, seiner/ihrer Arbeit allerdings aufgrund von »Überlastung« nicht nachkommen konnte. Diese Punkte sollen Ihnen nur als Anregungen dienen. Ich möchte Sie dafür gewinnen, konkret bei Ihrem/r Mitarbeiter:in hinzuschauen. Und auch das mit einem gewissen »Leistungsblick«: Denn ist es denn wirklich so schlimm, dass der/die Mitarbeiter:in seinem/ihrem Hobby des Blogschreibens nachgeht, wenn er/sie ansonsten seine/ihre Arbeit in guter Qualität abliefert? Liegt nicht auch der Nutzen im Homeoffice darin, dass sich Privates und Berufliches gut verbinden lassen und mehr und mehr ineinanderfließen? Bevor Sie also eine/n Mitarbeiter:in reizen, nur weil er/sie gerade die Spülmaschine ausgeräumt hat, fragen Sie sich, ob dadurch wirklich Probleme bei der Arbeitsqualität oder der Zusammenarbeit mit Ihnen oder Teamkolleg:innen entstehen. Falls nicht, erinnern Sie sich: Ein Future Fit Leader lebt Ergebnis-, nicht Präsenzkultur.

## *Wer vertraut, spricht auch (virtuelle) Teamkonflikte an*

Wer vertraut, kann heikle Themen sowohl bei jedem/r einzelnen Mitarbeiter:in ansprechen als auch Teamkonflikte adressieren. Was es hierzu braucht, ist ein Wissen um Konflikte, vor allem auch im virtuellen Kontext, sowie die richtigen Gesprächs- und Konfliktmanagementtechniken.

Konflikte sind schon im Büro nicht immer einfach zu erkennen, im virtuellen Kontext ist es noch schwieriger. Im Büro erkennen Sie Konflikte möglicherweise daran, dass die Stimmung gedämpft ist, manche Mitarbeiter:innen wenig bis kaum mehr miteinander reden, nur noch dieselben Grüppchen Kaffee trinken gehen oder Meetings in Grundsatzdiskussionen ausarten. Im virtuellen Kontext sind diese Datenpunkte nicht so einfach oder manchmal auch gar nicht zu bekommen. Trotzdem hat jedes Team eine gewisse Eigendynamik und auch Sie haben gewisse Verhaltensmuster, die Sie in typischen Spannungssituationen zeigen. Bevor ich Ihnen also Merkmale aus der Praxis zeige, wie Sie Konflikte auch über Distanz erkennen können, stellen Sie sich bitte zunächst folgende zwei Fragen: Woran erkennen Sie an Ihrem eigenen Verhalten, dass etwas in Ihrem virtuellen oder hybriden Team nicht stimmt? Und woran erkennen Sie es am Verhalten Ihrer Mitarbeiter:innen?

Generell lässt sich festhalten, dass Menschen in Konfliktsituationen häufig in Extrempositionen verfallen, also ein absolutes Mehr an Aktivität oder eben Passivität zeigen. Hier einige Beispiele aus der Praxis.

---

### *Signale für ein Mehr an Aktivität*

- *Sie werden plötzlich bei Mails cc gesetzt, bei denen Sie vorher außen vor waren.*

- *Die Dokumentation und Absicherung der eigenen Position nimmt zu, sei es in Mails oder Videocalls.*

- Zuvor informelle Kommunikation zwischen Mitarbeiter:innen wird zunehmend formeller.

- Der Fokus auf die eigene Person nimmt zu. Aus einem Wir-Gefühl wird ein Ego-Fokus.

- Die Lagerbildung nimmt zu, beispielweise in die Gruppe der vor Ort Anwesenden und jenen im Homeoffice. Diese Spaltung löst sich auch in Meetings oder bei Aufgabenverteilungen nicht auf.

- Die (fadenscheinige) Unterscheidung bezüglich Absichten und Gründen, warum man mit dem/der einen Kollegen/Kollegin arbeiten kann oder eben auch nicht, nimmt immer mehr zu.

- Übertriebener Konformismus oder permanente Opposition bezüglich Projekten, Sichtweisen oder einzelnen Mitarbeiter:innen nehmen zu.

- Kundenreklamationen oder Kolleg:innenbeschwerden häufen sich.

- Überkompensation durch die Führungskraft. Sie übernehmen beispielsweise plötzlich wieder Projekte, um der sinkenden Produktivität entgegenzuwirken, oder kommunizieren in Videocalls übermäßig viel, um die fehlende Kommunikation der anderen Teammitglieder auszugleichen.

### Signale für ein Mehr an Passivität

- Verbindende Elemente wie analoge Teamevents, Erzählungen über Privates oder auch das Anschalten der Kamera werden zunehmend gemieden.

- *Auch formelle Kommunikation findet immer weniger statt. Das Bewusstsein, woran die Kolleg:innen arbeiten, wird immer weniger, was allerdings nicht als störend empfunden wird.*

- *Muster, wie dauerhaft schlechte Stimmung oder Kommunikationsmuster (A sagt Folgendes, B reagiert wie zu erwarten mit Widerstand), verfestigen sich immer mehr und die Teammitglieder bringen immer weniger Energie auf, um dem aktiv entgegenzuwirken. Resignation macht sich breit.*

- *Auffälliges Desinteresse bei neuen Projekten, der eigenen Karriere oder beruflicher Weiterbildung.*

- *Die Krankheits- und Ausfallquote nimmt zu.*

- *Sie dissoziieren sich zunehmend, das heißt, auch Sie ziehen sich zunehmend zurück, spüren eine gewisse Müdigkeit dem Team gegenüber und fühlen sich für Projekte weniger verantwortlich.*

Die Liste ist sicherlich nicht erschöpfend, bietet Ihnen aber hoffentlich trotzdem einen guten Einblick, woran Sie erste Konfliktdynamiken auch auf Distanz erkennen können. Nun hilft Ihnen in einer derartigen Situation auch wieder Vertrauen. Auf einer Teamebene spricht man häufig von psychologischer Sicherheit, wenn man Vertrauen meint. Psychologische Sicherheit ist etwas, das Sie in Ihrem Team fördern sollten, da es eine Offenheit kultiviert, die destruktiven Konflikten vorbeugen kann. Deswegen schauen wir uns zunächst dieses Konstrukt an, bevor wir uns damit befassen, was Sie tun können, wenn ein Konflikt zwischen zwei Mitarbeiter:innen bereits entbrannt ist.

Amy C. Edmondson, Professorin für Leadership und Management an der Harvard Business School, hat dieses Konstrukt genauestens erforscht und gibt in ihrem Buch *Die angstfreie Organisation* hilfreiche Hinweise, wie psychologische Sicherheit im Team gefördert werden kann.[85] Zunächst geht es darum, der Offenheit die Bühne zu bereiten. Alle Stimmen sollten in einem vertrauten Team gehört werden. Machen Sie klar, warum es wichtig ist, über Fehler, Probleme oder Unsicherheiten offen zu reden und wie das auf das Teamziel oder das derzeitige Projekt einzahlt. Es sollte allen Teammitgliedern klar sein, dass es immer schlechter ist, Störungen der Kolleg:innen mit sich selbst auszumachen, als offen anzusprechen, was einen bewegt, frustriert oder ärgert. Als Nächstes geht es darum, wirklich Teilnahme am Prozess einzufordern. Sprechen Sie Lücken, Fehler oder Störungen aktiv an, auch solche, die nur Sie betreffen. Sie wirken als Vorbild: Öffnen Sie sich, öffnen sich auch Ihre Mitarbeiter:innen. Geben Sie Ihren Mitarbeiter:innen ebenso die Möglichkeit, Schwierigkeiten anzusprechen. Das können Sie in Meetings oder auch über gewisse Strukturen oder Prozesse abbilden. Eine schöne Möglichkeit, die ich gerne empfehle, ist es, auf einem Miroboard oder dergleichen* Mitarbeiter:innen die Chance zu geben – auch zunächst anonym –, Störungen aufzuschreiben, die zum Beispiel im Rahmen einer Retrospektive am Ende der Woche besprochen werden.

An dieser Stelle ein Tipp aus der Praxis: Damit psychologische Sicherheit entsteht, ist es mindestens ebenso wichtig, sich die Anreizsysteme eines Unternehmens anzusehen. Psychologische Sicherheit ist eigentlich eine gewisse Kultur, die man in einem zukunftsfitten Team etablieren sollte. Gemäß dem Motto: Ich kann meine Meinung frei äußern, auch wenn sie für den einen oder anderen schmerzhaft ist, ohne dass mir persönlich oder meinem beruflichen Fortkommen

---

\* Ein Miroboard ist wie ein riesiges, virtuelles Whiteboard, auf dem Sie mit Namen oder anonym Post-its kleben oder auch Fragen beantworten können.

dadurch Schaden entsteht. Kultur und kulturelle Programme sind jedoch nichts Materielles oder etwas, das man so einfach durch ein paar neu aufgestellte und auf Flyer gedruckte Leitsätze ändern könnte (auch wenn das viele Workshops noch so vorgaukeln). Kultur entsteht durch die Modifikation des eigenen Verhaltens, basierend auf der Erwartung anderer. Klingt schwierig, ist aber eigentlich ganz einfach: Stellen Sie sich vor, Sie arbeiten im Vertrieb und Ihre Provision hängt an Ihren erbrachten Umsatzzahlen. Die unausgesprochene, aber durch das Anreizsystem klare Botschaft ist also: Je mehr du verdienen willst, desto mehr musst du verkaufen. Gemäß dieser Erwartung modifizieren Sie Ihr Verhalten, Sie werden also schauen, möglichst viel zu verkaufen. Wenn Sie in Ihrer Kultur nun Sätze proklamieren wie »Teamspirit über alles«, »Team vor Ego«, »Das Wir gewinnt« oder dergleichen, dann ist das gut gemeint, aber letztlich wirkungslos. Denn das System sagt ganz klar: Du wirst belohnt, wenn du auf dich schaust. Wer also Kooperation möchte, darf nicht Wettbewerb incentiveren. Um eine Teamkultur der psychologischen Sicherheit zu kreieren, müssen Sie also auch darauf achten, ob es in Ihrem Unternehmen oder Ihrem Team Beschränkungen gibt, die diese Offenheit boykottieren. Wird Offenheit, Innovationsgeist, Fehlerkultur wirklich wertgeschätzt oder machen eben doch eher die Karriere, die in Reih und Glied laufen? Wer wird auf Jahresabschlussfeiern wofür geehrt? Welchen Fokus setzen Sie in Ihren eigenen Ansprachen ans Team? All das zählt wesentlich mehr als ein nett entworfenes Kulturleitbild.

Damit hängt die dritte und letzte Stufe der psychologischen Sicherheit zusammen: die wertschätzende und konstruktive Antwort. Wenn sich ein/e Mitarbeiter:in zum Beispiel im Meeting öffnet und berichtet, wo er/sie sich gerade schwertut und was nicht funktioniert hat, dann seien Sie dankbar. Hören Sie genau zu und erkennen Sie den positiven Kern, den diese Offenheit hat. Denn die anderen können davon lernen und wissen, wie sie sich beispielsweise in Zukunft in ähnlichen Situationen oder in Bezug auf den Kollegen/die Kollegin verhalten sollen. Bieten Sie Hilfe an oder brainstormen Sie auch im Team, was dem Kollegen/der Kollegin helfen könnte. Es gibt fast nichts, was Vertrauen so stärkt wie ehrliche Hilfestellung in schwierigen Zeiten. Natürlich bedeutet psychologische Sicherheit nicht, alles gutzuheißen, was schiefgeht. Sie können aber das Problem auf der Sachebene anerkennen (bitte hier nichts bagatellisieren) und gleichzeitig eine große Dankbarkeit für die Offenheit ausdrücken. So werden Mitarbeiter:innen sich immer öfter und immer schneller öffnen, was Konflikten langfristig vorbeugen kann.

Was tun Sie aber, wenn es bereits einen Konflikt zwischen zwei oder mehreren Mitarbeiter:innen gibt? Zunächst gilt es zu prüfen, ob die Mitarbeiter:innen den Konflikt selbst lösen können, denn schließlich haben Sie mündige Mitarbeiter:innen. Ist das jedoch nicht möglich oder nicht zielführend, dann befragen Sie zunächst die Konfliktparteien einzeln. Hier kann Ihnen die Vorgehensweise aus dem Unterkapitel »Vertrauen benötigt inhaltliche Tiefe« helfen. Fallen Sie nicht sofort mit der Tür ins Haus, sondern tasten Sie sich langsam an das Thema heran. Erfragen Sie die Sichtweise des Mitarbeiters/der Mitarbeiterin: Wie sieht er/sie den Sachverhalt? Was stört ihn/sie? Worauf hätte geachtet werden sollen? Welches Gefühl herrscht jetzt vor? Und was wäre der konkrete Wunsch an die Gegenseite? Und laden Sie ihn/sie ein, wohlwollend die Perspektive zu wechseln: Wo fehlen ihm Informationen? Welche äußeren Umstände kann man dem Gegenüber zugutehalten? Was ist der eigene Anteil des Mitarbeiters/der Mitarbeiterin?[86] Bringen Sie anschließend alle Konfliktparteien an einen (virtuellen) Tisch. Generell empfehle ich, sich bei derart heiklen Gesprächen analog im Büro zu treffen, da so die Mitarbeiter:innen besser sehen können, wie das Gegenüber das Gesagte aufnimmt. Zunächst sollten Sie stark in der Führung sein, also darauf achten, dass jede Seite ihre Sichtweise darlegen kann. Arbeiten Sie anschließend Anknüpfungspunkte heraus: Wo haben beide Seiten ähnliche Ziele? Wo ähnliche Bedürfnisse? Geben Sie nun langsam das Gespräch immer mehr in die Hände der Mitarbeiter:innen, indem Sie zunehmend die Teammitglieder miteinander sprechen lassen. Wenn das Vertrauen zueinander wieder wächst, navigieren Sie langsam (denken Sie an die zeitliche Stimmigkeit aus den vorherigen Kapiteln) zu einer gemeinsamen Lösung – wenn möglich. Schauen Sie, dass Sie mit klaren Verhaltenserwartungen jeder Seite aus dem Gespräch gehen, und vereinbaren Sie ein Nachgespräch, in dem Sie beleuchten, was bereits gut läuft, was gelernt wurde und wo noch Nachbesserungsbedarf besteht. Sollten die Fronten zu verhärtet sein und Sie zu keiner Lösung kommen, hilft es durchaus, eine/n Mediator:in hinzuzuziehen oder auch Lösungen außerhalb des kommunikativen Bereichs zu suchen.

## Wer vertraut, darf auch enttäuscht werden

Wie oben bereits gezeigt wurde, ist Vertrauen das Gegenteil von Sicherheit und somit die Option der Enttäuschung dieses Vertrauens sein Wesensmerkmal. Da sich in der digitalen Ära Ihr Wirk- und Einflusskreis stetig verringert, muss die Devise lauten: Vertrauen ist gut, Kontrolle ist schlechter. Der Vertrauensvorschuss muss vorherrschen, nicht ein Misstrauensvotum. Und doch heizt die Digitalisierung mit all ihren Überwachungsmöglichkeiten die Kontrollfantasien so mancher Führungskraft neu an. Natürlich gibt es auch Mitarbeiter:innen, die wenig bis gar nichts tun, wenn sie sich unbeobachtet fühlen. Aber wollen Sie wegen ein paar fauler Äpfel Ihr gesamtes Kontrollsystem an diesen ausrichten? Sie sollten Ihr Kontrollsystem an der vertrauenswürdigen Mehrheit orientieren. Sollte es Ihnen generell schwerfallen zu vertrauen, suchen Sie nach aktiven Möglichkeiten, um Ihr Misstrauen abzubauen. Machen Sie sich die positiven Erfahrungen bewusst, die Sie schon mit Mitarbeiter:innen gemacht haben, denen Sie Aufgaben übertragen haben und die diese in der richtigen Qualität und zur rechten Zeit abgeliefert haben. Und doch sind Sie als Future Fit Leader natürlich für das Sicherstellen eines Ergebnisses zuständig.

> Das heißt, die totale Abstinenz von Kontrolle ist nicht das Ziel. Kontrolle sollte aber immer erst einsetzen, wenn die Performance oder das Ziel nicht erreicht wurde, nicht zuvor!

Es gibt natürlich einen Unterschied zwischen hilfreichen Status-Updates zwischen Ihnen und Ihren Mitarbeiter:innen, die Sie bereits im Delegationsgespräch konkretisieren sollten, und dem übermäßigen Kontrollieren. Produktive Anteilnahme ja, übertriebene Kontrolle nein.

Sollte Sie sich allerdings in der Situation wiederfinden, dass die Ergebnisse nicht stimmen und ein Eingreifen oder strengeres Kontrollieren Ihrerseits erforderlich ist, dann machen Sie es bitte wie ein Future Fit Leader.

**Kontrollieren Sie das Ergebnis, nicht den Weg zum Ergebnis:** Merken Mitarbeiter:innen, dass Sie einen Großteil ihrer Tätigkeiten überwachen (also den Weg zum Ergebnis), dann wirkt das frustrierend und demotivierend, weil die Mitarbeiter:innen es als Anzeichen von Misstrauen ihren Fähigkeiten gegenüber interpretieren können. Dieses Misstrauen fällt umso geringer aus, wenn Sie das Ergebnis kontrollieren statt den Weg dorthin. Stimmt der Output nicht, können Sie immer noch im Gespräch eruieren, wie es dazu kommen konnte. Neben dem konkreten Ziel, das der/die Mitarbeiter:in im vorliegenden Projekt erreichen soll, bieten sich generell immer drei Ziele an, deren Erreichung besprochen werden kann:[87] die Erreichung eigener Ziele wie eigener Projekte oder auch bezüglich der eigenen Entwicklung, die Unterstützung anderer bei der Erreichung ihrer Ziele und das Aufsetzen und Weiterentwickeln von bestehenden Ideen und Projekten.

**Kontrollieren Sie transparent:** Enge Kontrollen führen bei keinem/r Mitarbeiter:in zu Jubelschreien. Und dennoch können es

Mitarbeiter:innen akzeptieren, wenn klar ist, was der Grund für die engen Kontrollen ist. Wichtig hierbei ist, dass der Grund auch für den/die Mitarbeiter:in nachvollziehbar ist. Erklären Sie also in einem Gespräch, wo der Mismatch zwischen Ist- und Sollzustand des Outputs lag und warum aus Ihrer Sicht eine engere Taktung des Austausches hilfreich wäre. Machen Sie ganz klar: Was ist der Nutzen, den der/die Mitarbeiter:in durch die engere Kontrolle hat? Klären Sie auch gemeinsam, was und wie kontrolliert wird und was die Erwartungen auf beiden Seiten sind. So empfindet es der/die Mitarbeiter:in nicht als Bevormundung, sondern als Unterstützungshilfe.

**Machen Sie Ihre Intention klar:** Dieser Punkt ist eng an Transparenz gekoppelt und doch ist er so wichtig, dass ich ihn noch mal gesondert auflisten möchte. Mindestens so wichtig wie die Form und Frequenz der Kontrolle ist die Intention dahinter. Mitarbeiter:innen haben ein sehr gutes Gespür dafür, aus welcher Haltung Sie Dinge tun. Dient die Kontrolle dem Aufdecken von Minderleistung oder werden die erkannten Punkte gegen den/die Mitarbeiter:in verwendet? Sind die Ergebnisse Grundlage für konstruktives Feedback oder auch eine Personalentwicklungsmaßnahme, von der der/die Mitarbeiter:in stark profitieren kann? Die Intention ergibt den Wert Ihrer Handlung!

**Kontrollieren Sie individuell und stichprobenartig:** Zeitgemäße Kontrolle muss individuell sein. Wer das Vertrauen des Chefs/der Chefin oder der Mitarbeiter:innen missbraucht hat oder generell noch mehr Hilfestellung benötigt, der darf enger kontrolliert werden als jene Mitarbeiter:innen, die erfahren sind und das Vertrauen in qualitativ hochwertige Ergebnisse ummünzen. Machen Sie auch hier wieder transparent, warum Sie enger kontrollieren. Und auch wenn ein/e Mitarbeiter:in das Vertrauen missbraucht hat, ist ständige Kontrolle kein guter Ratgeber. Kontrollieren Sie immer mal wieder stichprobenartig und suchen Sie bei Problemen den Dialog.

Wenn Sie das beherzigen, dann wird Vertrauen in Ihrem analogen, hybriden oder virtuellen Team vorherrschen und sich die Kontrolle, da sie nachvollziehbar, transparent, ergebnisorientiert und individuell gestaltet ist, wie eine Hilfestellung anfühlen statt wie demotivierendes Mikromanagement.

### Reflektieren und nachspüren zum Thema Vertrauen

- Was können Sie dazu beitragen, um Ihre eigene Vertrauenswürdigkeit oder die eines Mitarbeiters/einer Mitarbeiterin im Team zu stärken, basierend auf den Säulen Glaubwürdigkeit, Verlässlichkeit, Intimität?

- In welchen Gesprächssituationen wechseln Sie manchmal zu schnell vom Problem zur Lösung? Verhalten Sie sich virtuell anders als analog? Was brauchen Sie, damit Sie sich mehr Zeit nehmen können?

- In welchen Situationen fällt es Ihnen leicht, Ihre Mitarbeiter:innen zu empowern? Wo fällt es Ihnen schwer? In welchen der drei Räume des Empowerments sehen Sie bei sich Stärken und wo noch Entwicklungspotenzial?

- Welche heiklen Gespräche würden Sie lieber meiden? Woran liegt das? An Ihrer ungünstigen Haltung oder weil Sie nicht genau wissen, wie Sie vorgehen sollen? Wie könnte es Ihnen gelingen, eine günstigere Haltung einzunehmen? Wie sollte das Gespräch eingeleitet und strukturiert werden?

- Welche Verhaltensweisen Ihres Teams könnten darauf hindeuten, dass es Konflikte gibt?

- Welchen Mitarbeiter:innen könnten Sie mehr Vertrauen entgegenbringen? Und wo sollte die Kontrolle enger gestrickt sein, aber auf eine nachvollziehbare, transparente, ergebnisorientierte und individuelle Weise?

## Nutzen Sie Daten immer, um für Ihre Mitarbeiter:innen zu agieren, nie gegen sie

In digitalen Arbeitskontexten und der zukünftigen digitalen Organisation haben Sie unglaublich viele Daten über Ihre Mitarbeiter:innen. Leider führt das in manchen Unternehmen statt in die Zukunft eher wieder in die Vergangenheit. Eine Studie unter 700 Wissensarbeitern ergab, dass die Arbeitswelt sich im Zuge der Digitalisierung und dem Remote Working in zwei Lager spaltet. 40 Prozent der Befragten erleben Eigenverantwortung, 30 Prozent hingegen mehr Hierarchie, 38 Prozent eine stärkere Vertrauenskultur, 30 Prozent den Ausbau von Anreiz- und Kontrollsystemen und bei 34 Prozent der Befragten wird die Selbstorganisation ausgebaut, während bei 38 Prozent mehr Regeln, Kontrollen und Vorgaben eingeführt werden.[88] Die Möglichkeiten der digitalen Kontrolle führt bei manchen Unternehmen leider zum alten Maschinenmodell, nach dem der/die Mitarbeiter:in kontrolliert und angehalten werden muss, um produktive Arbeit abzuliefern. Frederick Winslow Taylor, der Begründer des Taylorismus, würde jubeln! Machen Sie sich aber immer eines bewusst: Die quantifizierbare Seite Ihrer Führungswelt ist nicht Ihre Führungswelt, sondern eben nur die zahlenbasierte. Der Umstand, dass Sie genau kontrollieren können, wer wann online war und welches Dokument wann bearbeitet hat, sagt überhaupt nichts über die Qualität des Mitarbeiter:innenerlebens und auch nichts über die Qualität Ihrer Führung aus. Jeder quantifizierbare Parameter kann in genau die Richtung getrieben werden, in die man ihn haben möchte. Erkennt Ihr/e Mitarbeiter:in, dass Sie Performance an platten Kriterien wie Onlinezeit, versendeten Mails oder Antwortzeiten im Slack-Channel festmachen, weiß er/sie eben auch, welche Parameter wie simuliert werden sollten, um bei Ihnen einen guten Eindruck zu machen. Daten allein helfen Ihnen nicht. Genauso wenig wie ausschließlich Algorithmen, die basierend auf diesen Daten Entscheidungsgrundlagen vorbereiten. Nur wenn Sie anhand dieser Daten und Entscheidungsvorlagen mit Ihrem/r Mitarbeiter:in ins Gespräch gehen und deren Bedeutung verhandeln, haben Daten einen enormen Mehrwert. Nutzen Sie Daten immer für, nie gegen Ihre Mitarbeiter:innen. Selbstverständlich ist davon ausgenommen, wenn sich aus den Daten unternehmensschädliches oder strafbares Verhalten ableiten lässt. Falls aber nicht, besprechen Sie mit Ihrem/r Mitarbeiter:in, was Sie und der/die Mitarbeiter:in aus den Daten herauslesen und welche Zukunftshandlungen oder auch Unterstützungsmöglichkeiten dadurch für ihn/sie relevant werden.

> Nutzen Sie Daten immer als Grundlage für Unterstützung, nicht für Sanktionen. Als Startpunkt des Dialogs, nicht als Startpunkt von Handlungen.

Noah ist Teamlead im Customer Support Center eines Sportartikelherstellers mit einem Team aus sechs Mitarbeiter:innen. Fünf seiner Mitarbeiter:innen kamen sehr gut mit der Umstellung auf hybrides und ortsunabhängiges Arbeiten zurecht. Ein Mitarbeiter, nennen wir ihn Jens, hatte jedoch augenscheinlich zunehmend Probleme. Durch das neue Ticketingsystem und die digitale Zeiterfassung war mittlerweile ersichtlich, dass Jens 40 Prozent weniger Kund:innenanfragen als seine Kolleg:innen bearbeitete und sich seine Überstunden mittlerweile auf 80 Stunden aufsummiert hatten. Zudem gab es Mailverläufe, in denen sich Jens beschwerte, dass ihm immer die schwierigen Anfragen zugeteilt würden, während die Kolleg:innen immer die einfachen Fälle bekämen. Die Daten sahen nicht gut aus, informierten aber nur über das Was und eben nicht so sehr über das Wie, also wie tatsächlich der Arbeitsablauf von Jens aussah und welche Bedeutung er dem Ganzen verlieh. Hätte Noah rein nach den Daten ohne Dialog mit dem Mitarbeiter gehandelt, wäre die Marschrichtung aus seiner Sicht klar gewesen: tägliche Absprachen mit dem Mitarbeiter über seinen Arbeitsstand, konsequentes Verbot von weiteren Überstunden und Aufzeigen, dass die Anfragen randomisiert verteilt wurden, also eine böse Absicht bei der Verteilung nicht vorlag. Noah suchte jedoch, nachdem wir ihn gemeinsam von einigen Empathie sabotierenden Glaubenssätzen wie »Jens war noch nie der Schnellste!«, »Jens zeigt immer gerne mit dem Finger auf andere!« oder »Jens verschließt sich dem Wandel!« befreit hatten, mit Jens den Dialog. Noah nutzte die Daten nicht, um sie Jens wie einen kalten Waschlappen ins Gesicht zu pfeffern und einen Graben zwischen die beiden zu ziehen, sondern um Brücken zu bauen. Noah präsentierte Jens die Zahlen, allerdings mit einem gemeinsamen Ziel: Er wollte, dass sie zusammen nachdachten, wie Jens die Bearbeitung so gestalten konnte, dass sie einerseits ihm mehr Freude bereitete und andererseits die Anfragen schneller und mit einem höheren Output erledigt werden konnten. Sie sprachen viel darüber, wie sich die Situation für Jens darstellte, wie belastend er den Balanceakt zwischen Familie und Beruf im Homeoffice empfand und dass ihm der Bezug zu den Kolleg:innen enorm fehlte. Durch den Dialog kam heraus, dass Jens seine Arbeitsweise nicht wahnsinnig verändert hatte, dass sie nun aber einfach nicht mehr zum Kontext des Homeoffice passte. Im Büro sicherte sich Jens häufig bei Kolleg:innen ab, ehe er Anfragen bearbeitete. Das war nun weniger möglich beziehungsweise dauerte viel länger, da die Kolleg:innen nicht immer erreichbar waren. Noah erkannte, dass er mit Jens daran arbeiten musste, so viel Selbstsicherheit zu erlangen, dass er Anfragen auch ohne Feedbackschleifen der Kolleg:innen bearbeiten konnte, und wie er sicherstellen konnte, dass er auch im Homeoffice genug intensive Arbeitsphasen hatte, in denen er nicht gestört wurde, um die Anfragen konzentriert abarbeiten zu können. Sie sehen, der Dialog und das Ergebnis hätten ganz anders ausgesehen, wenn Noah rein basierend auf Daten entschieden hätte. Entscheiden Sie nach Daten, entscheiden Sie meist problembasiert. Entscheiden Sie basierend auf der Bedeutung dieser Daten für den/die jeweilige/n Mitarbeiter:in, entscheiden Sie meist genauer am wirklichen Bedarf des Mitarbeiters/der

Mitarbeiterin und lösungsorientiert. Digitale Effizienz braucht menschliche Wärme, ebenso wie Daten Bedeutung benötigen.

### Reflektieren und nachspüren zum Thema Umgang mit Daten

- Nach welchen Daten und Kriterien bewerten Sie die Arbeit Ihrer Mitarbeiter:innen?

- Wenn Sie ungünstige Beobachtungen machen bezüglich der Arbeitsweise Ihrer Mitarbeiter:innen, treten Sie dann in einen offenen Dialog oder behalten Sie es für sich und bilden sich eine Meinung?

- Wie könnten Sie so in einen Dialog eintreten, dass Ihr/e Mitarbeiter:in das Gefühl hat, Sie agieren für und nicht gegen ihn/sie?


## Dissens ist immer der Start-, nie der Endpunkt von Kommunikation

In einer komplexen, beschleunigten Welt nehmen Spannungen und Meinungsverschiedenheiten zu. Zu einem komplexen Problem gibt es nicht die eine richtige Lösung, sondern es gibt viele verschiedene Möglichkeiten mit mehr oder weniger hoher Wahrscheinlichkeit, das gesteckte Ziel zu erreichen. Insofern nimmt auch der Dissens zwischen Mitarbeiter:innen und mit dem/der jeweiligen Chef:in zu. Und das ist eine gute Nachricht, macht sie doch einen kommunikativen Denkfehler offensichtlich, dem viele unterliegen: der Annahme, Konsens sei der Grundmodus und das angestrebte Ziel von Kommunikation. Hier möchte ich einen klaren Widerspruch einlegen. Der Grundmodus von Kommunikation ist Dissens. Vieles an Austausch findet statt, weil sich Menschen missverstehen. Weil sie Sachverhalte anders sehen oder auch konträre Einstellungen zu Dingen haben. Das heißt, Dissens macht sprachfähig. Natürlich gibt es auch Gespräche oder Meetings, in denen wir uns gegenseitig bestätigen und einvernehmlich Positionen austauschen. Doch diese sind häufig weniger erkenntnisreich, da wir darin lediglich bestätigen, was wir bereits glauben zu wissen. Das bedeutet: Dissens fördert Erkenntnis und sollte daher immer auch ein angestrebtes oder zumindest kein vermiedenes Ziel sein. Und vor allem muss Dissens immer der Auftakt zum Austausch sein statt wie so häufig das Ende von Kommunikation. Folgendes hat bestimmt jeder von uns schon mal erlebt: Ein/e Mitarbeiter:in stellt seine/ihre Ideen zu einem neuen Konzept, Projekt oder Prozess vor. Anhand der Reaktionen ist erkennbar, dass die anderen Mitarbeiter:innen oder auch die Führungskraft etwas anderes erwartet hatten. Nun gibt es häufig zwei Vorgehensweisen: Entweder wird die Idee erst mal stillschweigend abgenickt und danach sucht jemand vertrauensvoll das Gespräch, oder es wird bewertet, warum diese Idee so nicht umsetzbar ist. Die erste Variante nimmt dem Dissens das Potenzial zum Erkenntnisgewinn. Gerade weil wir offensichtlich unterschiedliche Vorstellungen hatten, wie dieses Projekt laufen sollte, ist doch genau jetzt der Punkt gekommen, um diese Vorstellungen zu klären.

> Wenn Sie mit unterschiedlichen Landkarten unterwegs sind, dann hilft es nicht weiter, über die Navigation zu streiten. Sie müssen erst mal klären, wie die Landkarte des Gegenübers aussieht. Welche Annahmen legt es zugrunde? Basierend auf welchen Werten oder Überlegungen kam es zu diesem oder jenem Schluss? Dissens kann man nicht bewerten, man kann ihn nur ergründen.

Damit zusammenhängend zerstört auch das zweite Vorgehen das Potenzial des Dissenses. Wer sofort bewertet, verliert den Zugang zur Landkarte des/der anderen. Wenn wir uns angegriffen oder bewertet fühlen, gehen wir eher in Verteidigungshaltung. Ein offener

Austausch über ehrliche Beweggründe, in dem Sie vielleicht sogar erkennen, dass Sie oder Ihr Gegenüber falsche Annahmen getroffen haben, wird so nicht stattfinden. Machen Sie sich also bewusst: Dissens sollte immer der Startpunkt für ein neugieriges Ergründen der Landkarte des/der anderen sein und nie der Endpunkt oder die Sackgasse für Kommunikation. Ergründen Sie also die Landkarte des Gegenübers durch Fragen wie »Basierend auf welchen Annahmen kamst du zu dem Vorgehen?«, »Kannst du mir euren Entscheidungs- und Arbeitsprozess bis hierher darlegen?« oder »Hilf mir zu verstehen, was genau deine Beweggründe sind«, um hier nur einige Beispiele zu nennen.

Gerade für cross-funktional und interdisziplinär besetzte Teams ist dieses Ergründen elementar. Je nachdem, welcher Profession man folgt, sind Begriffe mit unterschiedlicher Bedeutung besetzt. Das durfte ich selbst erleben, als ich ein cross-funktional besetztes Team während eines länger angelegten Projektes immer mal wieder kommunikativ begleiten durfte. Als der erste Prototyp einer neuen Website vorgestellt wurde, kam es zum Dissens. Alle hatten sich dem Wert »Qualität« verpflichtet, doch offensichtlich verstand jeder etwas anderes darunter. Als wir anfingen, diesen Dissens zu ergründen, zeigte sich Folgendes: Die Vertreterin der Marketingabteilung verstand darunter eine gewisse Einfachheit und Ästhetik der Seite, der Vertreter des Vertriebs eine möglichst einfache Buchung und das Einbinden vieler Zahlungsmöglichkeiten, um dem Kunden ein friktionsfreies Einkaufserlebnis zu ermöglichen, und der Entwickler verstand darunter einen einfach zu ändernden Code, sodass auch andere schnell Änderungen an der Seite vornehmen konnten. Das Ergründen der Denkrahmen und Frames, die wir mit einem Wort verbinden, wird umso zentraler, je diverser das Team ist. Und dieses Ergründen benötigt zweierlei: erstens eine Haltung der neugierigen Akzeptanz von Andersartigkeit. Kein Frame ist besser oder schlechter als der andere, sondern jeder Frame trägt seinen Teil zur Lösung eines komplexen Problems bei. Diese Haltung erhöht die Bereitschaft, sich in die Logik des Gegenübers einzuden-ken. Zweitens braucht es Fragen: Was meinst du damit konkret? Was verstehst du darunter? Auf welche Definition wollen wir uns einigen? Mittlerweile gehört es zu meinem Standardrepertoire, am Anfang von Projekten, die ich als Berater begleite, erfolgsrelevante Messgrößen wie »Einfachheit«, »Qualität« oder »Kundennutzen« von allen Beteilig-ten innerhalb ihres Frames definieren zu lassen, um so bereits Kon-sens, aber vor allem Dissens zu identifizieren und diesen zu thema-tisieren. Dieses dissensbasierte Aufeinander-Einschwingen führt sehr häufig dazu, dass Probleme früher erkannt, klarer angesprochen und schneller aus der Welt geräumt werden können.

Damit zusammenhängend möchte ich noch mit einem zusätzlichen, weitverbreiteten kommunikativen Missverständnis aufräumen.

> Dissens ist nicht gleich Konflikt. Viele Menschen meiden Dissens deshalb so sehr, weil sie direkt schlussfolgern, dann einen Kon-flikt zu haben. Das Gegenteil ist der Fall. Der nicht ausgesproche-ne, schwelende oder zu spät angesprochene Dissens wird zum Konflikt.

Ich unterscheide hier gerne zwischen verdecktem, offenem und kon-flikthaftem Dissens. Das Wort »Dissens« kommt vom lateinischen Wort *dissentio*, was so viel bedeutet wie »uneins sein«. Diese Uneinig-keit ist häufig aber verdeckt und den Beteiligten nicht bekannt. Inso-fern seien Sie dankbar, wenn ein Dissens offensichtlich wird, denn so wird eine Uneinigkeit sichtbar. Sie können dann, wie im obigen Beispiel, klären, was jeder unter »Qualität« versteht und wie die ver-schiedenen Sichtweisen überein gebracht werden können. In die-ser Phase können Sie einen klaren Standpunkt beziehen, ohne den/die anderen vor den Kopf zu stoßen gemäß dem Motto »Making a point, without making an enemy!«. Von einem offenen Dissens spreche ich, wenn die Sichtweisen geklärt wurden, aber sich dennoch an den dissensfördernden Verhaltensweisen nichts verändert hat. Dann gilt es auch hier wieder, den Dialog zu suchen: Woran scheitert es? Was hindert den/die Mitarbeiter:in daran, das gemeinsam erarbeitete Verständnis zu akzeptieren oder umzusetzen? Auch hier sollten Sie noch die Haltung haben, dass das Gegenüber nichts falsch gemacht hat. Veränderung benötigt Geduld und Zeit und häufig ändert sich auf einer Performanceebene erst mal wenig, was aber nicht bedeutet, dass sich auf der Anstrengungsebene des Gegenübers nicht schon gewaltig etwas tut. Einen konflikthaften Dissens haben Sie erst, wenn sich auch nach erneutem Ansprechen nichts ändert oder bewusst weiterhin der Dissens geschürt wird. Hier gilt es schließlich, das vereinbarte Verständnis klar einzufordern und etwaige Konsequenzen aufzuzeigen.

Das Fördern von Dissens ist Führungsaufgabe. Wenn Ihre Mitarbeiter:innen immer häufiger Experten auf ihrem Fachgebiet sind und Sie somit inhaltlich immer weniger beitragen können, müssen Sie zum Experten für Teamdynamiken werden. Denn Konsens fördert häufig suboptimale Teamdynamiken. Dieses Phänomen ist hinreichend belegt und um es greifbar zu machen, möchte ich Ihnen ein Experiment von Wissenschaftler:innen der Universität Göttingen vorstellen.[89] Die Wissenschaftler:innen gaben jeweils drei Studierenden die Aufgabe, anhand von Informationen zu vier Bewerber:innen den/die geeignetste/n für eine Stelle als Pilot:in zu identifizieren. Neben geteilten Informationen, die allen Beteiligten vorlagen, gab es auch ungeteilte Informationen, die nur einer der Studierenden hatte, was sozusagen des Spezialwissen des Einzelnen symbolisierte. Die Informationen waren über die drei Student:innen so verteilt, dass 90 Prozent der Mitglieder auf der Basis ihrer anfänglichen Informationen einen suboptimalen Bewerber bevorzugten. Eine solche Situation nennt man in der Psychologie Hidden Profile, da die beste Alternative anfangs versteckt ist und nicht alle Informationen allen zugänglich sind. Nur durch Austausch aller relevanter Informationen kann die beste Lösung gefunden werden. Also eine alltägliche Gruppensituation in komplexen Umwelten. Wie untersuchten die Wissenschaftler:innen nun den Einfluss von Dissens auf die Entscheidungsqualität?

Anfangs saßen die Studierenden noch getrennt voneinander und sollten sich auf der Basis ihrer jeweiligen Informationen für einen der vier Bewerber:innen entscheiden. Anhand der anfänglichen Präferenzen für eine/n der Bewerber:innen wurden die Gruppen zusammengesetzt. Unter der sogenannten Konsensbedingung wurden drei Studierende zusammengebracht, die alle denselben falschen Bewerber/ dieselbe falsche Bewerberin bevorzugten. Wenig überraschend identifizierten lediglich sieben Prozent dieser Konsensgruppen durch die Diskussion den richtigen Bewerber/die richtige Bewerberin, da sich die Gruppenmitglieder hauptsächlich gegenseitig in der falschen Einschätzung bestärkten. Unter der sogenannten Dissensbedingung kamen drei Studierende zusammen, die unterschiedliche Bewerber bevorzugten. Dabei gab es in etwa der Hälfte dieser Dissens-Gruppen ein Mitglied, das den/die tatsächlich geeignetste/n Bewerber:in bevorzugte. Von diesen Dissensgruppen identifizierten 62 Prozent durch den Austausch den besten Bewerber/die beste Bewerberin. Auch dieses Ergebnis ist nicht sonderlich überraschend, da in Diskussionen häufig vor allem über Entscheidungsoptionen diskutiert wird und in diesem Fall zumindest eines der Teammitglieder den Schlüssel zum/ zur besten Bewerber:in in den Händen hielt. Viel spannender und erstaunlicher ist hingegen das Ergebnis der anderen Hälfte der Dissensgruppen, in denen alle drei Mitglieder vor der Diskussion eine/n andere/n, aber jeweils falschen Bewerber:in bevorzugten. 26 Prozent dieser Gruppen identifizierten in der Diskussion dennoch den besten Piloten/die beste Pilotin und damit signifikant mehr als in der Konsensgruppe. Die Wissenschaftler schlussfolgerten: »Bei Dissens ist es möglich, dass drei Blinde gemeinsam sehen können.«[90] Doch nicht nur die Entscheidung an sich, auch der Prozess der Entscheidungsfindung verbesserte sich qualitativ und quantitativ. So konnten die Wissenschaftler zeigen, dass in den Dissensgruppen mehr Informationen geteilt, länger diskutiert und intensiver über die einzelnen Positionen nachgedacht wurde, was die Entscheidungsqualität erhöhte. Unter Dissensbedingungen ringen die Mitarbeiter:innen um das beste Ergebnis, in Konsenssituationen bestärken sie vor allem die Beziehungsebene und das gemeinsame Gruppengefühl. Beides ist legitim, Sie als Führungskraft müssen allerdings gut beobachten, was es an der jeweiligen Stelle braucht.

Doch wie können Sie nun Dissens fördern? In Gruppenmeetings ist es zunächst wichtig, dass die Führungskraft die Meinung der Geführten einfordert. Hier hat es sich häufig bewährt, mit den Zurückhaltenden zu beginnen. Auch eine anonyme Abstimmung via Skalen oder konkrete Wortbeiträge virtuell über das Programm *Mentimeter* oder analog am verdeckten Flipchart kann helfen. Achten Sie bei den Wortbeiträgen immer darauf, dass diese auf das Ziel des Teams oder der Organisation einzahlen. Gerade bei Dissens besteht die Gefahr, dass die Teammitglieder sich in Nebenkriegsschauplätzen verlieren. Sie als Moderator:in müssen deshalb den Kompass der Steuerung in der Hand behalten. Erst am Schluss sollten Sie als Führungskraft Ihre Sichtweise einbringen und auch signalisieren, dass auch diese Sichtweise gerne kritisch gewürdigt werden darf. Wie Sie hierbei auf die Kritik reagieren, ist entscheidend. Wie im vorherigen Kapitel aufgezeigt, lautet die Devise: respond productively. Also sehen Sie den positiven Kern des Gesagten und zeigen Sie diese Positivität auch körpersprachlich durch eine offene Körperhaltung und eine entsprechende Mimik wie Lächeln oder Kopfnicken, was auch im virtuellen Raum wahrgenommen werden kann. Auch die Devise »Information vor Präferenz« ist hilfreich bei der Förderung von Dissens. Die Teammitglieder geben nicht sofort eine Bewertung der Entscheidungsalternativen ab, sondern für jede Position wird erst mal gesammelt, was dafür und was dagegen spricht. So werden mehr Informationen geteilt und jeder Einzelne wird mit präferenzinkonsistenten Gedanken konfrontiert, die zu einer tieferen Verarbeitung führen. Das feste Installieren eines Advocatus Diaboli, der ganz bewusst die Gegenposition zu einer Idee vertritt oder den gemachten Vorschlag kritisch durchleuchtet, kann sehr hilfreich sein. Lassen Sie diese Rolle auch gerne wechseln, sodass jede/r Mitarbeiter:in immer mehr lernt, seinen/ihren Dissens frei zu äußern. Schließlich können Sie sich auch externe Dritte, sei es von außerhalb der Organisation oder auch aus anderen Abteilungen, dazuholen, die die bisherige Diskussion nicht kennen und somit weniger voreingenommen sind. Wie Sie es auch machen, etablieren Sie eine Kultur des produktiven Dissenses, bei dem Dissens immer der Ausgangspunkt und nie das Ende von Kommunikation ist.

---

**Reflektieren und nachspüren zum Thema Dissens**

- Welche Möglichkeiten haben Sie, Dissens produktiv in Ihrem Team zu fördern?

- Welcher Mitarbeiter:innen könnten als Erste/r die Rolle eines Advocatus Diaboli einnehmen?

- Wie können Sie ihn/sie für die Rolle gewinnen?

- Wie kann er/sie den Staffelstab an die anderen Kolleg:innen weitergeben?

---

## Sprechen Sie mit Sog statt mit Druck

Führung ist Kommunikation. Diesen Satz haben Sie so oder ähnlich bestimmt schon mal in einem Buch gelesen. Aber lesen Sie ihn noch mal. Nehmen Sie sich wirklich Zeit, das Gewicht dieses Satzes wirken zu lassen. Wenn Sie diesen Satz zu 100 Prozent befolgen würden, wie würde Ihre Kommunikation aussehen? Was würden Sie mehr, was weniger tun? Welche Erfolgserlebnisse hätten Sie häufiger und welche Misserfolgserlebnisse seltener? Legen Sie gerne mal das Buch zur Seite und denken Sie darüber nach. Ich bin mir sicher, dass Sie bereits mit den gängigen Kommunikationsmodellen vertraut sind. Um diese soll es in diesem Kapitel auch nicht gehen. Ich möchte mit Ihnen auf die kommunikativen Bereiche blicken, bei denen die meisten Führungskräfte meiner Erfahrung nach Punkte liegen lassen und dadurch ihre Kommunikation und letztlich ihr Leadership schwächen. Sprechen Sie mit Sog statt mit Druck! Als Führender sind Sie auf die Motivation und die Umsetzungsbereitschaft Ihrer Mitarbeiter:innen angewiesen. Druck erzeugt immer Gegendruck. Sog erzeugt Bewegungskraft und Motivation. Und diese brauchen Sie von Ihren Mitarbeiter:innen. Mit Sog zu kommunizieren, bedeutet, redlich zwischen Aussage und Frage zu unterscheiden, zweiseitig zu fragen, die Freiheit der Gedanken anzuerkennen, mehr über den Weg statt über das Ziel zu sprechen und Emotion und Argument sauber zu trennen.

### Wenn Sie etwas sagen wollen, dann sagen Sie es!

Eine kommunikative Unart, die in immer mehr Unternehmen Einzug hält, ist die falsch verstandene Auffassung von der Führungskraft als Coach. Natürlich ist das Grundprinzip, den/die Mitarbeiter:in durch clevere Fragen zu eigenen Lösungen zu animieren und so das Empowerment und die Selbstwirksamkeit zu stärken, erst mal lobenswert. Allerdings hat dies bei einigen Führungskräften dazu geführt, dass sie nun immer Fragen stellen, obwohl sie eigentlich eine Aussage treffen wollen: Findest du nicht auch, dass wir das Projekt besser hinbekommen können? Was, glaubst du, denkt das Senior Management über die Folie, die du erstellt hast? Findest du deinen Dresscode angemessen? Diese Sätze sind zwar als Fragen formuliert, aber ziemlich schlecht. Denn sie suggerieren, dass es bereits eine beste oder zumindest vorgebebene Antwort gibt, auf die der/die Mitarbeiter:in nun selbst kommen soll. Ihre Mitarbeiter:innen sind keine Hunde, die ausgeworfene Köder erschnüffeln und finden sollen. Seien Sie redlich: Wenn Sie eine Aussage machen wollen, dann machen Sie eine Aussage. Und wenn Sie eine wirkliche Frage haben, dann fragen Sie. Nur kleiden Sie eine Aussage nicht in das Gewand einer Pseudofrage. Gute Fragen sind zweiseitig, aber dazu gleich mehr. Machen Sie also klare Aussagen: Das Projekt hätte in Sachen Koordination besser laufen müssen. Ich finde die Folie für das Senior Management zu überfrachtet. Dein Dresscode ist für unser Unternehmensumfeld zu leger, wir tragen hier keine Hoodies.

> Jedes Mal, wenn Sie Fragen stellen, bei denen die Antwort eigentlich schon feststeht, verlieren Sie an Glaubwürdigkeit und kommunikativer Zugkraft.

Denn der Empfänger kann die Botschaft auf zwei Arten interpretieren. Erstens: Meine Führungskraft traut sich nicht, mir die Aussage direkt ins Gesicht zu sagen. Zweitens: Meine Führungskraft versucht, mich zu manipulieren, indem ich ihre Aussage selbst wiedergeben soll, als ob ich selbst darauf gekommen wäre und hinter dieser Aussage stehen würde. »Don't make me do it« oder »Zwing mich nicht« ist der Gedanke, der beim/bei der Empfänger:in entsteht und der/die dadurch häufig in Reaktanz und Widerstand geht. Beides stört das Beziehungsverhältnis erheblich. Deswegen sagen Sie, was Sie zu sagen haben, und fragen Sie ehrlich, was Sie zu fragen haben. Was ehrliche Fragen ausmacht, darum geht es im nächsten Abschnitt.

### *Fragen Sie zweiseitig!*

Gute Fragen sind zweiseitig, das heißt, Sie beleuchten beide Seiten einer Medaille. Was spricht für, was gegen das Projekt? Welche Vor- oder auch Nachteile entstehen durch das neue Kundensegment? Was war am neuen Launch erfolgreich und was hätten wir besser machen können? Sie sehen, es werden immer beide Seiten beleuchtet: Vor- und Nachteile, Pro- und Gegenargumente, Stärken und Schwächen, Licht und Schatten, Chancen und Risiken, Neuerungen und Bewährtes und so weiter. Natürlich gibt es auch Phasen im Gespräch, wo geschlossene Fragen, die lediglich mit Ja oder Nein beantwortet werden können, oder auch einseitige Fragen, die nur auf Nachteile fokussieren, sinnvoll sind. Beispielsweise wenn Sie ein Thema abschließen wollen oder lediglich die Nachteile gerade von Interesse sind.[91] In einer digitalen Zeit haben Sie es aber vermehrt mit komplexen und komplizierten Problemen zu tun. Da bei diesen häufig nicht abzuschätzen ist, ob das Beleuchten nur einer Seite ausreichend ist, nutzen Sie das Potenzial von zweiseitigen Fragen. Diese Fragen helfen Ihnen auch, Groupthink, also ungünstigen Gruppendynamiken, die eine Seite überbetonen oder polarisieren, vorzubeugen. Schließlich sind zweiseitige Fragen jene Fragen, die Ihre Mitarbeiter:innen wirklich ernst nehmen. Wenn Sie ehrlich daran glauben, dass Ihre Mitarbeiter:innen die Expert:innen für ihr Fachgebiet sind und Sie diese tatsächlich empowern wollen, dann muss doch auch die Frage darauf einzahlen. Sie muss von jener Gestalt sein, dass sie einen wirklichen Reflexionsprozess anregt, der möglichst ganzheitlich ist. Wie wollen Sie als Führungskraft, die kein Experte/keine Expertin auf diesem Gebiet ist, wissen, ob das einseitige Beleuchten der Vorteile ausreicht? Ob ein Sprechen über Risiken genug ist? Natürlich dürfen zweiseitige Fragen von Ihrem/r Mitarbeiter:in korrigiert werden, falls es wirklich ausreicht, nur eine Seite zu beleuchten. Aber begrenzen Sie den Denkrahmen Ihres Experten/Ihrer Expertin nicht alleine schon dadurch, dass Sie die Frage begrenzen. Die Qualität

Ihrer Fragen bestimmt die Qualität des Denkprozesses beim Mitarbeiter/bei der Mitarbeiterin und dadurch die Qualität der Antworten.

## *Lassen Sie Ihre Mitarbeiter:innen denken, aber nicht tun, was sie wollen!*

Obwohl das Meeting erst 40 Minuten lief, forderte ich eine kurze Pause ein. Eigentlich war meine Rolle die eines stillen Zuhörers, der die Kommunikationskultur analysieren sollte. Ich hatte jedoch vom Auftraggeber die Erlaubnis zu intervenieren, wenn ich das Gefühl hatte, dass die Dinge aus dem Ruder liefen. Das Gefühl hatte ich bereits nach 20 Minuten, nach weiteren 20 war jedoch klar, dass wir nicht weiterkamen. Das Meeting wurde vom Geschäftsführer eines kleinen Lebensmittelproduzenten geleitet, der eine neue Produktsparte einführen wollte. Neben Suppen sollte es bald auch Bowls geben. Die sechs Abteilungsleiter:innen waren von der Idee nicht wirklich begeistert, auch wenn Kundenumfragen und erste Testläufe ein gutes Potenzial aufzeigten. Ich ging auf den Geschäftsführer zu: »Sebastian, die stellen sich einfach quer. Ich brauche aber ihr Commitment, damit die Sache ins Laufen kommt.« – »Hast du das denn nicht?«, fragte ich zurück. Der überraschten Mimik in seinem Gesicht nach fragte er sich entweder, ob ich die letzten 40 Minuten gepennt hatte oder welchen tieferen Sinn diese Frage haben konnte. »Natürlich nicht, du hörst doch, welche Einwände und Bedenken sie haben«, antwortete der Geschäftsführer. »Die dürfen sie ja haben. Lass deinen Mitarbeiter:innen die Freiheit ihrer Gedanken. Die Frage ist: Hast du trotz aller Bedenken ihre Unterstützung, ihr Commitment?«, antwortete ich. Da der Geschäftsführer immer noch etwas verdutzt dreinblickte, fuhr ich fort: »Ich habe deswegen gerade unterbrochen, weil ihr euch an der Freiheit der Gedanken aufreibt. Deine Mitarbeiter:innen dürfen denken, was sie wollen, solange sie am Ende die Entscheidung mittragen und alles für ihr Gelingen tun. Also frag sie doch direkt: Bei allen Bedenken, die ich gehört habe und die ich durchaus verstehen kann, tragt ihr die neue Produktlinie mit? Und dann frag sie, was das jetzt für jede/n Einzelne/n und seine/ihre Abteilung bedeutet. Was tun sie konkret, damit der neue Produktlaunch gelingt?« Nach der Pause ging das Meeting weiter. Tatsächlich war das Commitment von allen gegeben und auch die Bedenken wurden festgehalten und sollten nach den ersten drei Monaten erneut reflektiert werden.

Als ich nach dem Meeting nach Hause fuhr, wurde mir eine Sache noch mal bewusster als zuvor: Wir reiben uns in Gesprächen zwischen Führenden und Geführten viel zu häufig daran auf, wie die Gegenseite über eine Sache denken soll. »Die Gedanken sind frei«, wusste August Heinrich Hoffmann von Fallersleben schon 1842. Und diese Freiheit gebührt auch Ihren Mitarbeiter:innen. Diese können wie auch immer über Produkte, Prozesse, Projekte, Ideen oder Initiativen denken. Ja, sogar über Sie als Führenden dürfen sie denken, was sie wollen. Die viel wichtigere Frage ist: Was tun Ihre Mitarbeiter:innen? »Aktionen sind wichtiger als Gedanken«, ist die Devise. Ihre Mitarbeiter:innen dürfen den neuen Produktlaunch beschissen finden – solange sie alles zu seinem Gelingen beitragen, haben Sie alles, was Sie brauchen. Das Absurdeste, was ich in diesem Zusammenhang einmal erleben durfte, war die Einführung eines neuen Vergütungssystems in einer Firma. Jede/r Mitarbeiter:in sollte in einem Einzelgespräch mit seiner/ihrer Führungskraft erzählen, wie er/sie das neue Vergütungssystem einschätzt. Die Marschrichtung war klar: Es sollte gebührend gefeiert werden. Derartige Pseudomeetings zerstören auch den letzten Funken Vertrauen in ein System. Was soll ein/e Mitarbeiter:in in einem solchen Gespräch sagen? Und was würde es überhaupt bringen, Negatives zu äußern, wenn die Entscheidung eh schon gefallen ist? Ein echter Dialog hätte sich darum drehen müssen, welche Konsequenz der/die Mitarbeiter:in nun zieht. Welches Engagement war er/sie weiterhin bereit aufzubringen?

> Unternehmen und Führende müssen aufhören, ihren Mitarbeiter:innen irgendwelche Gedanken ins Hirn pressen zu wollen. Die Gedanken sind frei, die Umsetzungsbereitschaft dagegen nicht.

Verstehen Sie mich nicht falsch: Natürlich sind die Bedenken Ihrer Mitarbeiter:innen wertvolle Ressourcen zur Optimierung von Initiativen. Wenn Sie sich jedoch nach reiflichen Überlegungen und vielen Gesprächen dazu entschieden haben, diesen neuen Weg zu gehen, dann verschwenden Sie keine Energie in die Bekehrung Ihrer Mitarbeiter:innen. Sie müssen das Neue nicht gutheißen, sie müssen es aber mittragen. Wer das nicht möchte, hat wiederum die Freiheit zu gehen. Wer allerdings Teil eines Unternehmens sein will, bekennt sich zu den Zielen eines Unternehmens und damit zum Mittragen von Entscheidungen. Kritik sollten die Mitarbeiter:innen jederzeit äußern dürfen und auch Fehlentwicklungen anmahnen, allerdings zur rechten Zeit. Nachdem eine Entscheidung getroffen wurde, braucht es erst mal Umsetzungsgeschwindigkeit und -willen. Nach einer gewissen Zeit und empirischen Daten kann dann wieder eine Phase der Reflexion eingelegt werden. In dieser Phase sollten Sie dankbar für die Freiheit der Gedanken Ihrer Mitarbeiter:innen sein. Denn diese bergen ein enormes Potenzial, um Gutes noch besser zu machen. Commitment bei maximaler gedanklicher Freiheit ist der Führungsstil in der digitalen Ära.

### Reden Sie vor allem über das, was beeinflusst werden kann!

Julia ist eine Key-Account-Managerin bei einer großen Firma für Büromaterial. Sie war stets eine der Topverkäuferinnen bei ihrem Unternehmen. Für ihre tollen Verkaufszahlen wurde sie stets gelobt und auf der Weihnachtsfeier ausgezeichnet. Dann kam Corona und mit der Pandemie der Einbruch von Julias Verkaufszahlen. Denn Bürogebäude, in denen keine Mitarbeiter sind, brauchen auch nicht viel Büromaterial. Nun stand für Lea, Leiterin der Key-Account-Manager, das Jahresgespräch mit Julia an. Was sollte sie ihr sagen? Die Zahlen waren katastrophal und alle Ziele wurden nicht erreicht. Das Problem waren aber eigentlich nicht die verfehlten Ziele (aus ökonomischer Sicht schon, aber nicht aus psychologischer Sicht), sondern der über Jahre falsch gesetzte Fokus. Was meine ich damit? Über Jahre wurde Julia für etwas belohnt, was außerhalb ihres Einflussbereiches lag: nämlich KPIs und Ziele. In einer komplexen Welt gibt es viel zu viele Variablen, als dass das Erreichen der Ziele alleine auf Julias Leistung zurückzuführen wäre. In guten Zeiten wollen das natürlich die wenigsten hören, in schlechten Zeiten erkennen die meisten diese fehlende Kausalität. Was jedoch in Julias Einflussbereich liegt, ist ihre Anstrengung, Ausdauer und Leistungsbereitschaft. Und obwohl die Zahlen katastrophal waren, hatte Julia dieses Jahr so viel an Leistungsbereitschaft in die Waagschale geworfen wie noch nie zuvor. Nur mit einem schlechten Ergebnis, weil schlicht kein Markt vorhanden war. Fokussieren Sie sich in Ihrer Führungskommunikation auf die Bemühungen Ihrer Mitarbeiter:innen und nicht nur auf die Ergebnisse, Ziele und KPIs. Der Fokus sollte auch auf dem Weg liegen, den der/die Mitarbeiter:in gegangen ist. Welche Entscheidungen hat er/sie wann und wie getroffen? Welche Hürden mussten überwunden werden? Wie ist er/sie mit Schwierigkeiten umgegangen? Sprechen Sie über das, was Ihre Mitarbeiter:innen beeinflussen können: ihre Taten, Entscheidungen und Anstrengungen. Und honorieren Sie diese. Denn in einer komplexen Welt können gute Ergebnisse mit wenig Anstrengung und schlechte Ergebnisse mit viel Anstrengung verbunden sein. Wenn Sie die intrinsische Motivation Ihrer Mitarbeiter:innen aufrechterhalten und sogar stärken wollen, dann sprechen Sie über den Einflussbereich des Mitarbeiters/der Mitarbeiterin. Interessieren Sie sich für seinen/ihren Weg, seinen/ihren Umgang mit Hürden und Problemen und seine/ihre Sicht der Dinge. Mitarbeiter:innen wollen in ihrem Tun und ihrer Anstrengung gesehen werden. Und wenn Sie erkennen, dass Ihr/e Mitarbeiter:in alles in seiner/ihrer Macht Stehende getan hat und das Ergebnis trotzdem nicht den Vorgaben entspricht, dann seien Sie dennoch dankbar und wertschätzen Sie das. In einer komplexen Welt brauchen Sie Mitarbeiter:innen, die bereit sind, die Extrameile zu gehen, ohne sicher zu wissen, ob sich diese Extrameile auszahlen wird.

### Geben Sie zu, wenn Sie etwas nicht wissen!

Eines der größten Hindernisse für Führende ist der falsche Glaubenssatz, dass sie stets eine Antwort haben müssen, weil sie ansonsten als schwach oder orientierungslos wahrgenommen würden. Das Gegenteil ist der Fall. Der Zwang, auf alles eine Antwort haben und jederzeit auskunftsfähig sein zu müssen, nimmt zu, je höher jemand auf der Karriereleiter nach oben klettert. Googeln Sie mal »CEO admits he doesn't know«. Auf den ersten drei Seiten kein einziger Artikel, der dies als positiv bewertet. Wir müssen dieses Stigma brechen, denn nur wenn sich auch Führungskräfte trauen dürfen, Unwissenheit zuzugeben, werden auch Mitarbeiter:innen zugeben können, Dinge nicht zu wissen, und alle können sich gemeinsam auf Spurensuche begeben. »The biggest wisdom comes from not knowing. Because if you admit you don't know, then you're willing to look«, sagte schon Zen-Meister Bon Soeng.[92] Und nicht nur man selbst schaut nach möglichen Erklärungsmustern und Lösungen, auch die eigenen Mitarbeiter:innen beginnen mit Freude zu testen, zu tüfteln und zu experimentieren. »Ich weiß es nicht« sind nur vier Wörter, die manchmal unglaublich schwer über die Lippen kommen. Auch weil wir sozialisiert wurden, stets zu wissen. Ärzte sollen wissen, welche Krankheit man hat, Politiker, wie man auch in Zukunft ein gerechtes und wohlhabendes Land kreiert, und Wissenschaftler werden per se dafür bezahlt, Wissen zu generieren. In einer komplexen Welt können und sollten Sie aber auch gar nicht alles wissen. Intellektuelle Demut, wie es in der Psychologie heißt, sollte das Mantra unserer Zeit sein. Wir brauchen nicht 82 Millionen Epidemiologen oder Bundestrainer. Wir brauchen Menschen, die eine Expertise in einem Bereich haben und in vielen anderen eben nicht. Und wir brauchen Führungskräfte, die das offen zugeben können: »Ich habe dazu keine Erfahrungswerte«, »Da muss ich mich selbst erst mal einlesen« oder auch »Das ist nicht meine Expertise, deswegen kann ich derzeit keine belastbare Aussage dazu treffen« sind nur einige Sätze, die den Boden für weitere Erkundungen bereiten können.

Nicht-Wissen ist nicht das Problem. Nicht-wissen-Wollen ist das Problem. Also geben Sie zu, wenn Sie etwas nicht wissen, und erkunden Sie mit Ihren Mitarbeiter:innen das unbekannte Terrain. Recherchieren Sie als Team, starten Sie Umfragen oder initiieren Sie Sprints oder Experimente. Aber fangen Sie an, die Wissenslücke zu schließen. Je offener Sie mit Wissenslücken umgehen, umso offener können auch Ihre Mitarbeiter:innen zugeben, wenn ihnen Wissen fehlt, und müssen Sie nicht mit fadenscheinigen Argumentationen abspeisen.

Machen Sie Nicht-Wissen zu einem Ritual: Starten Sie einmal im Monat ein Teammeeting mit einem Check-in, bei dem jede/r erzählt, was er diesen Monat gelernt hat, was er/sie vorher noch nicht wusste oder geglaubt hat zu wissen, was sich aber als falsch herausstellte. So wird ein offener Dialog über Unwissenheit immer mehr zum Teil Ihrer Teamkultur. Seien Sie kein Besserwisser, sondern ein Bessersucher. Die Antworten sind dort draußen, finden Sie sie. Und wenn es mal wieder schwierig ist, die Unwissenheit zuzugeben, machen Sie sich den Spruch von René Borbonus bewusst: »Wer noch grün ist, kann wachsen. Wer sich bereits reif wähnt, fängt schon an zu faulen.«[93]

## *Trennen Sie Emotion und Argument!*

In dem Kapitel »Deep Touch mit einem Selbst« haben Sie bereits erfahren, wie wichtig Emotionen beim Treffen von ganzheitlichen Entscheidungen sind. Was beim Entscheiden miteinander verwoben wird, sollte jedoch sprachlich sauber getrennt werden, nämlich Emotion und logisches Argument. Der große Vorteil an Emotionen ist: Sie sind unfehlbar und unverwechselbar! Sie können Angst nicht mit Freude verwechseln, Ekel nicht mit Überraschung, Wut nicht mit Trauer, Hunger nicht mit Übelkeit. Der große Nachteil von Emotionen: Sie sind unfehlbar und unverwechselbar! Falls Sie denken, ich habe hier irrtümlich denselben Satz noch mal geschrieben: Nein, das war gewollt. Wenn Emotionen nicht unfehlbar und unverwechselbar sind, dann können sie im wissenschaftlichen Sinne nicht falsifiziert werden. Wenn Ihr/e Mitarbeiter:in sagt, er/sie fühle sich unsicher, dann können Sie das nicht widerlegen. Sie können nicht sagen, die Emotion sei falsch.[*] Die Emotion ist, wie sie ist. Sie entzieht sich rationalem Kalkül. Warum erzähle ich Ihnen das? Wenn Emotionen nicht falsifizierbar sind, dann sind auch emotionale Botschaften nicht widerlegbar. Das gilt jedoch nicht für pseudoemotionale Botschaften. »Ich habe das Gefühl, dass dieses Projekt erfolgreich wird« ist keine emotionale Aussage, sondern eine argumentative Behauptung, der durch »Gefühl« ein Anstrich von Unfehlbarkeit verliehen werden soll. Viel zu häufig werden heute Argumente durch den Satz »Ich habe das Gefühl, dass …« vorgetragen und so als Emotion verkauft. Tun Sie das bitte nicht, denn es schmälert die Qualität Ihres Wortes. Echte Emotionen können klar durch den Satz ausgedrückt werden: »Ich fühle mich …« Es braucht kein »dass«. »Dass« ist ein Anzeichen für eine Pseudoemotion. Argumente können, im Gegensatz zu Emotionen, falsifiziert werden. Argumente sind Behauptungen, die unter bestimmten Annahmen und Erklärungsmustern

---

[*] Es gibt immer wieder Führende, die versuchen, die Emotionen Ihrer Mitarbeiter:innen zu bagatellisieren oder zu delegitimieren. Beides ist jedoch zum Scheitern verurteilt und kostet nur Vertrauen. Ihre Mitarbeiter:innen fühlen, wie sie fühlen.

getroffen wurden. Mit einem Argument gehen also stets die Fragen einher: Unter welchen Bedingungen und Annahmen stimmt meine Behauptung? Und ab wann stimmt sie nicht mehr? Für ein Argument ist das klar zu beantworten. Wenn sich deutsche Autobauer dazu entschließen, ihre Autos an den Kundenwünschen des asiatischen Marktes auszurichten, dann tun sie das unter der Annahme, dass dieser Markt in Zukunft der wichtigste sein wird und sie dort die meisten Autos verkaufen werden. Solange diese Annahme stimmt, ist auch das Argument valide. Sollte irgendwann zum Beispiel das Land Indien oder der Kontinent Afrika der größte Absatzmarkt sein, dann sind die Annahmen nicht mehr richtig und somit auch das Argument nicht mehr valide. Als Führender sollten Sie klarmachen, wann Sie über Emotionen sprechen und wann von einem Argument. Legen Sie sich nicht den Mantel der Unangreifbarkeit an, indem Sie Argumente und Emotionen vermischen. Denn wie sollen Ihre Mitarbeiter:innen Kritik äußern, wenn Sie »das Gefühl haben, dass alles gut wird«?

Die Vermischung von Emotion und Argument schmälert den kommunikativen Raum und verunmöglicht den Dialog bisweilen ganz. Seien Sie klar, wann Sie eine Emotion teilen wollen. Und wenn Sie ein Argument äußern, dann machen Sie transparent, dass es ein Argument ist. Wie kamen Sie zu Ihrer Schlussfolgerung? Unter welchen Annahmen haben Sie diese getroffen? Ab wann stimmt Ihr Argument nicht mehr? Besprechen Sie das auch offen mit Ihren Mitarbeiter:innen, und Sie werden sehen, wie schnell ein höchst produktiver und konstruktiver Diskurs zustande kommt.

Einer der Hauptgründe, warum in Meetings nicht offen diskutiert wird, liegt auf sprachlicher Ebene darin, dass der/die Beitragende seine/ihre Meinung als unfehlbare Emotion verkauft, anstatt das Argument als solches sichtbar und streitbar zu machen. Wenn in Zeitungen

Fakten und Meinungen getrennt werden sollten, dann sollten in der Führung Emotion und Argument getrennt werden.

**Reflektieren und nachspüren zum Thema Kommunizieren mit Sog**

- Wo gelingt es Ihnen schon gut, mit Sog zu kommunizieren, weil Sie klare Aussagen tätigen, statt einseitige Fragen zu stellen, sich kommunikativ klar auf das fokussieren, was beeinflussbar ist, nämlich die Umsetzungsbereitschaft und das Engagement Ihrer Mitarbeiter:innen, oder weil Sie Emotion und Argument sauber trennen?

- Wo kommunizieren Sie noch eher mit Druck und machen das Gegenteil des zuvor Genannten?

- Was könnte Ihnen helfen, auch in diesen Situationen mehr mit Sog zu kommunizieren? Was wäre ein erster direkt umsetzbarer Schritt?

## Wenn Sie etwas tun, dann tun Sie es bewusst und explizit

Zusammenarbeit im Allgemeinen und hybride und virtuelle Kollaboration im Speziellen benötigen Klarheit. Klarheit im Inhalt, in der Form und in der Absicht. Überall, wo diese Klarheit fehlt, stocken Prozesse und Beziehungen und die Frustration steigt bei allen Beteiligten. Diese Klarheit in der Sache und in der Form ist vor allem beim Thema Delegation und dem Umgang mit Führungsdilemmata entscheidend. Fokussieren wir uns zunächst auf das Thema Delegation.

Generell sind Delegationsgespräche das wahrscheinlich meistunterschätzte Führungsinstrument überhaupt. Nicht tragen sie häufig maßgeblich zur Qualität des Arbeitsergebnisses und zur Reibungslosigkeit des Arbeitsprozesses bei, sie sind auch ein unglaublich starkes Personalentwicklungsinstrument. Denn nirgends lernt der/die Mitarbeiter:in mehr als während der Arbeit an einem praxisrelevanten Problem oder Projekt. Und wie groß das Lern- im Gegensatz zum Frustrationspotenzial ist, hängt von der Klarheit im Delegationsgespräch ab. Diese Klarheit wird umso bedeutender, wenn Sie in hybriden oder virtuellen Settings arbeiten, bei denen der/die Mitarbeiter:in Unklarheit nicht durch einen kurzen Gang in Ihr Büro auflösen kann. Doch wodurch wird ein Delegationsgespräch so klar, dass der/die Mitarbeiter:in danach wirklich ins Tun kommen kann? Einerseits muss das Was besprochen werden, andererseits – fast noch wichtiger bei Führung auf Distanz – das Wie. Das Was umfasst das konkrete, terminierte, messbare und realistische Ziel sowie den Nutzen, den dieses Ziel im organisatorischen Zusammenhang stiftet. Was ist die sogenannte »Definition of Done«, also wann sind Sie beide der Meinung, dass das Ziel erreicht wurde beziehungsweise was ist das erste Zwischenziel, das erreicht werden soll, bevor Sie sich wieder sprechen? Natürlich hängt die Konkretheit der Zielsetzung von der Art der Problemstellungen ab. Unterscheiden Sie hier, wie im Kapitel »Wenn Sie Wertschöpfung ermöglichen wollen, brauchen Sie Problemklarheit und wertebasierte Leitprinzipien« gezeigt, immer zwischen Wie/Womit- und Wie-überhaupt-/Wer-Problemen. Für beide Problemstellungen gilt jedoch: Ihrem Mitarbeiter muss klar sein, was bis zum nächsten Termin zu tun ist. Und wenn es nur ein kreatives Brainstorming mit möglichst vielen unterschiedlichen Ideen ist. Gerade bei Führung auf Distanz ist jedoch auch das Wie zu besprechen. Mit welchem Zeitaufwand ist für die Aufgabe zu rechnen? Wie verträgt sich diese Aufgabe mit anderen Arbeitspaketen, die der/die Mitarbeiter:in erledigen muss? Was ist zu priorisieren? Wie kann die Abstimmung mit anderen Mitarbeiter:innen geschehen, wenn diese auch remote oder vielleicht sogar in einer anderen Zeitzone arbeiten? Wie sieht die derzeitige Homeoffice-Situation beim

Mitarbeiter/bei der Mitarbeiterin aus? Muss das Kind zum Beispiel derzeit viel selbst betreut werden, weil die Kita geschlossen hat? Und wie passt das mit dem neuen Workload zusammen? Welche Randarbeitszeiten können zum Beispiel hierfür genutzt werden und welche/r Mitarbeiter:in arbeitet zeitlich ähnlich und könnte für einen Austausch zur Verfügung stehen? Natürlich können erfahrene Mitarbeiter:innen diese Fragen meist auch für sich selbst beantworten. Da Sie aber aus der Ferne wenig Möglichkeit haben nachzusteuern und es im Büro weniger informelle Beobachtungspunkte gibt, sollten Sie diese Fragen aktiv mit Ihrem/r Mitarbeiter:in klären. Wenn Sie das Wie nicht so leicht spontan korrigieren können, dann müssen Sie es genauer abstimmen und das Was dem Wie anpassen. Nichts ist demotivierender, als ein interessantes Arbeitspaket übertragen zu bekommen und es dennoch als reine Stressquelle zu betrachten, weil es nicht zum derzeitigen Lebens- und Arbeitskontext passt. Können Sie jedoch die Frage »Wer macht was mit wem bis wann, warum und wozu?« klar beantworten und passt das Was auch zum Wie, dann ist die Wahrscheinlichkeit hoch, dass Sie auch über die Ferne gute Arbeitsergebnisse geliefert bekommen. Zur Form sei noch gesagt: Wählen Sie für Delegationsgespräche vor allem synchrone Medien, das heißt solche, die Interaktion erlauben. Denn der Sinn eines Delegationsgesprächs ist ja, dass Ihr/e Mitarbeiter:in Rückfragen stellen und Sichtweisen mit Ihnen verhandeln kann. Treffen Sie sich also analog, machen Sie einen Videocall oder rufen Sie sich gegenseitig an, um die Dynamik des Zwischenmenschlichen für eine saubere Delegation zu nutzen. Eine letzte Anmerkung noch: Sollten Sie nicht Geschäftsführer Ihres Unternehmens sein, dann sind Sie auch häufig Empfänger eines Delegationsgesprächs. In diesem Fall handelt es sich um Ihr Auftragsklärungsgespräch. Machen Sie sich bitte bewusst: Je unklarer Sie Ihr Auftragsklärungsgespräch führen, desto schwammiger wird wiederum das Delegationsgespräch an Ihre Mitarbeiter. Was Sie im Gespräch mit Ihrem Vorgesetzten liegen lassen, können Sie im folgenden Gespräch nicht aufholen, weil Ihnen schlicht die Antworten fehlen. Die Klarheit Ihrer Auftragsklärung mit Ihrem/r Chef:in bedingt die Klarheit Ihres Delegationsgesprächs mit Ihrem/r Mitarbeiter:in. Insofern fragen Sie so viel wie möglich zum Was und Wie. Und falls Ihre Führungskraft hier nur wenige klare Antworten hat, dann ist das ein guter Indikator, dass sie selbst ihr eigenes Auftragsklärungsgespräch mit dem Vorgesetzten klarer hätte führen müssen. Wenn Sie konsequent Klarheit einfordern und diesen Zusammenhang zur Sprache bringen, dann wird Ihre Organisation immer mehr an Handlungs- und Umsetzungsklarheit gewinnen. Denn Klarheit im Handeln bedingt kommunikative Klarheit in der Sache und der Form.

Ein weiteres wichtiges Thema, bei dem Sie Klarheit in der Sache und der Form herstellen sollten und sowohl bewusst als auch explizit kommunizieren sollten, ist der Umgang mit Dilemmata. Wie im ersten Kapitel gezeigt, nehmen die individuellen Ansprüche von Mitarbeiter:innen und der Gesellschaft an Sie und Ihre Organisation zu. Überall, wo Individualität herrscht, nehmen allerdings auch die Widersprüche zu. Einerseits soll Ihr Unternehmen möglichst nachhaltig agieren, was meist Geld kostet, aber auch den Shareholder-Value maximieren. Einerseits wollen Sie ein attraktiver Arbeitgeber/eine attraktive Arbeitgeberin sein und Sabbaticals ermöglichen, andererseits geht das natürlich nicht für alle zur selben Zeit. Einerseits wollen Sie individuell auf den/die einzelne/n Mitarbeiter:in eingehen, andererseits wollen Sie auch eine gewisse Vergleichbarkeit und Verlässlichkeit gewährleisten. Das Leben findet in Polaritäten statt. Und je mehr Optionen das Leben bietet, desto mehr Spannungen müssen Sie zwischen widerstreitenden Ansprüchen und Optionen aushalten können. Da Komplexität mit einer Zunahme von Optionen einhergeht, werden auch die Dilemmata zunehmen und gekonntes Zwickmühlen-Management wird eine der Schlüsselkompetenzen eines Future Fit Leaders. Dabei ist der Unterschied zwischen einem Problem und einem Dilemma folgender: Bei einem Problem kann es einen Weg geben, der mit hoher Wahrscheinlichkeit das Problem löst. Ist eine Maschine in Ihrer

Produktion kaputt, dann haben Sie ein Problem. Lassen Sie die Maschine reparieren, dann ist die Wahrscheinlichkeit hoch, dass das Problem gelöst ist. Die Entscheidung ist mit weniger Risiken verbunden, da es meist einen sehr guten Weg gibt. Bei einem Dilemma ist das anders. Dort ist die Entscheidung mit hohen Risiken verbunden, da es letztlich nur gleich gute oder gleich schlechte Alternativen gibt. Egal, wie man sich entscheidet, man hat immer einen Preis zu zahlen. Dilemmata sind Trade-off-Situationen, in denen wir die Alternative wählen, die – im Gegensatz zu Problementscheidungen – nicht den größten Nutzen verspricht, sondern die geringsten Kosten entstehen lässt. Denn der Nutzen ist in Dilemma-Situationen meist nicht gut vorhersehbar. Dilemmata bringen insofern immer Entscheidungs- und Umsetzungskosten mit sich, Probleme nur Umsetzungskosten.

In so einer Dilemma-Situation war Regina. Sie war Teamleiterin eines Innovationsteams, das basierend auf zukünftigen Trends neue Prototypen bauen sollte. Die Geschäftsleitung hatte nun beschlossen, dass Ihr Team nach Shenzhen ausgelagert werden solle, um einerseits näher an den neusten Techniktrends dran zu sein und andererseits die schnelle Fertigung von Prototypen, für die Shenzhen weltweit bekannt ist, nutzen zu können. Reginas Dilemma bestand darin, dass sie einerseits die Entscheidung aus einer unternehmerischen Perspektive nachvollziehen konnte, andererseits in ihrer Radikalität und den Konsequenzen für ihre Mitarbeiter:innen, bei denen manche gerade ein Haus gebaut oder Nachwuchs bekommen hatten, ablehnte. Wie im Kapitel »Ganzheitlichkeit ist alles« gezeigt, brauchte es auch in diesem Fall eine größtmögliche Stimmigkeit zwischen Kognition, Emotion und Kommunikation. In Reginas Fall war die Entscheidung getroffen und unumstößlich. Generell ist in Dilemma-Situationen[94] jedoch zu fragen, ob nicht auch eine Lösung denkbar wäre, die beides beinhaltet (ein Teil des Teams ist in Shenzhen und das andere in Deutschland) oder keines von beiden. Gerade Letzteres klingt verwirrend. Wenn man sich allerdings die Frage stellt, warum eine

Auslagerung nach China überhaupt in Erwägung gezogen wurde, kommt man häufig zu anderen Lösungen, die in diesem Fall ebenfalls ein schnelles und günstiges Produzieren von Prototypen und ein Am-Puls-der-Zeit-Sein ermöglichen. Zum Beispiel hätten womöglich vereinzelte Reisen zu Innovationsgipfeln überall auf der Welt und eine strategische Partnerschaft mit sogenannten Innovationshubs und »Maker Spaces«, in denen Prototypen kostengünstig erstellt werden können, zum gleichen Ergebnis geführt. In Reginas Fall stellte sich jedoch diese Frage nicht. Sie musste sich also zunächst ihren eigenen Emotionen stellen und neben Wut, Trauer, eigener Ratlosigkeit und Überforderung auch Neugierde und ein kleines bisschen Abenteuerlust und Vorfreude Raum lassen. Erst als Sie diese Emotionen angenommen hatte, schauten wir auf die bewusste Kommunikation. Natürlich gibt es auch Situationen, in denen Sie aus Vertraulichkeits- und Loyalitätsgründen Inhalte nicht an Ihre Mitarbeiter:innen weitergeben dürfen, insofern bleibt Ihnen nur, auf Kognitions- und Emotionsebene mit sich ins Reine zu kommen und sich klarzumachen, dass es Ihre Rolle verlangt, im Sinne des Unternehmens zu handeln, wo dies vertretbar ist.

Ein Dilemma zu kommunizieren, ist nie einfach und gerade deswegen braucht es ein hohes Maß an Klarheit. In der Praxis hat es sich bewährt, zunächst die Situation zu beleuchten. Woher kommt der Innovationsdruck und wie lässt er sich mit Zahlen, Daten und Fakten darlegen? Anschließend sollten Sie nachvollziehen, welche Kriterien für die Entscheidung herangezogen wurden und, falls es mehrere sind, wie diese gewichtet wurden. In unserem Beispiel waren Innovationsgeschwindigkeit, Kostengünstigkeit und Zukunftsorientiertheit ausschlaggebend. Machen Sie anschließend in einem Hauptsatz klar, wie entschieden wurde: »Unsere Abteilung wird nach China verlagert.« Dann pausieren Sie kurz. Geben Sie Ihren Mitarbeiter:innen erst mal Zeit zu verdauen. Bewerten Sie die Entscheidung anschließend aus verschiedenen Perspektiven, die Sie für sinnvoll halten. Wie bewerten Sie die Entscheidung aus Sicht des Unternehmens, des Teams und Ihrer eigenen Person? Und suchen Sie anschließend mit jedem/r einzelnen Mitarbeiter:in das individuelle Gespräch. In Reginas Fall ging sie mit rund der Hälfte der Mitarbeiter:innen nach Shenzhen und konnte auch mittels ihres Netzwerkes dafür sorgen, dass fast alle anderen Mitarbeiter:innen nahtlos neue Stellen angeboten bekamen. In einer komplexen Welt werden Sie immer häufig in Dilemma-Situationen kommen, insofern machen Sie es sich zum Leitstern, bewusst und explizit mit Ihren Mitarbeiter:innen zu kommunizieren. Wenn schon der Inhalt negativ ist, dann wollen wir ihn wenigstens positiv im Sinne von klar, ehrlich und ganzheitlich in Form und Sache übermitteln.

Die Wichtigkeit, klar in der Absicht zu sein, wurde besonders deutlich bei einer Teamsupervision, die ich als externer Berater begleiten durfte. Als es um den Punkt Kommunikation ging, öffnete sich ein Mitarbeiter erst sehr zögerlich, dann aber doch sehr klar, und äußerte, dass er sich frage, ob es in der Beziehung zu seiner Führungskraft derzeit Spannungen gebe. Auf meine Frage, woran er das festmache, antwortete er, dass in Mails sehr häufig die Anrede fehle, Fragen, wie es ihm generell gehe, gar nicht gestellt wurden, und die Antworten meist sehr kurz und sachbezogen seien. Als die Führende das hörte, fiel es ihr wie Schuppen von den Augen. Sie hatte ihre Absicht und den Kontext nicht klargemacht. Durch die Pandemie war sie gezwungen, sich das Homeschooling mit ihrem Mann zu teilen. In den wenigen Zeitfenstern, die sie hatte, versuchte sie, alle Mails möglichst schnell abzuarbeiten, um ihre Mitarbeiter:innen nicht unnötig aufzuhalten. Zwar hatte sie die Situation mal im Teammeeting erläutert, aber diesen Kontext in der Mail nicht klargemacht. Statt kurz zu erwähnen, dass sie gerade durch das Homeschooling sehr eingespannt sei und deswegen die Antwort nur kurz ausfalle, fehlte diese Erläuterung ganz. Dasselbe Phänomen zeigte sich im Workshop beim Besprechen der teaminternen Zusammenarbeit, bei der anonym die Frage gestellt wurde, warum manche Mitarbeiter:innen so viele Termine mit der Führungskraft hatten und manche nur sehr wenige. Denn wie oben erläutert, waren alle Termine und Absprachen nun in feste Termine formalisiert worden und damit auch für jede/n einsehbar. Auch hier half das Erläutern der Absicht, dass manche Mitarbeiter:innen eben erst neu angefangen hatten und deswegen eine intensivere Betreuung benötigten und zwei der seniorigen Teammitglieder kurz vor Abschluss eines Projektes standen und sich dadurch auch hier mehr Abstimmungsbedarf ergab. Sie sehen, überall, wo Informationen fehlen, beginnt das Kopfkino der Mitarbeiter:innen. Und wenn diese nicht im Büro sind, wo Sie deren Stimmungen oder auch den Flurfunk aufnehmen können, dann fehlt das Korrektiv für die Interpretation der Mitarbeiter:innen.

Seien Sie nicht nur klar im Inhalt und in der Form, sondern auch in der Absicht. Machen Sie klar, warum manche Texte kürzer oder länger ausfallen, Erreichbarkeiten eingeschränkt oder Antwortzeiten länger sind. Wer jetzt denkt, das dauert ja ewig: Es ist erstens gut investierte Zeit und zweitens können Sie derartige Infos auch einfach in Outlook als Textblock vorbereiten und dann in bestimmte Mails einfügen. Präventive Kommunikation ist in der Zusammenarbeit immer besser als kurative Kommunikation.

### Reflektieren und nachspüren zum Thema Bewusstheit und Explizitheit

- Wie kommunizieren Sie im Generellen eine Dilemma-Situation an Ihre Mitarbeiter:innen?

- Gibt es derzeit eine Dilemma-Situation, die Sie an Ihre Mitarbeiter:innen kommunizieren wollen? Überlegen Sie sich: Wie war die konkrete Situation, welche Entscheidungskriterien wurden in Erwägung gezogen, wie wurde entschieden und wie

bewerten Sie diese Entscheidung aus unternehmerischer, team-
bezogener und persönlicher Sicht?

- Was könnten Sie ändern, um derartige Dilemma-Situationen gar
  nicht erst entstehen zu lassen?

- Wenn Sie an Ihre virtuelle Kommunikation denken: Kam es dort
  schon einmal zu Unklarheit bei Ihren Mitarbeiter:innen? Was hätten Sie von Anfang an kommunizieren können, um Missverständnissen, Gerüchten oder Flurfunk vorzubeugen?

## Kennen Sie den Unterschied zwischen Konvergenz-Handeln und Divergenz-Denken?

Ambidextrie. Was wie eine Krankheit klingt, ist mittlerweile der Grund-
zustand vieler Unternehmen. Ambidextrie bedeutet »Beidhändigkeit«
und meint die zwei Betriebssysteme, die derzeit parallel in vielen Organisationen laufen. Einmal das Betriebssystem »Running the system«,
bei dem nach einem festgelegten Plan versucht wird, fehlerfrei operative Exzellenz aufrechtzuerhalten. Hierunter können beispielsweise
das Controlling, die Produktion oder auch das Qualitätsmanagement
fallen. Natürlich können auch diese Abteilungen agile Arbeitsweisen
teilweise adaptieren, aber das ändert nicht ihren Grundmodus. Das
zweite Betriebssystem heißt »Changing the system«. Bei diesem System wird versucht, mittels einer fehlerfreundlichen Kultur und maximal
kundenzentrierten Ansätzen wie Scrum kreative, innovative und neue
Ansätze, Produkte oder Verfahrensweisen zu erarbeiten. Hierunter
fallen häufig das Produktmanagement oder auch Innovationsabteilun-
gen. Während »Running the system« auf Wissen beruht und dieses
Wissen genutzt wird, um bekannte Fehler zu vermeiden, fehlt dieses
Wissen bei »Changing the system«, weshalb man iterativ entlang des

Weges lernt und eingeschlagene Pfade auch wieder verwirft, wenn sie sich als falsch herausstellen. Ich möchte diese Betriebssysteme weniger auf einer organisationalen Ebene beleuchten als vielmehr die zugrunde liegenden Arbeits- und Denkweisen, weil sich hieraus ein gewaltiger Fallstrick für die heutige Führungsarbeit ergeben kann.

Bei »Running the system« ist das Ziel Konvergenz und Konformität. Alle Mitarbeiter:innen sollen einen festgelegten Plan mit einem hohen Verpflichtungsgefühl verfolgen. Der Fokus liegt wie bereits gesagt auf operativer Exzellenz, das heißt hohe Qualität, Effizienz und Effektivität bei möglichst wenig Fehlern und geringem Verlust wie Unproduktivität oder Ausschuss. »Changing the system« hat Divergenz und Variabilität als Ziel. Durch gemeinsames kreatives Ausprobieren und Brainstormen sollen neue Wege gefunden werden. Fehler gehören zur Natur der Sache, das Ziel ist eine Diversität und Heterogenität der Ideen, aus der die erfolgversprechendste ausgewählt wird. Die Erfolgsvariable ist hier Einfallsreichtum und Kundennähe. Während Konvergenz also bewusst den Rahmen möglicher Alternativen verkleinert und auf einen bestimmten Prozess fokussiert, versucht Divergenz diesen Rahmen zu weiten und bisweilen zu sprengen, um innovative Ideen hervorzubringen. Was bedeutet das für Ihre Führung? In einer komplexen Welt werden immer mehr Aufgaben in Projektteams erarbeitet. Projektteams vereinen beide Arbeitsweisen in sich. Am Anfang jedes Projektes steht das divergente Denken. Nur wenn es ein komplexes Problem ist, braucht es überhaupt ein Projektteam, und aufgrund der Komplexität steht am Anfang kein Wissen bereit, insofern muss iterativ Wissen erworben werden.

Jedes Projektteam steigt zunächst in einen Wettbewerb der Ideen ein, der durch Divergenz geprägt ist. Legt sich das Projektteam hier zu schnell auf eine Idee fest, bleiben hilfreiche Ideen unausgesprochen oder werden gar nicht erst entwickelt. Schaltet das Projektteam aber zu spät in den Konvergenzmodus, verlieren die Ideen an Schwung und häufig wird keine einzige Idee verfolgt und umgesetzt. Diesen Prozess sauber zu steuern, ist häufig Aufgabe der Führungskraft. Fragen Sie sich also zunächst immer: Wovon braucht es jetzt mehr? Konvergenz-Handeln oder Divergenz-Denken?

Es kann auch passieren, dass Sie bereits in der Umsetzung sind und feststellen, dass Sie die falsche Idee verfolgt haben. Dann müssen Sie wieder ins Divergenz-Denken umschalten. Manchmal müssen Sie aber auch einfach eine Idee mal testen und versuchen, diese bestmöglich umzusetzen, dann ist Konvergenz-Handeln wichtig. Häufig springen Projektteams zwischen den Phasen, auch weil der Druck im System extrem hoch ist und sich Rahmenbedingungen stetig ändern. Vermeiden Sie jedoch ein zu schnelles Wechseln zwischen den Phasen. Wenn Sie sich nach eifriger Diskussion und reiflichen Überlegungen endlich auf einen Prozess geeinigt haben, vermeiden Sie beim nächsten Meeting schon wieder Diskussionen, ob das denn nun richtig war, sobald eine erste Hürde auftritt. Scheuen Sie aber auch nicht davor zurück, aus dem Konvergenz-Handeln auszusteigen, wenn Sie merken, dass der Prozess nicht mehr 100-prozentig lösungsadäquat ist. Die Dauer des Konvergenz-Handelns sagt nichts über dessen Qualität aus. Nur weil Sie einen Prozess lange so gelebt haben, heißt das nicht, dass sie diesen nicht beizeiten divergent hinterfragen dürfen. Auch die Führungsaufgaben ändern sich je nachdem, in welchem Prozess Sie sich gerade befinden. Im Divergenz-Prozess ist es Ihre Aufgabe, die Leute zu kreativen Ideen zu animieren, sei es durch bestimmte Kreativitätsmethoden oder clevere Fragestellungen. Sie müssen auch eine Kultur des Verbesserns, Änderns und Lernens fördern: Wie können wir es noch verbessern? Was könnten wir anders machen? Was haben wir aus alledem bisher gelernt? Im Konvergenz-Prozess hingegen müssen Sie die Mitarbeiter:innen fokussieren. Sie sollten immer wieder darauf hinarbeiten, dass gemeinsam beschlossene Regeln eingehalten werden, bei Zweifeln immer wieder das Commitment der Mannschaft einholen und Erfolge aufzeigen, die durch das konvergente Handeln möglich wurden. Haben Sie als Future Fit Leader stets im Kopf, dass beide Prozesse und Betriebssysteme zu Ihrem Führungshandeln gehören. Springen Sie nicht zu schnell zwischen den Phasen, scheuen Sie sich aber auch nicht davor, sich selbst und dem Team immer mal wieder die Frage zu stellen, ob Sie noch mit dem richtigen Prozess unterwegs sind. Auch das können Sie ritualisieren. Lassen Sie einmal im Monat eine/n Mitarbeiter:in einen konvergenten Prozess durch divergentes Denken kritisch durchleuchten. Sie werden sehen, welche hilfreichen Anregungen dabei entstehen. Und andersherum geht es natürlich genauso. Lassen Sie Brainstormingprozesse auch mal kanalisieren, indem einzelne Mitarbeiter:innen szenariobasiert Ideen des Brainstormings durchspielen und dadurch Irrwege bereits kognitiv aussortiert werden können. Seien Sie beidhändig, also divergent und konvergent, unterwegs!

### Reflektieren und nachspüren zum Thema Divergenz und Konvergenz

- In welchem Ihrer Projekte sind Sie derzeit im Konvergenz-Handeln, also in der effizienten Umsetzung eines zuvor ausgearbeiteten Vorgehens?

- Wo befinden Sie sich im Divergenz-Denken, brainstormen also verschiedenste Ideen zum Vorgehen?

- Wenn Sie an die Projekte denken, die Ihnen zuvor in den Sinn gekommen sind: Sind Sie in der jeweils richtigen Phase in diesen Projekten? Springen Sie vielleicht zu sehr zwischen den Konvergenz- und Divergenz-Phasen und könnten den jeweiligen Prozess stringenter verfolgen? Woran liegt das? Und was könnte helfen?

## Wenn Sie denken, Sie müssen es allein schaffen, dann denken Sie noch mal nach

Es gibt den schönen Satz »Führung ist einsam«. Und das stimmt insofern, als dass Sie manchmal Entscheidungen treffen müssen, die Ihren Mitarbeiter:innen nicht gefallen. Dass Sie damit manchmal allein auf weiter Flur stehen, ist die Konsequenz, mit der Sie als Führungskraft leben müssen. Es allen recht zu machen, ist eine Kunst, die keiner beherrscht und die Sie vor allem als Führender nie erfüllen können. Und doch darf dieser Spruch nicht dahingehend missverstanden werden, dass Sie die Herausforderungen Ihrer Führung und Abteilung alleine stemmen müssen. Wenn Sie bis hierher gelesen haben, dann sollten Sie bereits ein ziemlich gutes Gefühl dafür bekommen haben, dass das digitale Zeitalter das Zeitalter des Teams, des Wir und des We-Q, der Teamintelligenz ist. Komplexe Probleme lassen sich in der Gemeinschaft viel besser lösen. Das Zeitalter des Egos und des I-Q, der Ich-Intelligenz, ist vorbei. Fragen Sie sich auch bei Ihren zentralen Führungsaufgaben: Wie kann mich mein internes oder externes Netzwerk bei meiner Führung unterstützen?

Dieser Netzwerkgedanke ist im digitalen Zeitalter entscheidend. Wolf Lotter schreibt in seinem Buch *Zusammenhänge: Wie wir lernen die Welt wieder zu verstehen*, dass wir heute zwar auf einer einsamen Insel ziemlich verloren wären, da uns der zivilisatorische Kontext mit seiner Gesamtheit an Technologie und Organisation fehlen würde, dass ein romantisches Zurück-zur-Natur und zum Alleskönner allerdings nicht der Weg wäre: »Der Robinson Crusoe unserer Tage muss nicht alles können, er ist umgeben von Könnern. Seine Autonomie findet in Netzwerken statt.«[95] Die wirkliche Fähigkeit im digitalen Zeitalter ist das Herstellen und produktive Nutzbarmachen von Netzwerken. Das bestätigt auch eine Studie der Universität St. Gallen mit der Deutschen Telekom, die in diesem Zusammenhang insofern von der »Auflösung der Organisation« spricht, als dass die Wertschöpfung zunehmend in Netzwerken geschieht, die sich über Abteilungs- und Organisationsgrenzen hinweg erstrecken.[96] Sie müssen als Führungskraft nicht mehr alle Dinge selbst erledigen, aber Sie müssen Leute haben oder kennen, die es für Sie tun können. Ein Future Fit Leader denkt in Netzwerken, wenn es um die Erledigung von Aufgaben geht, nicht in Ressourcen. Vielleicht haben Sie das nötige Know-how oder die nötige Kapazität nicht im eigenen Team, aber vielleicht einer Ihrer Führungskolleg:innen? Vielleicht nicht mal im eigenen Unternehmen, aber beim Mitbewerber/bei der Mitbewerberin oder bei einem Startup? Sie können es sich heute nicht mehr leisten, brillante Ideen scheitern zu lassen, nur weil die Ressourcen nicht in Ihrem direkten Wirkkreis vorhanden sind. Gesunde, zukunftsfitte Unternehmen brauchen gesunde Netzwerke, nicht gesunde Einzelkämpfer. Netzwerke, die im Endeffekt aus funktionierenden, auf dem Gefühl von Verbundenheit beruhenden Beziehungen bestehen, enden nicht an der Eingangstür des eigenen Unternehmens. Sie umfassen Mitarbeiter:innen, Produkte, Strukturen, Prozesse anderer Unternehmen oder gar Länder. Deswegen pflegen Sie Ihr Netzwerk und tun Sie kurzfristig nichts, was langfristig Ihrem Netzwerk schadet. Und wenn Sie ein Problem nicht direkt lösen können, schauen Sie immer erst mal in Ihr Netzwerk, bevor Sie eine Idee direkt verwerfen. Digitalität benötigt Kollektivität und Konnektivität. Nie war es einfacher, Personen mit demselben Anliegen miteinander zu verbinden. Was im Analogen auch schon stark mit Formaten wie »Working Out Loud« versucht wird, ist im Digitalen noch einfacher. Im digitalen Raum steht der Community-Gedanke im Mittelpunkt. Ich veranstalte beispielsweise alle drei Monate einen Round Table und einmal im Jahr ein Retreat zum Thema Future Fit Leadership. Bei dem Round-Table-Format lade ich Vertreter:innen und Geschäftsführer:innen unterschiedlicher Unternehmen ein und wir tauschen uns zu einzelnen Praxisfällen, neuen Studien und Best Practices aus. Zudem präsentiert abwechselnd jede/r sein/ihr Unternehmen. Im Retreat bearbeiten Führende aus verschiedensten Branchen intensiv neue Themen der Führung, wir tauschen uns aus, reflektieren

Vergangenes und Best Practices, gestalten die Zukunft und Zukunfts-szenarien und jede/r ist sowohl Teilnehmer:in als auch Beitragende/r. So entsteht eine Learning Community, die sich gegenseitig unterstüt-zen kann und wächst. Machen Sie sich frei davon, dass Sie der Coach sind. Jeder kann zu jeder Zeit als Coach wirken. Lassen Sie dieses Potenzial nicht ungenutzt. Das Credo, das sich hier im Digita-len widerspiegelt, ist: »Don't make me do it alone.«

Ich selbst arbeite hauptsächlich in Netzwerkstrukturen und weiß, welch großen Schatz ich mit meinem Netzwerk habe. Menschen, die mir in vielen Lebenslagen weiterhelfen, ohne dafür einen direkten Gegenausgleich haben zu wollen. Und die auch nehmen, ohne dass ich einen Ausgleich dafür haben möchte. Und genau darum geht es in guten Netzwerken. Ein gutes Netzwerk beruht nicht auf Reziprozi-tät, sondern auf dem tiefen Wunsch des gegenseitigen Wachstums. Ja, ich weiß, dass gerechtes Geben und Nehmen ein tiefer Wunsch in uns Menschen ist und Reziprozität einer der stärksten Persuasions-mechanismen schlechthin. Denn wir fühlen uns einer Person sogar ver-pflichtet oder in ihrer Schuld stehend, selbst wenn wir das Erhaltene eigentlich gar nicht wollten. Und ich selbst bin jemand, der penibel da-rauf achtet, dass Erhaltenes seinen Ausgleich findet. Und genau des-wegen kann ich heute sagen, dass jenes gerechte Geben und Neh-men Netzwerke auf lange Sicht dysfunktional macht. Denn es nimmt die Leichtigkeit, den Fluss aus zwischenmenschlichen Beziehungen. Lassen Sie uns ein Gedankenexperiment machen: Denken Sie bitte an ihre tiefsten und bereicherndsten Beziehungen. Vielleicht fällt Ihnen die Beziehung zu Ihrem/r Partner:in, zu Ihren Kindern, Ihren Eltern oder sehr guten Freund:innen oder Verwandten ein. Und jetzt überlegen Sie mal, ob Sie bei diesen Beziehungen auch stets darauf achten, Er-haltenes in ausreichendem Maße zurückzugeben. Ich denke und hof-fe mal, dass die Antwort Nein lautet. Denn wenn wir das versuchen würden, dann wären wir ständig nur damit beschäftigt, den Ausgleich herzustellen, ohne das Erhaltene und die Beziehung zu genießen. Das imaginäre Preisschild, dass jedem Erhaltenen anheftet, würde automatisch Druck erzeugen. Gute Netzwerke sind unbedingt. Nicht bedingungslos. Eine Unterscheidung, die ich durch meinen Mentor lernen durfte. »Unbedingt« hatte nie eine Bedingung. »Bedingungslos« bedeutet hingegen, es bestand eine Bedingung, die allerdings aufgelöst wurde. Ein kleiner, aber feiner Unterschied. Gute Netzwerke stellen auf das Gegebene keine Bedingungen. Und glauben Sie mir, das ist manchmal schwerer auszuhalten als ein klares Quiproquo. Unbedingte Netzwerke halten ein Leben lang, reziproke Netzwerke haben häufig ein Verfallsdatum, weil der Ausgleich nie zu 100 Prozent in Balance gehalten werden kann. Und weil überall, wo Bedingungen sind, diese auch enttäuscht werden können. Fördern Sie deswegen Netzwerke, die unbedingt sind, in denen Sie mit Menschen kooperieren, die Ihnen etwas geben, weil Sie an Ihrem Wachstum interessiert sind. Dürfen Sie dennoch versuchen, auch diese Menschen zu unterstützen? Klar, allerdings nicht aus dem Gefühl des Schuldig-Seins, sondern aus dem Wunsch am gegenseitigen Wachstum. Die Haltung ist hier entscheidend. Und die spüren Ihre Netzwerkpartner:innen. Deswegen geben Sie Mitarbeiter:innen, denen Sie in Ihrer Firma nichts mehr zu bieten haben, an Netzwerkpartner:innen frei. Geben Sie einen Kunden/eine Kundin an eine/n Netzwerkpartner:in, bei dem/der Sie wissen, dass er/sie diesem/dieser noch besser helfen kann. Und werden Sie ein Mentor für Netzwerkpartner:innen, die von Ihren gemachten Fehlern profitieren können. Geht das immer, mit jedem/r und zu jeder Zeit? Nein. Sollte es dennoch der Anspruch sein, der auch mit Rückschlägen verbunden sein wird und in einer auf Ausgleich fokussierten Leistungsgesellschaft schwierig aufrechtzuerhalten ist? Absolut. Im digitalen Zeitalter ist der/die Netzwerker:in der Profi und der/die Einzelkämpfer:in der/die Amateur:in.

Diesen Netzwerkgedanken können und sollten Sie natürlich auch in Ihrer täglichen Führungsarbeit berücksichtigen. Das Stichwort lautet hier Co-Kreation. Co-Kreation beschreibt einen gemeinsamen

Schöpfungsprozess. Man wird zusammen auf ein Ziel hin wirksam. Diese Co-Kreation ist vor allem in den Bereichen persönliche Weiterentwicklung entscheidend. Wenn Ihre Mitarbeiter:innen zunehmend im Homeoffice oder in teilautonomen, selbst organisierten Teams arbeiten, dann bleibt Ihnen gar nichts anderes übrig, als die persönliche Weiterentwicklung in die Hände desjenigen/derjenigen und seiner/ihrer Kolleg:innen zu legen. Sie müssen die Leitplanken hierfür bereiten. Personalentwicklung bedeutet im digitalen Zeitalter Co-Entwicklung durch und mit allen Teammitgliedern. Bob Carrigan, der CEO von Audible, bringt es treffend auf den Punkt, wenn er sagt:»To lead your team, you must remind each and every teammate that they are responsible for maximizing each other's capabilities. That means supporting each other's strength and coaching each other on your weaknesses. The old model – the heroic leader taking command – was never very realistic, and now it's obsolete. The team must serve the team, and the leader's role is to facilitate that co-elevation«.[97]

In diesem Zusammenhang möchte ich Ihnen aus meiner Beraterpraxis zwei sehr wertvolle Instrumente vorstellen, die Sie vielleicht bereits kennen, die aber diese gegenseitige Potenzialsteigerung in Ihrem Team sehr stark unterstützen kann. Das erste ist: Peer-to-Peer-Coaching. Ihre Mitarbeiter:innen, spezielle Untergruppen oder gar abteilungsübergreifende Gruppen kommen in regelmäßigen Abständen zusammen, um sich gegenseitig zu unterstützen. Die Themen sind vielfältig. Denkbar sind einerseits Probleme aus dem Berufsalltag, strategische und kreative Brainstormings im Sinne einer Innovationswerkstatt oder auch das Erlernen einer ganz bestimmten Fähigkeit, zum Beispiel das Erlernen agiler Arbeitsweisen und Methoden. Meist gibt es eine/n Fall- oder Themengeber:in. Gemeinsam entwickelt die Gruppe dann eine Schlüsselfrage in Bezug auf die jeweilige Herausforderung oder das Thema. Anschließend wird die Frage analytisch angegangen und Lösungen entwickelt. Geführt wird dieser Prozess meist durch eine/n Moderator:in aus der Gruppe, die Ideen werden von einem weiteren Mitglied schriftlich festgehalten. Handelt es sich um das Problem einer konkreten Person, legen die Coaches Ihrem Kollegen/ Ihrer Kollegin Ideen und denkbare Lösungsansätze vor. Was er/sie damit macht und wie er/sie die Anregungen umsetzt, bleibt ihm/ihr überlassen. Ein solches Peer-to-Peer-Coaching hat mehrere Vorteile: Die Lernkultur innerhalb eines Teams oder über Teamgrenzen hinaus wird gefördert. Die Kolleg:innen lernen, sich bei Problemen zu öffnen, und erkennen, welch großen Mehrwert das Erfahrungswissen der Kolleg:innen für das eigene Weiterkommen hat. Ebenfalls werden Kompetenzen wie Moderations- und Präsentationsfähigkeiten, Kreativitätstechniken und Coachingskills erlernt. Die Mitarbeiter:innen erkennen zunehmend, dass bei den Themen Weiterentwicklung und Problemlösung der Weg nicht zwangsläufig direkt zu Ihnen gehen muss, sondern auch die eigenen Kolleg:innen wertvolle Anlaufstellen sind. Empowerment und gegenseitige Potenzialsteigerung ist in einer komplexen Welt eben auch Teamsache. Und ganz nebenbei ist Peer-to-Peer-Coaching auch eine wundervolle Möglichkeit, um gerade auch bei remote arbeitenden Teams die Verbundenheit zu fördern.

Ein zweites sehr hilfreiches Tool ist das Two-Sided Mentoring. Two-Sided Mentoring bedeutet, dass einerseits der/die junge Mitarbeiter:in vom Erfahrungswissen und dem Netzwerk des/der seniorigen Kollegen/Kollegin profitiert und andererseits der/die seniorige Kollege/Kollegin über neueste Trends und Themen von seinem/ihrem jungen Counterpart erfährt und neue Chancen erkennen kann. Gemäß dem Sprichwort »Neue Besen kehren gut, aber die alten kennen die Ecken« oder Neudeutsch »Each one teach one«. Two-Sided-Mentoring kombiniert also die Vorteile von traditionellem Mentoring und Reverse Mentoring. Im traditionellen Mentoring profitiert der/die junge Mentee von den Erfahrungen und gemachten Fehlern des/der älteren Mentors/Mentorin. Diese/r kann sowohl Vorbild als auch kritischer Reflexionsspiegel als auch als Unterstützer:in mit einem großen Netzwerk an wertvollen Kontakten sein. Beim Reverse Mentoring sucht sich ein senioriger Kollege/eine seniorige Kollegin einen jüngeren Kollegen/eine jüngere Kollegin, um von dessen/deren Wissen in modernen Bereichen wie Social Media, neueste Apps und Software, Onlinevertrieb oder auch Sichtweisen der neuen Generationen zu profitieren. Häufig geht dies mit der anschließenden Erschließung neuer Geschäftsfelder oder der Verjüngung von Kultur oder Arbeitsprozessen einher. Der geistige Vater dieses Konzepts war Jack Welch, ehemaliger Geschäftsführer von General Electric. In den 1990er-Jahren erkannte er, dass seine seniorigen Managementkolleg:innen wenig über das Internet wussten. Gleichzeitig war Jack Welch klar, dass das Internet unglaubliche Chancen bereithielt. Im Zuge dessen forderte er seine 600 Führungskräfte auf, im Konzern Mitarbeiter:innen zu finden, die sich mit dem Internet auskannten, und sich von diesen aufschlauen zu lassen. In der Regel waren die Mentor:innen Mitarbeiter:innen im Alter zwischen 20 und 35 Jahren. Auch Jack Welch ließ sich von mehreren jungen Mitarbeiter:innen unterrichten. Die Unternehmenskultur verbesserte sich und die Vorurteile zwischen den Generationen konnten massiv abgebaut werden. Gleichzeitig bekamen die jungen Mitarbeiter:innen Sichtbarkeit im Konzern, was ihre Karrierechancen verbesserte und das Zugehörigkeitsgefühl zu General Electric stärkte. Sie sehen:

Sie müssen es nicht alleine machen!
Weiterbildung, gegenseitiges Empowerment, aktives Problemlösen, das Kreieren neuer Ideen oder psychoemotionale Unterstützung sind natürlich Führungsaufgaben. Aber Führung findet nicht mehr im Einzelkampf statt, sondern ist eine Teamleistung. Sie müssen diese komplexe Welt nicht alleine wuppen. Sie haben Mitarbeiter:innen und Kolleg:innen, Prozesse und Tools, die Unterstützung leisten und Wirksamkeit entfalten können, wenn Sie sie nur lassen. Ein Future Fit Leader versteht Führung als Wir-Ansatz.

# FÜHRUNGSKRÄFTE, VEREINIGT EUCH!

Vielen Dank, dass Sie bis hierher gelesen haben und sich mit der Mitarbeiter:innen-Führung in der digitalen Ära intensiv beschäftigt haben. Wenn Ihnen dieses Buch gefallen hat, würde ich mich über eine Rezension sehr freuen. Ich hoffe, Sie haben nun ein wesentlich klareres Bild, was es in Zukunft von Ihnen als Führungskraft braucht und wie Sie Ihre Führungsrolle stimmig, klar und wertschöpfend ausfüllen können.

Ich vergleiche Führung gerne mit dem ersten Dominostein, der bestimmt, wie die anderen umfallen und ob eine Kettenreaktion der Freude oder des Terrors ihren Lauf nimmt. Wie Sie führen, beeinflusst maßgeblich, wie Ihre Mitarbeiter:innen sich fühlen und welche Stimmungen sie in ihre Beziehungen, Erziehung und Freundschaften tragen. Führung ist insofern unglaublich mächtig, denn sie nimmt Einfluss auf so viele Leben. Und obwohl die Verantwortung also größer nicht sein könnte und es gleichzeitig immer schwieriger wird, diese Verantwortung zum größtmöglichen Wohle aller Beteiligten zu gestalten, glauben noch immer viele Führungskräfte, sie müssten die Herausforderungen allein bewältigen. Führung muss nicht einsam sein! Auch Führende dürfen sich vernetzen und voneinander lernen. Kein Mensch und auch kein Leader kommt dauerhaft ohne Resonanz im Außen aus. Es braucht aus meiner Sicht eine Bewegung moderner Führungskräfte, die sich zusammenschließen, gegenseitig stärken und die immer größeren und immer schneller in unser Leben tretenden Veränderungen kraftvoll angehen, indem sie sich aktiv darüber austauschen und voneinander lernen.

Aus »Jede/r für sich« muss endlich auch unter Führungskräften ein »Gemeinsam für jede/n« werden. Damit meine ich bewusst kein zweitägiges Führungsseminar, sondern eine wachsende und sich dauerhaft unterstützende Learning Community. Genau aus diesem Grund habe ich den Future Fit Leadership Circle gegründet. In diesem finden Sie nicht nur zusätzliches Material und Onlinekurse, die Sie weiter in Ihrer Entwicklung unterstützen können, sondern Sie bekommen auch die Möglichkeit, individuell in Coachingsettings mit mir zu arbeiten und sich im Future Fit Leader Camp mit mir und anderen Unternehmensvertretern aus verschiedensten Branchen zu den drängendsten Fragen aus Ihrem Führungsalltag auszutauschen. Neben dem Führungsalltag liegt der Fokus ebenso auf Zukunftstrends und deren Einfluss auf Ihr Führungsverhalten. Falls das interessant für Sie klingt, finden Sie weitere Informationen unter **www.sebastian-pfluegler.com.**

In Zeiten immer größerer maschineller und prozessualer Effizienz, Individualisierung und auch Vereinsamung braucht es Führende, die den Fokus wieder darauf legen, was Führung schon immer im Kern erfolgreich gemacht hat: Verbundenheit. Mit den Veränderungen in der Welt, mit sich selbst, jedem einzelnen Mitarbeiter, dem gesamten Team und Unternehmen und auch mit anderen Führenden, die genau dasselbe wie Sie erleben. Jene, die diese (Arbeits-)Welt zu etwas Besserem machen wollen und erkannt haben, dass Führung dafür ein unglaublich guter Hebel ist. Die erkannt haben, dass es zwar im Außen immer rauer wird, dass dieses Außen aber durch ein Zusammenrücken Gleichgesinnter im Innen immer besser und leichter gestaltet werden kann. Die in diesen stürmischen Zeiten ein Anker sein wollen, an dem sich Mitarbeiter:innen kurz anbinden können, um innezuhalten und Kraft zu tanken, um anschließend wieder mutig die Klippen der Veränderung zu umschiffen. Insofern verbinden Sie sich miteinander und lassen Sie uns eine Bewegung starten. Eine bessere, wärmere, humanere und gleichzeitig nachhaltig wertschöpfende Arbeitswelt ist möglich. Fü(h)r dich selbst, fü(h)r uns alle.

Ihr
*Sebastian Pflügler*

# ÜBER DEN AUTOR

Der Kommunikationswissenschaftler und Wirtschaftspsychologe Sebastian Pflügler ist als Berater, Coach und Speaker für die Themen Kommunikation, Führung und Kollaboration in der digitalen Ära und neuen Arbeitswelt tätig. Er begleitet seit vielen Jahren national sowie international Organisationen dabei, den Anforderungen der neuen Arbeitswelt gewachsen zu sein, und unterstützt Führungskräfte aller Hierarchieebenen, als Future Fit Leader ihrem Denken, Fühlen, Sprechen und Handeln positive Wirkung zu verleihen. Er ist bekannt aus dem *Handelsblatt*, der *Wirtschaftswoche* oder dem *Business Punk*. Von ihm erschien 2020 das Buch *Kommunikation für die digitale Ära: Wie wir heute miteinander reden – und was dabei immer noch wichtig ist* im Redline Verlag.

# ANMERKUNGEN

1 Der Begriff »Beta-Zustand« oder »Permanent Beta« kommt aus der Software-Sprache und bezeichnet eine noch nicht fertig entwickelte Software beziehungsweise eine Software, die sich im dauerhaften Weiterentwicklungsprozess befindet.

2 Schwarzmüller, T./Brosi, P./Welpe, I. (2017): *Führung 4.0 – Wie die Digitalisierung Führung verändert*, Berlin/Heidelberg, S. 9.

3 *Potenzialanalyse Agil Entscheiden* (2018). Online: https://www.soprasteria. de/newsroom/publikationen/studien/potenzialanalyse-agil-entscheiden

4 Stöcker, C. (2020): *Das Experiment sind wir: Unsere Welt verändert sich so atemberaubend schnell, dass wir von Krise zu Krise taumeln. Wir müssen lernen, diese enorme Beschleunigung zu lenken.* München.

5 Barmettler, S. (2018): *Jim Hagemann Snabe: Firmen müssen sich ständig neu erfinden*, in: Handelszeitung. Online: https://www.handelszeitung.ch/ specials/das-intelligente-unternehmen/firmen-mussen-sich-standig-neu-erfinden

6 Weichselbaum, E. (2020): *In jedem Unternehmen steckt ein besseres.* München, S. 21, 30.

7 Rosa, H. (2018): Fromm-Lecture 2018: *Die Quelle aller Angst und die Nabelschnur zum Leben: Erich Fromms Philosophie aus resonanztheoretischer Sicht.* Online: https://www.fromm-gesellschaft.eu/images/pdf-Dateien/Fromm-Preis_2018/2018-11_EF-Lecture.pdf und auf YouTube unter: https://www. youtube.com/watch?v=xVNZiTzR8Co

8 *Mission Zukunft: So treffen Sie die besten Entscheidungen für morgen!* Online: https://www2.deloitte.com/de/de/pages/trends/zukunft-der-entscheidungsfindung.html

9 Bohn, R./Short, J. (2012): *Measuring Consumer Information*, in: International Journal of Communication, Band 6, Heft 1, S. 980.

10 Pflügler, S. (2020): *Kommunikation für die digitale Ära: Wie wir heute miteinander reden – und was dabei immer noch wichtig ist.* München, S. 50–58.

11 Scheele, M. (2003): *Nur jeder Dritte macht eine Pause*, in: Manager Magazin. Online: https://www.manager-magazin.de/unternehmen/karriere/ a-233604.html

12 Bundesanstalt für Arbeitsschutz und Arbeitsmedizin (2020): *Arbeitswelt im Wandel. Zahlen – Daten – Fakten.* Dortmund, S. 64–72. Online: https://www.baua.de/ DE/Angebote/Publikationen/Praxis/A101.pdf?__blob=publicationFile&v=8

13  Ringel, A. (2020): *Chefs sollen Vorbilder sein. Keine Mails mehr um 22 Uhr*, in: Produktion. Online: https://www.produktion.de/wirtschaft/chefs-sollen-vorbilder-sein-keine-mails-mehr-um-22-uhr-262.html

14  https://www.aphorismen.de/zitat/10727

15  Lotter, W. (2020): *Zusammenhänge: Wie wir lernen die Welt wieder zu verstehen*. Hamburg, S. 18.

16  https://beruhmte-zitate.de/zitate/2003837-henry-ford-jeder-kunde-kann-ein-lackiertes-auto-in-jeder-gewu/

17  Mehr dazu in: Pflügler, S. (2020): *Kommunikation für die digitale Ära: Wie wir heute miteinander reden – und was dabei immer noch wichtig ist*. München, S. 36–50.

18  zukunftsInstitut (2012): *Die Individualisierung der Welt*. Online: https://www.zukunftsinstitut.de/artikel/die-individualisierung-der-welt/

19  Soltau, H. (2019): *Hartmut Rosa: »Wir brauchen eine andere Form des Kontakts«*, in: Tagesspiegel vom 16.04.2019. Online: https://www.tagesspiegel.de/kultur/soziologe-ueber-sehnsucht-hartmut-rosa-wir-brauchen-eine-andere-form-des-kontakts/24223010.html

20  SPOX (2020): *Tom Brady erklärt Patriots-Abschied: »Eine große Gelegenheit«*, in: SPOX. Online: https://www.spox.com/de/sport/ussport/nfl/2004/News/tom-brady-erklaert-patriots-abschied-veraenderung-aufregend.html

21  Jensen, O. (2019): *Zu wenig Freiheiten: Aaron Rodgers unzufrieden mit System von Packers-Coach LaFleur*, in: ran.de. Online: https://www.ran.de/us-sport/nfl/nfl-news/zu-wenig-freiheiten-aaron-rodgers-unzufrieden-mit-system-von-packers-coach-lafleur-128159

22  ComTeamGroup (2020): *WORK.LIFE.FUTURE. Arbeitswelt der Zukunft: Werte im »New Normal«*. Ergebnisbericht. Online: https://comteamgroup.com/fileadmin/contents/comteamgroup/Services/Studien/CT_Studie_2020_Ergebnisbericht.pdf

23  Ramge, Th. (2015): *Nicht fragen. Machen*, in: brand eins, online: https://www.brandeins.de/magazine/brand-eins-wirtschaftsmagazin/2015/fuehrung/nicht-fragen-machen

24  Dermietzel, J. (2017): *Der Traum vom Chef ohne Chef*, in: Bayerische Staatszeitung. Online: https://www.bayerische-staatszeitung.de/staatszeitung/politik/detailansicht-politik/artikel/der-traum-vom-job-ohne-chef.html#topPosition

25  https://twitter.com/janrezab/status/1244558792391524352/photo/1

26  Zukunftsstudie Münchner Kreis (2020*): Sonderstudie zur Corona-Pandemie*. Online: https://www.muenchner-kreis.de/fileadmin/user_upload/2020-07-23_ZukunftsstudieVIII_Sonderstudie_Corona_final.pdf

27 Schwarzmüller, T./Brosi, P./Welpe, I. (2017): *Führung 4.0 – Wie die Digitalisierung Führung verändert*, Berlin/Heidelberg

28 ComTeamGroup (2020): *WORK.LIFE.FUTURE. Arbeitswelt der Zukunft: Werte im »New Normal«*. Ergebnisbericht. Online: https://comteamgroup.com/ fileadmin/contents/comteamgroup/Services/Studien/CT_Studie_2020_Ergebnisbericht.pdf

29 Grawe, K. (1998): *Psychologische Therapie*. Göttingen, S. 383–421.

30 Grosse Holtforth, M./Grawe, K. (2004): *Inkongruenz und Fallkonzeption in der Psychologischen Therapie*, in: Verhaltenstherapie und psychosoziale Praxis, 36. Jg. (1), S. 9–21.

31 Eidenschink, K.: *Metatheorie der Team-Dynamik*. Online: https://metatheorie-der-veraenderung.info/2020/01/09/teil-1-zur-teamdynamik/

32 https://www.zitate.eu/autor/hermann-hesse-zitate/161884

33 Weik, E./Lang, R. (2003): *Moderne Organisationstheorien 2*. Wiesbaden, S. 154–188.

34 Mehr dazu in: Pflügler, S. (2020): *Kommunikation für die digitale Ära: Wie wir heute miteinander reden – und was dabei immer noch wichtig ist*. München, S. 15–24.

35 Alexander, A./De Smet, A./Langstaff, M./Ravid, D. (2021): *What employees are saying about the future of remote work*. Online: https:// www.mckinsey.com/business-functions/organization/our-insights/ what-employees-are-saying-about-the-future-of-remote-work?cid=soc-web#

36 Mark, G./Voida, S./Cardello, A. (2012): *A pace not dictated by electrons‹: An empirical study of work without email*, in: Proceedings of the SIGCHI Conference on Human Factors in Computing Systems, S. 555–564.

37 *Research Proves Your Brain Needs Breaks*. Online: https://www.microsoft. com/en-us/worklab/work-trend-index/brain-research

38 Byron, K. (2008): *Carrying too Heavy a Load? The Communication and Miscommunication of Emotion by Email*, in: Academy of Management Review, Band 33, Heft 2.

39 Morrison-Smith, S./Ruiz, J. (2020): *Challenges and barriers in virtual teams: a literature review*. SN Applied Sciences 2, Artikelnummer 1096.

40 Cristea, I. C./Leonardi, P. M. (2019): *Get Noticed and Die Trying: Signals, Sacrifice, and the Production of Face Time in Distributed Work*, in: Organization Science, Band 30, Heft 3, S. 552–572.

41 https://www.quotez.net/german/erich_fromm.htm

42 Heinrich, C. (2017): *Hörst du die Signale?*, in: Die Zeit. Online: https://www.zeit.de/zeit-wissen/2017/06/gesundheit-koerper-hirn-

kommunikation-signale/komplettansicht?utm_referrer=https%3A%2F%2Fwww. google.com%2F#signale-box-7-3-tab

43  Grote, S./Kauffeld, S. (2007): *Stabilisieren oder dynamisieren: Das Balance-Inventar der Führung (BALI-F)*, in: Erpenbeck J./v. Rosenstiel, L.: Handbuch Kompetenzmessung, Stuttgart, S. 317–336.

44  *Das Balance-Inventar der Führung* (BALI-F), in: Erpenbeck J. & v. Rosenstiel, L.: Handbuch Kompetenzmessung, 2. Auflage Schäffer-Poeschel, S. 319.

45  Rifkin, J. (2009): *The Empathic Civilization, The race to global consciousness in a world in crisis*. New York, S. 46.

46  Lotter, W. (2020): *Zusammenhänge: Wie wir lernen die Welt wieder zu verstehen*. Hamburg, S. 39.

47  https://www.zitate.eu/autor/hermann-hesse-zitate/161884

48  Badenschier, F. (2013): *Erkenne dich selbst – im Spiegel*, in: dasgehirn.info. Online: https://www.dasgehirn.info/denken/im-kopf-der-anderen/erkenne-dich-selbst-im-spiegel

49  Lowen, A. (1986): *Narzißmus. Die Verleugnung des wahren Selbst*. München, S. 8–11.

50  Ebd., S. 8.

51  Kegan, Robert/Lahey, Lisa (2016): *AN EVERYONE CULTURE: Becoming a Deliberately Developmental Organization*. Boston/Massachusetts, S. 4.

52  Berger, J. (2019): *Unlocking leadership mindtraps. How to thrive in complexity*. Stanford/Kalifornien, S. 96.

53  Pflügler, S. (2020): *Kommunikation für die digitale Ära: Wie wir heute miteinander reden – und was dabei immer noch wichtig ist*. München, S. 91.

54  *Die Macht des Unbewussten* (2007), in: Der Spiegel. Online: https://www.spiegel.de/wissenschaft/mensch/intuition-die-macht-des-unbewussten-a-479900.html

55  https://gutezitate.com/zitat/102158

56  Pflügler, S. (2020): *Kommunikation für die digitale Ära: Wie wir heute miteinander reden – und was dabei immer noch wichtig ist*. München, S. 91.

57  Ruggieri, M. J.: *Healing Through the Elements*. Online: https://polaritytherapy.org/2017/12/02/healing-through-the-elements/

58  Beaulieu, J./Ledermann, A./Schnetzer, R. (2009): *Polarity*. Aarau/München, S. 33ff.

59  Nummenmaa, L./Glerean, E./Hari, R./ Hietanen, J. K. (2014): *Bodily maps of emotions*. In: Proceedings of the National Academy of Sciences, Band 111, Heft 2, S. 646–651.

# ANMERKUNGEN

60 https://de.wikipedia.org/wiki/Selige_Sehnsucht

61 https://www.aphorismen.de/zitat/32935

62 Changement (07/2020): *Von den digitalen Machern lernen*, S. 41.

63 Changement (09/2020): *Gerhard Roth im Interview:* »*Wenn der Leidensdruck ausreichend groß ist, verändert sich nahezu jeder*«, S. 52/53.

64 https://www.gutzitiert.de/zitat_autor_wilhelm_von_humboldt_thema_umgang_zitat_20697.html

65 Karabasz, I. (2020): »*Zoom-Fatigue: Warum uns Video-Konferenzen auslaugen*«, in: Handelsblatt. Online: https://www.handelsblatt.com/technik/digitale-revolution/digitale-revolution-zoom-fatigue-warum-uns-videokonferenzen-auslaugen/26002264.html?ticket=ST-13238670-Nf0yIuO9mOAZcRiMCXhA-ap4

66 Pflügler, S. (2020): *Kommunikation für die digitale Ära: Wie wir heute miteinander reden – und was dabei immer noch wichtig ist.* München, S. 151–154.

67 Dahl, M. (2016): »*How to Motivate Your Employees: Give Them Compliments an Pizza*«, in: The Cut. Online: https://www.thecut.com/2016/08/how-to-motivate-employees-give-them-compliments-and-pizza.html

68 Estrada, C. A./Isen, A. M./Young, M. J. (1997): »*Positive Affect Facilitates Integration of Information and Decreases Anchoring in Reasoning among Physicians*«, in: Organizational Behavior and Human Decision Processes, Band 72, Heft 1, S. 117–135.

69 Changement (7/2020): *Veränderungsprozesse aktiv und erfolgreich gestalten*, S. 43.

70 Green, C. H./Galford, R. M./Maister, D. H. (2001): *The Trusted Advisor.* New York, S. 69–85.

71 Prof. Dr. Dr. h.c. Hermann Rauhe (Auszug aus einem unveröffentlichten Vortragsmanuskript zum Thema Aktives Zuhören und einfühlsames Wahrnehmen: »Ganz Ohr sein«/Zeit lassen).

72 https://www.aphorismen.de/zitat/486

73 Eine ausführliche Darstellung finden Sie in meinem Buch: Pflügler, S. (2020): *Kommunikation für die digitale Ära: Wie wir heute miteinander reden – und was dabei immer noch wichtig ist.* München, S. 140–144.

74 http://zitate.net/verbundenheit-zitate?p=4

75 Heinrichs, J. (2020): *Thank you for arguing. What Cicero, Shakespeare, and the Simpsons can teach us about the Art of Persuasion.* New York.

76 Koch, P./Oesterreicher, W. (1985): »*Sprache der Nähe – Sprache der Distanz. Mündlichkeit und Schriftlichkeit im Spannungsfeld von Sprachtheorie und Sprachgeschichte*«, in: Romanistisches Jahrbuch 36, 15–43, hier S. 23.

77  Meyer, E. (2014): *The Culture Map. Decoding how people think, lead and get things done across cultures.* New York, S. 163ff.

78  Boes A./Gül K./Kämpf T./Lühr T. (2020): »*Empowerment als Schlüssel für die agile Arbeitswelt*«, in: Daum M./ Wedel M.,/Zinke-Wehlmann C./Ulbrich H. (Hg.): Gestaltung vernetzt-flexibler Arbeit. Berlin, Heidelberg, S. 93.

79  Lotter, W. (2020): *Zusammenhänge: Wie wir lernen die Welt wieder zu verstehen.* Hamburg, S. 47.

80  Cristea, I. C./ Leonardi, P. M. (2019): »*Get Noticed and Die Trying: Signals, Sacrifice, and the Production of Face Time in Distributed Work*«, in: Organization Science, Band 30, Heft 3, S. 552–572.

81  https://www.bloomberg.com/news/articles/2020-08-03/the-pandemic-workday-is-48-minutes-longer-and-has-more-meetings

82  Deutsche Gesellschaft für Personalführung e.V. (2011): »*Mit psychisch beanspruchten Mitarbeitern umgehen – ein Leitfaden für Führungskräfte und Personalmanager*«, in: Praxis Paper (6), S. 25–37. Online: https://www.dgfp.de/fileadmin/user_upload/DGFP_e.V/Medien/Publikationen/Praxispapiere/201106_Praxispapier_Umgang-mit-psychischer-Beanspruchung-Leitfaden.pdf

83  https://www.brainyquote.com/quotes/theodore_roosevelt_140484

84  Bock, W. (2006): »›*Es ist was es ist sagt die Liebe‹. Aus einer Radiosendung mit Werner Bock über das Paradox der Veränderung*«, in: Gestaltkritik 1/2006. Köln, S. 86.

85  Edmondson, A. C. (2018): *The Fearless Organization: Creating Psychological Safety in the Workplace for Learning, Innovation, and Growth.* Hoboken, New Jersey, S. 159.

86  Ein hilfreiches Tool in diesem Zusammenhang ist die »Kopfkino Mastery« aus meinem Buch: Pflügler, S. (2020*): Kommunikation für die digitale Ära: Wie wir heute miteinander reden – und was dabei immer noch wichtig ist.* München, S. 121–140.

87  In Anlehnung an die Gesamtbetriebsvereinbarung von Microsoft Deutschland. Changement (09/2020): *Kontrolle ist nicht gut, Vertrauen ist besser*, S. 25.

88  Thönnessen, J. (2021): »*Bricks, Bites and Behavior. Die Wahrheit über New York und das Wasserhahn-Prinzip*«, in: Managementwissen online. Online: https://managementwissenonline.de/artikel/bricks-bytes-and-behavior

89  Schulz-Hardt, S./Brodbeck, F. C./Mojzisch, A./Kerschreiter, R./Frey, D. (2006): *Group decision making in hidden profile situations: Dissent as a facilitator for decision quality*, in: Journal of Personality and Social Psychology (91), S. 1080–1093.

90  Schulz-Hardt/S., Mojzisch, A./Vogelgesang, F. (2008): »*Dissent as a facilitator: Individual-and group-level effects on creativity and performance"*, in: C. K. W. De Dreu/M. J. Gelfand (Hg.): The psychology of conflict and conflict management in organizations. New York, NY, S. 149–177, hier S. 155.

91  Wenn Sie dazu mehr erfahren wollen, kann Ihnen die Methode »Question Funneling« helfen aus meinem Buch: Pflügler, S. (2020): *Kommunikation für die digitale Ära. Wie wir heute miteinander reden – und was dabei noch immer wichtig ist.* München, S. 156–159.

92  https://www.pinterest.de/pin/55028426673291160/

93  https://www.rene-borbonus.de/files/Public/Publikationen/Communico-Campus-2016-Web.pdf

94  In Anlehnung an das Tetralemma nach Matthias Varga von Kibed und Insa Sparrer.

95  Lotter, W. (2020): *Zusammenhänge: Wie wir lernen, die Welt wieder zu verstehen.* Hamburg, S. 26.

96  Schwarzmüller, T./Brosi, P./Welpe, I. (2017): *Führung 4.0 – Wie die Digitalisierung Führung verändert.* Berlin/Heidelberg, S. 2.

97  Ferrazzi, K. (2020): *Leading without authority. Why you don't need to be in charge to inspire others and make change happen.* London, S. 179.

# STICHWORTVERZEICHNIS